新能源锂电产业/专业
卓越工程师培养系列教材

国家级一流本科专业建设成果教材

锂离子电池质量管理

彭　敏　张学普　李志福　尹庆玲　主编

潘火林　方　文　张鹏鹏　张　森　邹　顺　伍　京　参编

邝卓荪　审

东莞理工学院
江西赣锋锂电科技股份有限公司　　合编
欣旺达电子股份有限公司

化学工业出版社
·北京·

内容简介

《锂离子电池质量管理》是新能源锂电产业/专业卓越工程师培养系列教材之一。本书立足最新的国际标准ISO9001、GB/T 19001质量管理体系，并融通汽车行业管理标准（IATF 16949：2016），结合新能源锂电产业生产实践，融入新能源锂电产业真实产业案例和典型解决方案，为学生提供锂离子电池质量管理原则及方法、锂离子电池设计质量管理、供应商质量管理、电池生产过程质量管理、出货质量管理、客户质量评价的全面质量管理教学内容，让读者掌握锂离子电池质量管理体系，领会企业质量管理文化，学习质量管理策略，同时培养全局观和质量意识，提升质量管理素质，培养工匠精神，培养面向未来的锂离子电池产业质量管理人才。

本书既可供高等院校新能源材料与器件、储能科学与工程、能源与动力工程、应用化学、材料科学与工程、质量管理、机械工程等专业本科生和研究生作为教材使用，也可用作锂离子电池研究设计制造领域科研工作人员和工程技术人员的参考书和培训用书。

图书在版编目（CIP）数据

锂离子电池质量管理 / 彭敏等主编. -- 北京 : 化学工业出版社，2025. 5. --（新能源锂电产业/专业卓越工程师培养系列教材）. -- ISBN 978-7-122-47861-0

Ⅰ. TM912

中国国家版本馆CIP数据核字第2025Y6R190号

责任编辑：王　婧　杨　菁　　装帧设计：张　辉

责任校对：张茜越

出版发行：化学工业出版社

（北京市东城区青年湖南街13号　邮政编码100011）

印　　装：北京云浩印刷有限责任公司

787mm×1092mm　1/16　印张12¾　字数310千字

2026年1月北京第1版第1次印刷

购书咨询：010-64518888　　售后服务：010-64518899

网　　址：http://www.cip.com.cn

凡购买本书，如有缺损质量问题，本社销售中心负责调换。

定　　价：49.00元

前言

在全球能源、环境危机和“碳达峰、碳中和”的多重压力背景下，世界各国纷纷加快开发和建设低碳环保、高效安全的新能源体系，而先进的储能技术是构建未来能源体系的核心与关键。其中，以锂离子电池为代表的二次电池技术因能量密度高、循环寿命长、自放电慢等优势在 3C 类电子产品、电动汽车、储能等各个行业得到广泛应用。锂离子电池设计制造及相关产业链迸发出蓬勃生机，全球锂离子电池市场已达万亿美元规模，新型储能和低空经济等新业态的发展预示着锂离子电池将迎来更大的发展空间。随着锂离子电池研发设计制造产业的持续快速发展，相关专业人才缺口也越来越大，高端复合应用型人才更是供不应求。因此，培养“工程型、复合型”锂离子电池专业技术人才已经成为全国高校化学、化工、能源、材料、机械、电子等类专业人才培养的共同目标。

基于此背景，东莞理工学院与江西赣锋锂电科技股份有限公司和欣旺达电子股份有限公司等锂电头部企业深度校企融合，在国内外首次开发、建设了“宽基础、精产业”的一系列锂离子电池研发设计制造产业 / 专业课程群，精准培养理论基础深厚、实践技能扎实、产业素养突出的全链条复合型卓越工程师，为国家新能源行业锂电产业提供高层次复合型专业人才供给和储备。为建设该系列课程群，东莞理工学院化学、材料、能源、机械等专业教授与企业高管和资深工程师联合组建教学团队，首次共同开发编写了新能源行业锂电产业 / 专业卓越工程师培养系列教材。该系列第一批建设教材包括《电化学及储能原理》《锂离子电池材料与设计》《锂离子电池制造技术》《锂离子电池质量管理》和《工程思维导论》五本，是融合基础理论、产业案例、工程思维和质量管理为一体的系列教材，充分体现了新工科背景下“科、技、产、管”多学科交叉融合的教材特色。

质量管控是行业产业产品的生命线。《锂离子电池质量管理》是面向新能源行业锂电产业研发设计制造质量管理需求的行业、产业、专业教材。本书为具有几十年高校教学实践经验的教师和参与国家锂离子电池安全标准编写的锂离子电池研发设计制造头部企业高管和资深工程师通力合作完成。它立足、融通了最新的国际标准及汽车行业管理标准，结合新能源行业锂电产业生产实践，融入新能源行业锂电产业真实产业案例和典型解决方案，既具有前瞻性，又具有专业性、学术性和实践性。全面介绍了锂离子电池质量管理，并引出卓越绩效管理和质量强国战略，在更宏大的背景下，谈方法、原理、技术和科学，为新能源行业锂电产业卓越工程师的培养提供科学、系统、专业的新能源行业锂电产业质量管理支撑。这是在能源变革和锂电产业发展浪潮中，校企深度融合、协同育人、创新培养模式的重要成果，对解决锂电产业发展与人才供需之间的鸿沟及推动产业创新具有重要作用。

全书共分为 7 章，彭敏负责全书组织与统稿，并编写第 1 章、第 2 章、第 7 章；第 3 章由张学普、方文、伍京、张森、邹顺编写；第 4 章由李志福、张鹏鹏编写；第 5 章由方文编写；第 6 章由潘火林、张学普、尹庆玲编写；邝卓荪审。

本书是在赵鸿斌教授的发起和指导下完成。在本书的编写过程中，得到了许多专家、学者的支持和帮助。王先友院士对本书进行了审稿，并对章节设计和内容提出了大量宝贵的修改建议；徐勇军教授给予了大量支持；陈佰满教授和邵友元教授给予了热情的帮助和指导；江西赣锋锂电科技股份有限公司的企业专家宾术、张学普以及欣旺达电子股份有限公司的企业专家刘桂松为本书提供了大量企业支撑案例及相关数据；徐敏提供了“过程能力分析”的内容；东莞理工学院本系列教材团队的各位老师及化学工程与能源技术学院也为本书提供了大量支持。在此对他们的关心和辛勤劳动表示衷心感谢！

本书是在广东省本科高校教学质量与教学改革工程现代产业学院建设项目“新型储能产业学院”、高等教育教学改革项目“新能源行业锂电产业 / 专业卓越工程师培养课程体系构建与创新人才培养模式实践”、专项人才培养计划项目“‘双碳’国家战略背景下锂电行业专项人才培养计划”和校级质量工程精品教材项目（202202047）的支持下完成，并在化学工业出版社的大力支持下出版，在此一并表示感谢！

本书服务于国家战略性新兴产业发展重大需求，期望为新能源行业锂离子电池研发设计制造领域的人才培养贡献一份微薄之力。由于作者水平有限，书中不足和疏漏在所难免，恳请广大读者批评指正。

编者

2025 年 3 月

目录

第1章

质量管理与质量管理体系

质量，产品的生命线——怎样确保产品质量？这是锂电行业从业人员重点思考的问题。将质量管理理论更好地应用于锂电行业将助推产品质量节节攀升。本章主要从质量、质量管理、质量管理体系三个维度谈理论。其中引用了四元质量，让不同类型的企业思考自身最需要关注的质量水平层次；引出质量环，引导读者从质量的全生态链角度思考如何提升产品质量。介绍质量管理的百年发展史，以史为鉴，寻找产品质量提升的路径。重点介绍了质量管理体系的由来、定义、组织环境与相关方、基本原则、三大核心理念、策划、文件的编制及信息管理，为产品质量管理体系的运行提供理论支撑。

1.1 质量、质量管理

1.1.1 质量、质量观、质量环

时至今日，质量已成为制约一个国家、企业、个人等实体各方面发展的重要因素之一。那么，什么是质量？具体而言，什么是产品质量、服务质量、环境质量、工作质量、生活质量？人们为什么要重视它？过去理解的质量与现在理解的质量有什么区别？这些问题是制约经济社会发展的关键，需要大家高度重视。

过去，人们理解的“质量”一般是用“实体满足其需求的具体标准的程度”来衡量，如一双鞋子的质量，人们通常用材质、款式、做工、舒适度、安全性等标准来衡量。

随着社会的发展和进步，人们对质量的要求越来越高，所需要满足的质量特性也越来越多，因此，产品或服务的质量标准也越来越多。锂离子电池质量的性能指标包括容量、内阻、电压、放电平台时间、充放电倍率、自放电率、循环寿命，甚至还包括安规指标、环保指标及环境适应性能。

这种大质量观包含更多维度：

（1）从企业内部产品质量到服务、工作、过程、人才、物资等各个层面的质量。

（2）从工业企业到商业服务业、政府机关、事业单位、高等院校等各行各业的质量。

（3）从组织质量到碳排放质量、生态质量、空气质量、室内微环境等环境质量。

（4）从宏观社会、组织质量到人类自身的生活质量、饮食营养、身体健康等质量。

1.1.1.1 ISO质量定义

质量（Quality）：一组固有特性满足要求的程度。

要求（Requirement）：明示的、通常隐含的或必须履行的需求或期望。

不同的相关方对同一事物的要求可能是不同的。例如，顾客要求汽车美观、舒适、轻便、省油，而社会则要求汽车不对环境造成污染。

此外，要求也是多方面的，如产品要求、质量管理体系要求、售后服务要求等。

1.1.1.2 质量特性

质量特性（Quality Characteristic）是产品、过程或体系与要求有关的固有特性。

固有特性是指某事或某物中本来就有的，尤其是那种永久的特性。有的产品只有一种类别的固有特性，有的产品可能具有多种类别的固有特性。以手机电池为例，它具有多种类别的固有特性，包括物理特性（如电性能、环境适应性能、安全性能等）、感官特性（如形状、尺寸）、时间特性（如电池寿命）等。

赋予特性是指产品形成后因不同的要求而对产品增加的特性。例如：产品的价格、硬件产品的供货时间、运输要求及售后服务要求等特性。

但是，固有特性与赋予特性不是一成不变的。某些产品的赋予特性可能是另一些产品的固有特性。例如，对于硬件产品而言，供货时间与运输方式属于赋予特性；但对于运输或服务产品而言，这些就属于固有特性。

固有特性既可以是定性的（如电池带来的客户满意度），也可以是定量的（如电池的尺寸、容量、电压等）。

1.1.1.3 质量内涵的外延

人们对质量概念的认识是一个不断变化的过程。随着科学技术的进步和市场需求的不断发展，质量的内涵也在不断得到拓展、深化和完善。ISO关于质量的定义虽然科学但不易于理解，缺乏可操作性和对实际质量工作的指导性。学者们从不同角度对质量的概念进行了阐释，以弥补ISO质量定义的不足。本书从4个维度对质量进行解释[1]，概括了四元质量的概念，即零元质量、一元质量、二元质量和三元质量。将质量分为4个维度，其目的是帮助不同类型的企业根据自身特点聚焦最关键的质量水平层次，使企业实现效益最大化和可持续发展。

（1）零元质量

零元质量（道德质量），是指组织生产的产品满足社会伦理和公共道德的程度，其实际反映的是组织的“质量诚实”或“质量信用”水平。

（2）一元质量

一元质量（符合性质量），是指产品符合既定质量标准的程度。企业应按相关标准要求生产产品，并使用检验仪器检验产品，判断其符合标准要求的程度。一元质量是一种客观质量。1979年，美国的质量管理专家克劳斯比将质量描述为“符合要求”，认为质量是有形的，是可以测量的。一元质量水平实际反映的是产品标准的水平，产品标准的水平高，其一元质量水平就高。一元质量是产品质量最主要的质量形态，通常用合格与不合格来描述。企业的每个商品都应有符合标准的证明和标志。

质量检验（Quality Test）是一元质量管理最主要的方法，标准和检测设备及设施是提升一元质量水平的重要基础。技术标准制定水平直接决定了一元质量水平，而检测水平（包括仪器的先进性和检测方法的科学性）决定了一元质量检测结果的可信度。提高检测水平主要通过标准化来实现。例如，遵循 ISO10012 标准，可以确保企业检验部门的计量水平；从事产品质量认证的技术机构，宣贯 ISO/IEC17025 标准并获得实验室认可及国际互认，为一元质量提供技术支持；抽样技术也是保证一元质量的重要手段，抽样方案的合理性和抽样方法的客观性直接决定一元质量检测结果的可靠性。现有许多成熟科学的抽样方案和抽样方法，这些方法已被标准化，只要选择合适的抽样标准，便可使抽样的可靠性得到有效保证。对于供应链中的中下游企业、零配件和半成品生产企业、外协件生产企业、来料加工企业和订单生产企业来说，一元质量是它们生存的基础，符合标准是其最低要求。所以对于这些企业，一元质量是其打造品牌的必要条件。

（3）二元质量

二元质量（适用性质量），是指产品满足顾客需求或市场需要的程度。二元质量强调了满足顾客需求在质量概念中的决定性作用。朱兰指出，适用性质量就是产品使用过程中满足顾客要求的程度，这一概念普遍适用于所有产品或服务，对顾客而言，质量就是适用性，而不仅仅是符合规范或标准[2]。虽然用户很少知道“规范或标准”是什么，但他们可以通过产品交付或使用体验来感受产品的适用性，这就是二元质量。

提升二元质量水平、满足顾客需求是企业持续发展的基础。实现这一目标的方法和手段多种多样，市场调研是其中之一。通过科学的市场调研方法，企业能把握顾客实际和潜在需求，并据此制定新标准，生产满足这些需求的产品，这是通过市场导向来提升二元质量水平的方法。例如，海尔集团为四川农户生产的能洗红薯的洗衣机和为中亚地区生产的双动力洗衣机，都是市场导向提高二元质量的成功案例。创新创造市场，并驱动需求，这种由创新成果引领的需求，往往是顾客意料之外的需求。例如，苹果公司运用突破性技术研发的智能手机，执行的是蓝海经营战略，直接创造了市场，带来了顾客意料之外的需求，从而提高了二元质量水平。以“顾客是上帝”为核心理念的质量文化建设和顾客关系管理，是提高企业适用性质量的有效方法。遵循 GB/T 19014—2019《质量管理　顾客满意　监视和测量指南》也是提高二元质量的重要手段。对于其产品直接面向终端市场的企业、直接面向消费者的生产性企业和服务性企业而言，提高和改进二元质量是其质量工作的核心。二元质量是服务型企业的生命，是其打造品牌的必要要素。

（4）三元质量

三元质量（卓越质量），是指企业追求卓越经营的程度。日本著名质量专家狩野纪昭认为，质量的第三层次就是魅力质量，是通过满足消费者潜在需求使新产品或服务达到意想不到的新质量。三元质量的本质是企业的经营质量，反映的是其品牌建设的层次，品牌是魅力质量的具体体现。企业以卓越的经营为顾客带来超值的体验，从而获得超额利润。若企业仅停留在二元质量的水平上，可能无法实现丰厚的利润回报。

品牌的核心是品质，追求卓越质量是提升品质的主要途径。追求卓越质量的方法有很多，如营销策略、广告推广等。实践证明，六西格玛宣贯《卓越绩效评价准则》是追求卓越质量、打造品牌的有效方法。西门子、路易威登、耐克等品牌主导型企业，以相对较低的成本获取了超额利润，其中关键的成功因素之一就是追求卓越质量和打造品牌。无论什么性质的企业，都应秉承基业长青、永续发展的理念，追求卓越质量和打造品牌是其成功的关键途径。

（5）质量金字塔

零元质量、一元质量、二元质量和三元质量之间存在着逻辑递进关系，共同构成了质量金字塔（见图 1-1）。企业要追求三元质量，必须同时满足零元质量、一元质量和二元质量的要求，其中零元质量是基础。无论是一元质量、二元质量还是三元质量，当零元质量出现严重问题时，就会动摇企业生存的基础，质量之塔可能轰然倒塌，一切将化为乌有，全部归零。

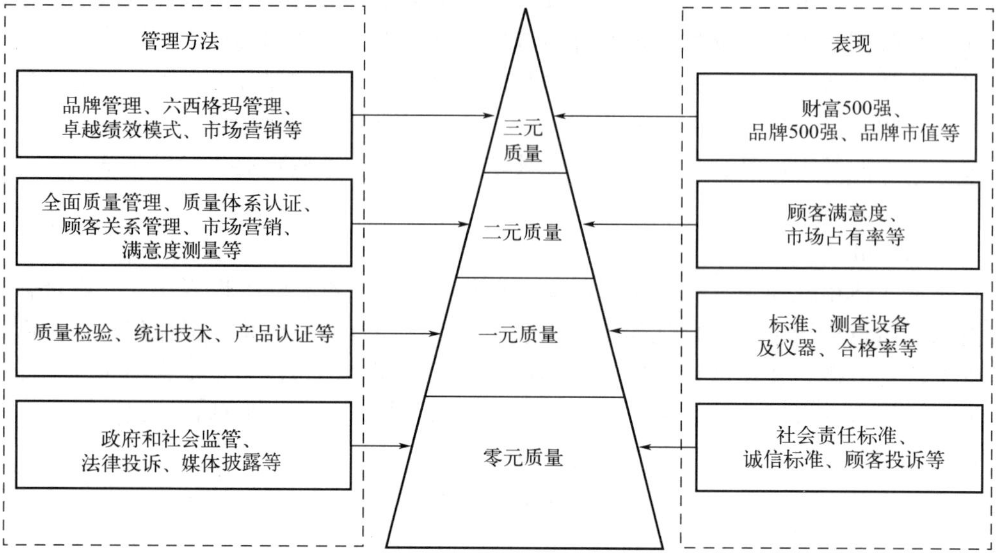

图 1–1　质量金字塔

1.1.1.4　质量环

质量环（Quality Loop）是指从识别需求到评定这些需求是否得到满足的各阶段中，影响质量相互作用活动的概念模式。质量环起始于市场营销和市场调研（对市场的需求进行识别，并根据其进行产品的开发和设计），同样也归结于市场营销和市场调研（根据市场对其产品的反馈信息，评价市场的需求是否已得到满足）。因此，质量环反映的是一个连续不断、周而复始的过程，通过不断地循环，实现持续的质量改进。图 1-2 是产品开发项目质量环的示意图。

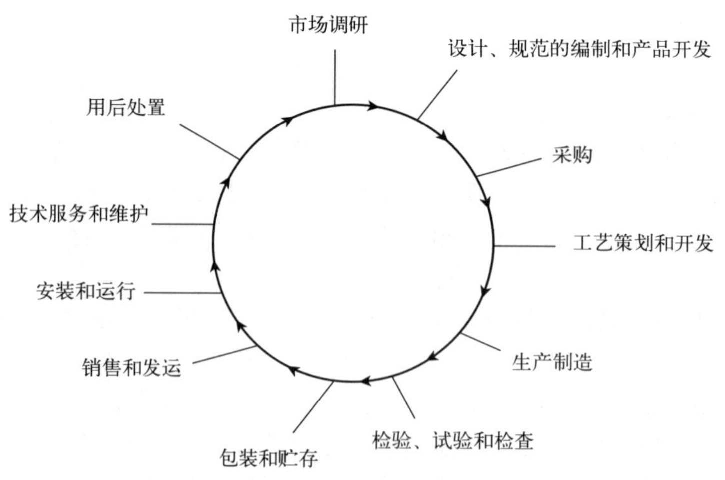

图 1–2　产品开发项目质量环

质量环是从最初识别需求到最终满足要求和期望的各阶段中，影响质量相互作用的一系列活动。这些活动一环扣一环，互相制约、互相依存、互相促进。质量环不断循环，每经过一次循环，就意味着产品质量提升一次。

产品质量是组织各项活动的综合结果。在其形成过程中，涉及质量的因素众多，任何一种因素都可能对产品产生不同程度的影响。为了在激烈的竞争中获胜，任何一个组织都必须进行质量管理，建立和健全质量管理体系，对质量环中影响产品质量的诸多因素实施全面控制，纠正和预防质量问题的发生，尽可能减少直至消除质量隐患。实施 ISO9001 管理，建立和健全质量管理体系是组织自身经营和发展的需要，同时也可增强顾客对组织产品的信任感。从某种意义上来讲，质量环是 ISO9001 的一部分，其最终目标是通过成功实施 ISO9001 质量体系来实现的。质量体系应能对质量环中所有影响质量的活动进行适宜而连续的控制，重视预防问题的发生，同时在问题出现时能够迅速做出响应并采取纠正措施。

1.1.2 质量管理

1.1.2.1 质量管理的含义

ISO9000 标准 /IATF16949 对质量管理的定义是"关于质量的管理"。这一定义包括制定方针和目标，以及实现这些目标的过程。所以，质量管理包括制定质量方针和质量目标，以及质量策划、质量控制、质量保证和质量改进。

从定义中可知，组织的质量管理是指挥和控制组织与质量相关的协调活动。它以质量管理体系为基础，通过建立质量方针和质量目标，并为实施规定的质量目标进行质量策划，执行质量控制和质量保证，开展质量改进等活动予以实现的。在整个生产和经营过程中，组织需要对质量、计划、劳动、人事、设备、财务和环境等各个方面进行有序管理。由于组织的基本任务是向市场提供能符合顾客和其他相关方要求的产品，围绕产品质量形成的全过程实施质量管理是组织各项管理的主线。所以，质量管理是组织各项管理的重要内容，通过深入开展质量管理能推动组织其他专业管理的发展。质量管理涉及组织的各个方面，是否有效地实施质量管理关系到组织的兴衰。组织的最高管理者在正式发布本组织的质量方针、确立组织质量目标的基础上，应认真贯彻有关质量管理原则，运用管理的系统方法来建立质量管理体系，并配备必要的人力和物力资源，进而开展各种相关的质量活动。此外，组织还应采取激励措施鼓励全体员工积极参与，提高他们发挥才干的热情，造就人人做出应有贡献的工作环境，从而确保质量策划、质量控制、质量保证、质量改进活动的顺利进行。质量管理的中心任务是建立、实施和保持一个有效的质量管理体系并持续改进其有效性。

质量方针是指由组织的最高管理者正式发布的组织的意图和方向，组织是指职责、权限和相互关系得到安排的一组人员及设施。这一定义中的"组织"是广义的概念，包括公营、私营或联营的具有自身功能的、独立管理的公司、社团、商行、企事业单位或公共机构，或其组成部分。质量方针是组织质量活动的纲领，经最高管理者批准签署，并正式发布后，应公开告知全体成员、顾客及所有相关人员，以便取得各方对质量方针的理解和信任。质量方针应形成文件并按规定的要求对质量方针实施有效控制。

质量目标是质量方针的具体体现，通常对组织的相关职能、层次和过程分别规定质量目标。质量目标既要有前瞻性，又要实际可行；它们需要被量化，以便于实施和检验；要逐层分解，细化到具体的执行层面，具体落实。

质量策划是"质量管理的一部分，致力于制定质量目标并规定必要的运行过程和相关资源以实现质量目标”。质量策划的关键是制定质量目标并设法实现。无论对于产品的改进还是新产品的开发，组织均需进行质量策划，确定研制什么样的产品、具有什么样的性能、达到什么样的水平，并提出明确的质量目标，规定必要的作业过程，提供必要的人员和设备等资源，落实相应的管理职责，最后形成书面的文件即质量计划。

质量控制是“质量管理的一部分，致力于满足质量要求”。质量控制的目的是确保产品、过程或体系的质量能满足组织自身、顾客及社会三方面所提出的质量要求。它通过采取一系列作业技术和活动对质量形成的各个过程实施控制，排除会使质量受到损害而不能满足质量要求的各项因素，以提高经济效益。

质量控制是预防不合格产品发生的重要手段和措施，组织应对影响产品、过程和体系质量的有关人员、技术和管理三个方面的因素予以识别。在实施质量控制时，首先应进行过程因素分析，找出起主导作用的因素加以控制，以确保取得预期效果。

质量控制应贯穿于产品形成和体系运行的全过程。每一个过程都有输入、转换和输出 3 个环节，通过对这 3 个环节实施有效控制，对产品质量有影响的各个过程才能处于受控状态，持续提供符合规定要求的产品。质量控制程序包括以下两个方面。

① 对影响产品质量的各环节和因素制订计划和程序，建立质量控制计划和标准；

② 在实施过程中进行持续评估和验证，发现问题并进行分析，对异常情况进行处理并采取纠正措施，防止问题再次发生。

为了使质量控制发挥最大效用，必须注重以下 3 个环节。

① 对影响达到质量要求的各种作业技术和活动都要制订计划和程序；

② 保证计划和程序的实施，并在实施过程中进行连续的评价和验证；

③ 对不符合计划和程序活动的情况进行分析，对异常活动进行处置并采取纠正措施。

质量保证是“质量管理的一部分，致力于提供质量要求会得到满足的信任”。质量保证的核心是向人们提供足够的信任，使顾客和其他相关方确信组织的产品、过程或体系达到规定的质量要求。根据不同的目的，质量保证可分为内部质量保证和外部质量保证。内部质量保证的主要目的是向组织的最高管理者提供信任，使其确信组织的产品、过程或体系能满足质量要求。因此，组织中应有一部分管理人员专门从事监督、验证和质量审核工作，以便及时发现质量控制中的薄弱环节，提出改进措施，促使质量控制能更有效地实施，从而使组织的最高管理者“放心”。但是，随着人们对质量问题认识的不断加深，组织的最高管理者也需要向全体员工提供信任，这是建立全体员工对组织质量管理信心的重要步骤。因此，内部质量保证是组织最高管理者实施质量活动的重要管理策略。外部质量保证则是在合同或其他外部条件下，向顾客或第三方提供信任，使顾客或第三方确信组织已建立了完善的质量管理体系，并且针对合同产品有一整套完善的质量控制方案和办法，从而有信心相信组织提供的产品能达到合同所规定的质量要求。一般来说，外部质量保证必须有证明文件作为支持。

在外部质量保证过程中，有两种途径可以取得顾客的信任。一种是接受顾客或代表顾客的第三方质量管理体系审核；另一种是向独立的、公正的第三方审核机构申请质量管理体系认证和注册，以证明组织符合质量管理体系的要求，并保证产品质量得到系统的控制。

质量控制和质量保证有一定关联但又有区别。质量控制是为了达到规定的质量要求而开展的一系列活动，而质量保证是提供客观证据证实已经达到了规定的质量要求，并取得顾客和其他相关方信任的各项活动。因此，组织必须有效地实施质量控制，在此基础上才能提供质量保证，取得顾客信任。没有有效的质量控制，质量保证就无从谈起。

质量改进是“质量管理的一部分，致力于增强满足质量要求的能力”。组织开展质量改进应注意以下 3 点。

① 质量改进是通过优化过程来实现的。组织产品质量的提升必须通过改进形成产品质量的过程来实现；

② 质量改进致力于主动寻找改进机会，而不是等问题暴露后再捕捉机会。对于质量改进的识别主要基于组织对降低质量损失的考虑和与竞争对手比较中存在的差距；

③ 对质量损失的考虑依据 3 个方面的分析结果：顾客满意度、过程效率和社会损失。

这 3 个方面的质量损失问题不仅为质量改进创造机会，也为评估质量改进效果提供分析比较的依据。

1.1.2.2 质量管理百年发展历程

质量管理百年发展历程如图 1-3 所示，大致经历了以下 3 个阶段。

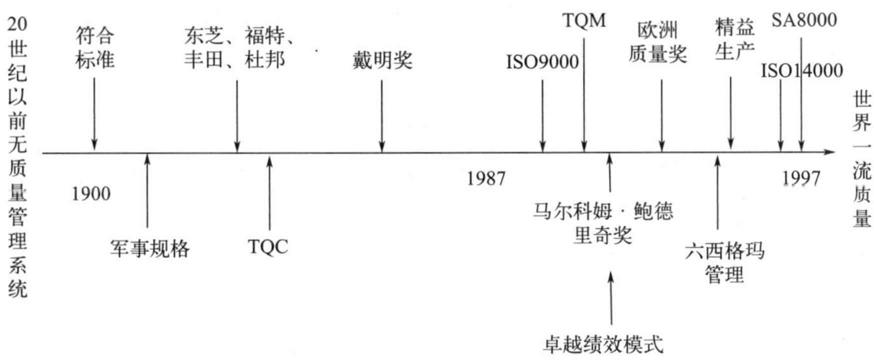

图 1–3 质量管理的发展历程

（1）质量检验管理阶段

20 世纪以前，产品质量主要依靠操作者本人的技艺水平和经验来保证，称为“操作者的质量管理”。20 世纪初，以泰勒为代表的科学管理理论的产生，促使产品的质量检验从加工制造中分离出来，质量管理的职能由操作者转移给工长，称为“工长的质量管理”。随着企业生产规模的扩大和产品复杂程度的提高，产品有了技术标准（技术条件），各种检验工具和检验技术也随之发展，大多数企业开始设置检验部门，有的直属于厂长领导，这时称为“检验员的质量管理”。上述几种做法都属于事后检验的质量管理方式。

（2）统计质量控制阶段（SQC）

1924 年，美国数理统计学家休哈特（Shewhart）提出控制和预防缺陷的概念。他运用数理统计的原理提出在生产过程中控制产品质量的“3σ”法，绘制出第一张控制图，并创立了一套统计卡片。与此同时，美国贝尔研究所提出关于抽样检验的概念及其实施方案，成为运用数理统计理论解决质量问题的先驱，但当时并未被普遍接受。以数理统计理论为基础的统计质量控制的推广应用始于第二次世界大战。由于事后检验无法控制武器弹药的质量，美国国防部决定把数理统计法用于质量管理，并由美国标准协会（ASA）制定有关数理统计方法应用于质量管理方面的规划，并成立了专门委员会，于 1941—1942 年先后公布了一批美国战时的质量管理标准。

（3）全面质量控制阶段（TQC）

20 世纪 50 年代，随着生产力的迅速发展和科学技术的日新月异，人们对产品的质量从注重产品的一般性能发展为注重产品的耐用性、可靠性、安全性、维修性和经济性等，在生产技术和企业管理中要求运用系统的观点来研究质量问题。在管理理论上也有了新的发展，特别重视人的因素，强调依靠企业全体人员的努力来保证质量。此外，随着“保护消费者利益”运动的兴起，企业之间的市场竞争也越来越激烈。在这种情况下，美国通用电气公司的费根堡姆和质量管理专家朱兰将系统理论的观点和方法引入质量管理领域，提出了“全面质量管理”的概念，其含义如下：①单靠数理方法控制生产过程还不够，还需要有一系列的组织管理工作；②产品质量是在市场调查、设计生产检验、销售全过程中形成的，同时又在不断循环中螺旋式上升，可称为质量进展螺旋；③质量不能脱离成本，否则是没有意义的。

基于上述观点，质量和质量管理概念被赋予了新的内涵。1961 年，美国费根堡姆的《全面质量管理》一书出版，较系统地提出了全面质量管理的概念。他指出：“全面质量管理是为了能够在最经济的水平上并考虑到充分满足用户要求的条件下进行市场研究、设计、生产和服务，并把企业各部门的研制质量、维护质量和提高质量的活动构成为一体的一种有效体系。”这一新的质量管理理论，很快被各国企业所接受，其中日本运用得最为成功。

上述 3 个阶段的比较如表 1-1 所示。

表1-1 质量管理的百年发展历程

阶段	检验质量管理	统计质量控制（SQC）	全面质量控制（TQC）
产生时间	20世纪初	20世纪40年代	20世纪60年代
历史背景	1. 凭经验管理方式已不适应当时的工业生产 2. 泰勒提倡科学管理，其主要内容之一就是设置专职检验员 3. 检验员责任是对企业生产的产品进行检查	1. 第二次世界大战爆发后，军需品的需求量增加 2. 检验质量管理方式无法适应对军需品质量控制的要求。军需品不可能事后逐一检验 3. 质量控制统计方法得到广泛运用	1. 科技与经济的发展，使消费者需求日益提高 2. 局部生产过程的质量控制已无法适应消费者多方的质量需求 3. 费根堡姆提出企业的全面质量管理
效益评价	1. 加强产品质量检验 2. 杜绝不合格品进入流通领域 3. 使企业的经济效益迅速提高	1. 防检结合，使产品质量事先得到控制 2. 质量有了保证 3. 大大降低了企业内部的质量成本	1. 使质量管理成为全公司的事情 2. 使各方面的质量得到有效控制 3. 使全面质量管理成为一种先进的管理思想和方法而推广到全世界
缺陷分析	1. 检验只局限于生产过程 2. 属于事后检验 3. 只能起把关作用，不能预防废品的产生	1. 预防检验只局限于生产过程 2. 数理统计方法比较高深，不利于普及 3. 人们称之为“贵族经济”	各方面的工作有待于进一步规范与深化

当时，各企业开展 TQC 的形式主要有两种：第一，在企业内部致力于搞好基础工作，加强一条龙的全过程全员质量管理；第二，在企业外部致力于质量保证工作。具体如图 1-4 所示。

20 世纪 80 年代后期，全面质量管理（TQM）得到了进一步的扩展和深化，逐渐由早期的 TQC 演变为 TQM，其内涵远远超越了传统质量管理范畴。

全面质量管理的核心在于“全”字的深入实践，要树立“三全一多样”的管理理念。

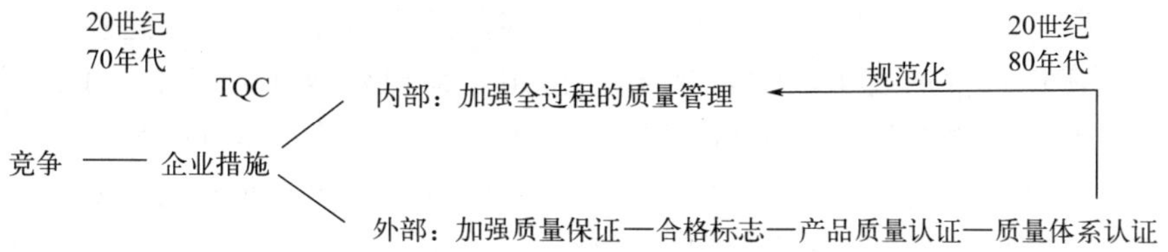

图 1–4　企业开展 TQC 的形式

（1）全面质量管理

全面质量管理是朱兰博士提出的“大质量”概念，从最初仅指产品固有的特性质量，扩展到产品的成本、交货期和支持性服务；从局限于产品的狭义质量，跃升到包括产品、体系过程在内的广义质量层面，进而扩展到企业的经营质量和绩效质量。质量不仅要满足顾客要求，还要满足其他相关方的要求。

（2）全过程质量管理

全过程质量管理是指使产品满足顾客和其他相关方要求所需的全部环节。这些环节包括产品实现过程、管理过程和支持过程，它们对产品质量的产生、形成和实现都是必不可少的。实现全过程质量管理的有效载体是全面质量管理体系，组织应通过构建这一体系，对所确定的全部过程进行系统化管理。

（3）全员参与的质量管理

产品质量是工作质量的直接反映。企业内每一个部门、生产车间及每一位员工的工作都必然直接或间接地影响产品的质量。现代企业的生产过程十分复杂，前后工序、车间之间相互影响和制约，因此，全面质量管理的另一个重要特点是要求企业全体人员都必须为提高产品质量尽职尽责，贡献力量，这是生产优质产品的可靠保证。综上，全员性、群众性是全面质量管理的客观要求。

实行全员性的质量管理，即在生产过程中要求动员和组织广大员工积极参与改进产品质量的活动，成立各种形式的质量控制（Quality Control）小组（简称 QC 小组），及时从技术上和组织措施上解决现场出现的各种质量问题，特别是关键的质量问题。产品质量是企业素质的综合反映，涉及全体员工和各个部门，提高产品质量需要靠企业全体员工共同努力，质量管理人人有责。从企业领导到普通员工，都应学习和应用科学质量管理的理论和方法，提高本职工作质量，同时广泛开展群众性的 QC 小组活动。

（4）多种多样方法的质量管理

质量管理采用的方法是全面且多种多样的，它由多种管理技术与科学方法组成。科学技术的发展对质量管理提出了更高的要求，进而推动质量管理向科学化、现代化迈进。在质量管理过程中，企业应积极利用先进的科学技术和管理方法，如应用排列图、因果图、直方图、控制图、数理统计、正交试验等技术来分析各部门的工作质量，找出产品质量存在的问题及其关键的影响因素，从而有效地控制生产过程的质量，达到提高产品质量的目的。

后来，数理统计被应用于企业经营全过程，质量管理工具不断推陈出新，ISO9000 等标准也开始形成并不断被企业接受，随着市场竞争的加剧，质量管理理念也被提到了新的高度，全面质量管理（TQM）成为质量管理百年历程中具有深远影响的发展阶段。

20 世纪 80 年代，世界标准化组织（ISO）发布了首个国际质量管理标准——ISO9000 标准。此后，推出了一系列质量管理国际标准，如 ISO14000 等。1997 年，SA8000（Social Accountability

8000）即“社会责任标准”发布，是全球首个道德规范国际标准。其宗旨是确保供应商所供应的产品符合社会责任标准的要求。SA8000 标准适用于世界各地任何行业及不同规模的公司。它与 ISO9000 质量管理体系及 ISO14000 环境管理体系一样，是一套可被第三方认证机构（如 SGS 通标标准）审核的国际标准。专家们认为，SA8000 是继 ISO9000 和 ISO14000 之后出现的又一个重要的国际性标准，并将会转化为 ISO 标准，通过 SA8000 认证将成为国际市场竞争中的又一重要武器。

20 世纪 90 年代，以美国通用电气公司（GE）为代表的世界级优秀企业，开始了质量管理新阶段的探索，其重大贡献就是六西格玛思想和方法的提出和运用。以六西格玛为核心的精益质量管理将成为质量管理发展新趋势。精益质量管理就是在对关键质量数据定量化分析的基础上，综合运用多种知识和方法，对关键质量指标持续系统改进，追求达到卓越标准，如六西格玛，实现显著提高企业质量绩效及经营绩效的目的。六西格玛管理强调将度量和改进应用于包括质量管理在内的企业经营全过程。六西格玛管理继承了 TQM 的思想，并对 TQM 有了新发展，即在追求卓越目标的前提下，通过度量及指标持续改进，为 TQM 找到了落实方法。国际上又掀起了六西格玛管理的热潮。

六西格玛管理法可以与其他管理方法相结合，如精益生产（Lean）和六西格玛（Six Sigma），形成精益六西格玛（Lean Six Sigma）。精益六西格玛结合了精益生产和六西格玛的优点，旨在通过消除浪费和减少变异来提高组织的效率和质量。六西格玛管理法在全球范围内得到了广泛应用，包括制造业、服务业、医疗保健、金融和政府等多个领域。它已经成为目前众多企业追求质量一流、管理卓越性和提高业绩与竞争力的重要战略举措。

1.2 质量管理体系

1.2.1 质量管理体系的由来

20 世纪 80 年代以来，随着全球化趋势不断加强，越来越多的企业参与到国际分工和国际贸易中。虽然众多企业都通过了各自国家的产品质量认证与质量体系认证，但由于各国的质量体系认证标准不统一，例如，1979 年美国国家标准学会发布了 ANSIZ—1 • 15《质量体系通用指南》，同年英国推出了 BS5750《质量保证标准》等，给多边贸易往来带来了诸多问题与困难。为了解决这一系列问题，国际标准化组织（ISO）于 1987 年 3 月颁布了统一的质量标准体系，称之为《质量管理与质量保证》系列标准，又称 ISO9000 族标准。ISO9000 族质量管理标准发展历程如图 1-5 所示。

1994 年，ISO/TC176 对 ISO9000 族标准进行修订，于 1994 年，发布了 ISO8402《质量管理和质量保证术语》，这些标准统称为 1994 版 ISO9000 族标准，它们主要适用于制造业，取代了 1987 版 6 项 ISO9000 系列标准。ISO/TC176 充分考虑了 1987 版和 1994 版标准及其他管理体系的使用经验，对 ISO9000 族标准进行了第二次修订，并于 2000 年 12 月 15 日正式发布了 2000 版 ISO9000 族标准。2000 版标准在总结质量管理实践的基础上，为标准注入了更为丰富的内涵。它以质量管理的八项原则作为 ISO9000 族质量管理体系标准的理论基础，明确了建立和运行质量管理体系应遵循的 12 个方面的质量管理体系基础知识，体现了 8 项质量管理原则的具体应用。

从结构和内容角度分析，2000 版质量管理体系具有以下特点。

① 标准适用于所有产品类别、不同规模及各种类型的组织，并可根据实际需要调整某些质量管理体系要求；

② 采用了以过程为基础的质量管理模式；

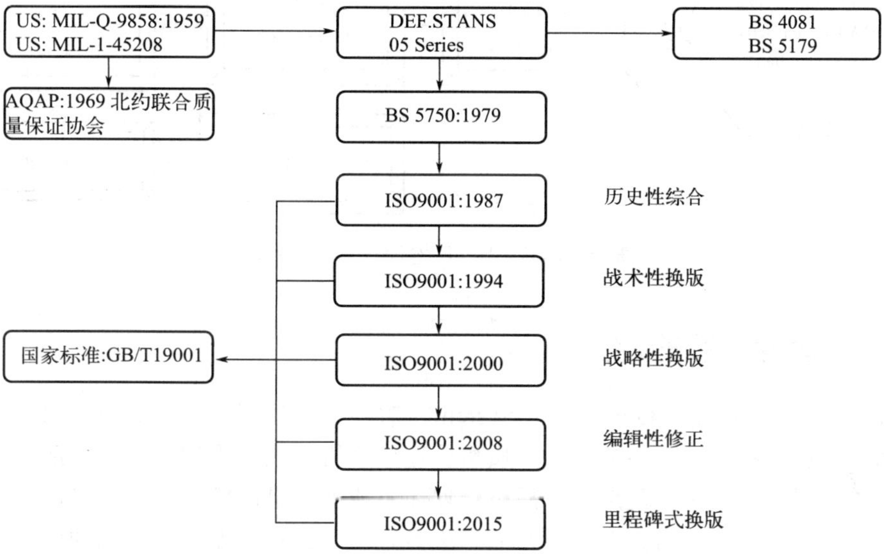

图 1-5 ISO9000 族质量管理标准发展历程

③ 强调了过程的相互联系和相互作用；

④ 更加重视质量管理体系的有效性和持续改进，减少了对形成文件程序的强制性要求。

2008 年，修订 ISO9001，目的是更加明确地阐释 2000 版 ISO9001 标准的内容，并加强与 ISO14001:2004 标准的兼容性。2015 年 9 月 23 日，新版 ISO9001:2015 发布，其主要变化包括提升至更高的层次结构和明确术语定义，具体内容如下：①对服务业更加适用和兼容；②必须理解组织情境；③更加强调过程管理；④应对风险和机会的措施；⑤成文信息；⑥外部提供过程、产品和服务的控制（采购和外包）。

ISO 于 1986 年发布了 ISO8402《质量 - 术语》国际标准，其中在“3.2 有关管理的术语”中明确了“质量管理”（Quality Management）和“质量控制”（Quality Control）这两个重要术语。2015 年 9 月 15 日，ISO9000:2015《质量管理体系 - 基础和术语》国际标准正式发布，继续沿用了上述两个重要术语的规范定义。至此，“全面质量管理”被 ISO9000 采纳并推广。

1996 年，国际汽车工作小组（International Automotive Task Force）成立，简称 IATF。同年，IATF 开始协调和制定汽车工业通用的质量管理体系标准。ISO/TS16949 是以 ISO9001:1994、AVSQ（Italian）、EAQF（French）、QS9000（United States）和 VDA6.1（Germany）为基础构成的汽车工业质量体系要求。1999 年 10 月，IATF 正式向 ISO 国际标准化组织提交了该技术规范的批准申请，并发布了 ISO/TS16949 第 1 版；2002 年 3 月，IATF 正式向 ISO 国际标准化组织提交了批准申请并发布了 ISO/TS16949 第 2 版；2009 年 6 月，IATF 正式向 ISO 国际标准化组织提交了批准申请，并发布了 ISO/TS16949 第 3 版。2016 年 10 月，IATF16949 第一版正式发布。IATF16949 发展历程如图 1-6 所示。

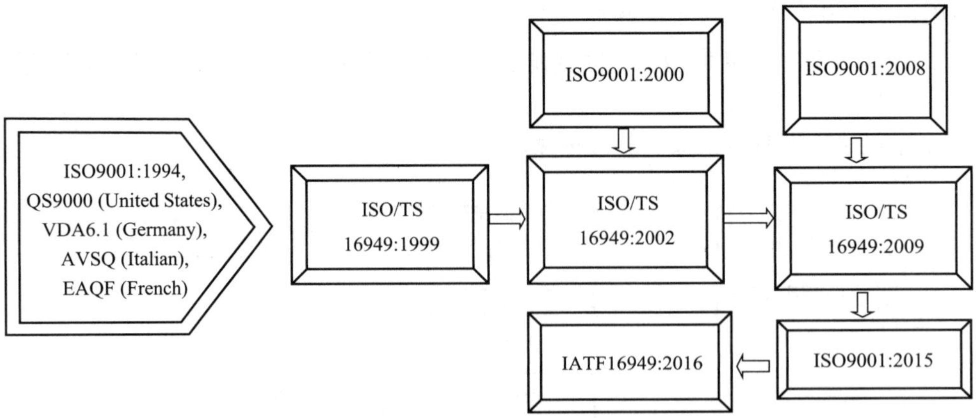

图 1-6　IATF16949 发展历程

1.2.2　质量管理体系的定义

质量管理体系（Quality Management System，QMS）包括组织确定其目标以及为获得期望的结果而确定其过程和所需资源的活动。质量管理体系管理相互作用的过程和所需的资源，旨在向有关相关方提供价值并实现结果。质量管理体系能够使最高管理者通过考虑其决策的长期和短期影响而优化资源的使用。在提供产品和服务方面，针对预期和非预期的结果质量管理体系提供了应对措施。

质量管理体系是组织管理体系中的一个重要部分。在建立质量管理体系时，首先应确定质量方针和质量目标，然后明确实现这些质量方针和目标所需的过程、活动和资源，从而建立一个管理体系，并对该体系进行管理。质量管理体系的主要作用是在质量方面能为组织实现提供持续满足规定要求的产品，提升顾客和相关方的满意度。

以过程为基础的质量管理体系模式，由管理职责、资源管理、产品实现、测量分析和改进 4 个过程构成。其中，产品实现为核心，管理职责、资源管理、测量分析和改进为支持过程。

质量管理体系可以看作一项大的活动，在这项活动中，组织围绕实现预期目标，确定过程和所需资源，并对过程和资源实施管理，并向相关方提供价值和结果。质量管理体系可以帮助最高管理者合理利用资源、并针对预期和非预期的结果采取相应措施。组织应建立一种信念，即最终的产品和服务出现任何问题，包括缺陷、故障、事故等，一定可以在其质量管理体系及过程中找到原因。这些原因可以是定性的，也可以是定量的。质量管理体系的目标是顾客满意，核心是过程方法。过程方法的实质是预测、预防和持之以恒地改进。风险思维就是采用措施应对过程变化，PDCA [Plan（计划）、Do（实施）、Check（检查）和 Act（处理）] 循环则是持续改进。人们对质量管理方法的探索从未停止，从朱兰的“三部曲”到美国军用标准、从克劳士比的“零缺陷方案”到“田口方法”。质量大师前辈们不断实践、认识、再实践、再认识，总结的理论和方法各有所长，不尽相同。国际标准化组织集各家之长，总结凝练了 ISO9000 系列标准，并经过多次改版，逐步升华，形成了目前国际上公认有效、先进的质量管理方法——质量管理体系方法。质量管理体系标准不会止步不前，“循证决策”和“成文信息”为大数据、云计算等高新科技应用预留了空间，基于数据的精益过程控制可能成为发展方向。质量管理体系的基本理念是预防，但是不应完全否认“摸着石头过河”“干中学和边干边学”的方法，应当根据组织的性质、目标、文化、战略等灵活应用。

1.2.3 组织环境与相关方

组织环境是一个过程。这个过程确定了影响组织的宗旨、目标和可持续性的各种因素。它既需要考虑内部因素，例如组织的价值观、文化、知识和绩效，还需要考虑外部因素，例如法律、技术、竞争、市场、文化、社会和经济环境等。

相关方的概念超越了单一的顾客视角，而关注所有有关相关方。识别相关方是理解组织环境过程的组成部分。有关相关方是指若其需求和期望未能满足，将对组织的持续发展产生重大风险的相关方。为降低风险，组织需确定向有关相关方提供何种必要的结果。组织的成功有赖于吸引、赢得和保持有关相关方的支持。

具体实施由组织定期要求各领域负责人对相关方的需求进行识别。将根据识别出的需求制定的相应控制措施融入产品实现过程中。具体的相关方及其需求 / 期望融入产品实现过程如表 1-2 所示。

表1-2 相关方需求/期望识别表

相关方	需求或期望	信息来源	对应的措施或方法	结果评审
政府				
客户				
员工				
供方				
社区				

1.2.4 质量管理体系基本原则

质量管理原则的目的是帮助标准的使用者系统地建立质量管理理念，准确理解标准的内涵，提高其管理水平。对于质量管理或建立质量管理体系，普遍适用的原则主要有 8 项。1995 年，ISO/TCl76 成立工作组，根据 ISO9000 族标准实践经验及理论分析，整理并编撰了质量管理原则。GB/T 19000-2016 标准在原有质量管理原则的基础上进行了修订，将“管理的系统方法”原则融入“过程方法”中，强调对过程的系统管理。8 项质量管理原则减少为 7 项。7 项质量管理原则包括：以顾客为关注焦点、领导作用、全员积极参与、过程方法、改进、循证决策、关系管理（如图 1-7 所示）。

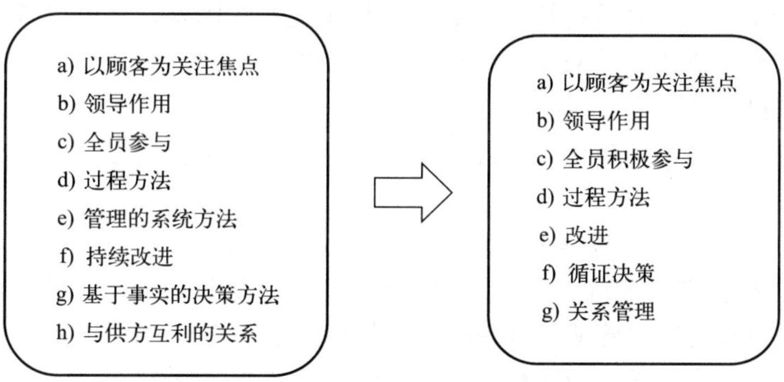

图 1-7 质量管理原则变化图

（1）以顾客为关注焦点——质量管理的主要关注点是满足顾客的要求并且努力超越顾客的期望

① 理论依据：组织只有赢得顾客和其他相关方的信任才能获得持续成功。与顾客相互作用的每个方面，都提供了为顾客创造更多价值的机会。理解顾客和其他相关方当前和未来的需求，有助于组织的持续成功。

② 主要收益：增加顾客价值；提高顾客满意度；增进顾客忠诚度；增加重复性业务；提高组织声誉；扩展顾客群；增加收入和市场份额。

③ 可开展的活动：了解从组织获得价值的直接和间接顾客；了解顾客当前和未来的需求和期望；将组织的目标与顾客的需求和期望联系起来；将顾客的需求和期望在整个组织内予以沟通；为满足顾客的需求和期望对产品和服务进行策划、设计、开发、生产、交付和支持；测量和监视顾客满意度，并采取适当措施；确定有可能影响顾客满意度的相关方的需求和期望，并采取措施；积极管理与顾客的关系以实现持续成功。

（2）领导作用——各层领导建立统一的宗旨及方向，创造并保持使员工能够充分实现目标的内部环境

① 理论依据：统一的宗旨和方向及全员参与能够使组织的战略、方针、过程和资源保持一致，以实现其目标。

② 主要收益：提高实现组织质量目标的有效性和效率；使组织的过程更加协调；改善组织各层次、各职能部门间的沟通；开发和提升组织及其人员的能力，以获得期望的结果。

③ 可开展的活动：在整个组织内，就其使命、愿景、战略、方针和过程进行沟通；在组织的所有层次创建并保持共同的价值观和公平道德的行为模式，培育诚信和正直的企业文化；鼓励在整个组织范围内履行对质量的承诺；确保各级领导者成为组织人员的实际楷模；为组织人员提供履行职责所需的资源、培训和权限；激发、鼓励和表彰员工的贡献。

（3）全员积极参与——整个组织内各级人员的胜任、授权和参与是提高组织创造价值和提供价值能力的必要条件

① 理论依据：有效和高效地管理组织，尊重各级人员，并让其参与其中极其重要。通过表彰、授权和提高能力，促进在实现组织的质量目标过程中的全员参与。

② 主要收益：通过组织内人员对质量目标的深入理解和内在动力的激发以实现其目标；在改进活动中提高人员的参与程度；促进个人发展，提高主动性和创造力；提高员工的满意度；增强整个组织的信任和协作；促进整个组织对共同价值观和文化的关注。

③ 可开展的活动：与员工沟通增进他们对个人贡献重要性的认识；促进整个组织的协作；提倡公开讨论，分享知识和经验；让员工确定工作中的制约因素，并主动参与；赞赏和表彰员工的贡献、钻研精神和进步；针对个人目标进行绩效的自我评价；评估员工的满意度和沟通效果，并采取适当的措施。

（4）过程方法——当活动被作为相互关联的功能进行系统管理时，可更加有效和高效地始终获得预期的结果

① 理论依据：质量管理体系是由相互关联的过程所组成的。

② 主要收益：提高关注关键过程和改进机会的能力；通过协调一致的过程体系，始终得到预期的结果；通过过程的有效管理、资源的高效利用及职能交叉障碍的减少，尽可能提高绩效；使组织能够向相关方提供关于其一致性、有效性和效率方面的信任。

③ 可开展的活动：确定体系和过程需要达到的目标；为管理过程确定职责、权限和义务；

了解组织的能力，事先确定资源约束条件；确定过程之间相互依赖的关系，分析个别过程的变更对整个体系的影响；对体系的过程及其相互关系继续管理，有效和高效地实现组织的质量目标；确保获得过程运行和改进的必要信息，并监视、分析和评价整个体系的绩效；对能影响过程输出和质量管理体系整个结果的风险进行管理。

（5）改进——成功的组织总是致力于持续改进

① 理论依据：改进对于组织保持当前的业绩水平，对其内外部条件的变化做出反应并创造新的机会都是非常必要的。

② 主要收益：改进过程绩效、组织能力和顾客满意度；增强对调查和确定基本原因，以及后续的预防和纠正措施的关注；提高对内外部的风险和机会的预测和反应能力；增强对增长性和突破性改进的考虑；通过加强学习实现改进、增强改革的动力。

③ 可开展的活动：促进在组织的所有层次建立改进目标；对各层次员工进行培训，使其懂得如何应用基本工具和方法实现改进目标；确保员工有能力成功地制定和完成改进项目；开发和部署整个组织实施的改进项目；跟踪、评审和审核改进项目的计划、实施、完成和结果；将新产品开发或产品、服务和过程的更改都纳入改进中予以考虑；赞赏和表彰改进。

（6）循证决策——基于数据和信息的分析和评价的决策更有可能产生期望的结果

① 理论依据：决策是一个复杂的过程，并且总是包含一些不确定的因素，它经常涉及多种类型和来源的输入及其解释，而这些解释可能是主观的。重要的是理解因果关系和潜在的非预期后果。通过对事实、证据和数据的分析，可使决策更加客观，从而增强信心。

② 主要收益：改进决策过程；改进对实现目标的过程绩效和能力评估，改进运行的有效性和效率；增加评审、挑战、改变意见和决策的能力；增加证实决策有效性的能力。

③ 可开展的活动：确定、测量并监视证实组织绩效的关键指标；使相关人员能够获得所需的全部数据；确保数据和信息足够准确、可靠和安全；使用适当的方法对数据和信息进行分析和评价；确保人员具备分析和评价所需数据的能力；依据证据，权衡经验和直觉进行决策并采取措施。

（7）关系管理——为了持续成功，组织需要管理与供方等相关方的关系

① 理论依据：相关方影响组织的绩效。组织通过管理与所有相关方的关系，可以最大限度地发挥其在组织绩效方面的作用。特别是对供方及合作伙伴的关系网的管理至关重要。

② 主要收益：通过对每一个与相关方有关的机会和限制的响应，提高组织及其有关相关方的绩效；与相关方对目标和价值观有共同的理解；通过共享资源和能力，以及管理与质量有关的风险，增加为相关方创造价值的能力；形成产品和服务稳定流动且管理良好的供应链。

③ 可开展的活动：确定组织和相关方（如供方、合作伙伴、顾客、投资者、雇员或整个社会）的关系；确定需要优先管理的相关方的关系；在短期收益与长期考虑之间建立平衡；收集并与相关方共享信息、专业知识和资源；适时测量绩效并向相关方报告，以增强改进的主动性；与供方、合作伙伴及其他相关方共同开展开发和改进活动；鼓励和表彰供方与合作伙伴的改进和成绩。

7 项质量管理原则在内涵上进行了深化和拓展。其中，“以顾客为关注焦点”中引入了对相关方的关注；“过程方法”被赋予了新的内涵；“全员积极参与”更强调人员主动性和自觉性；“改进”更强调创新和应变；“循证决策”强调决策和评价应建立在事实和数据分析的基础上；“关系管理”扩展了与有关相关方的关系管理。

1.2.5 质量管理体系三大核心理念

（1）风险思维

基于风险的思维对质量管理体系的有效运行至关重要。GB/T 19001—2016 和 ISO9001:2015 之前的版本已经隐含了基于风险思维的概念，例如，通过采取预防措施消除潜在不合格的原因；对发生的不合格问题进行分析，并采取适当措施防止其再次发生。

组织需策划并实施应对风险和利用机遇的措施。应对风险和利用机遇可为提高质量管理体系的有效性、实现改进结果以及防止不利影响奠定基础。

机遇的出现可能意味着某种有利于实现预期结果的局面，例如，有利于组织吸引顾客、开发新产品和服务、减少浪费或提高生产率的一系列情形。利用这些机遇时，也需要考虑相关风险。风险是不确定性的影响，可能是正面的或负面的。风险的正面影响可能提供改进机会，但并非所有的正面影响均可提供改进机会。

质量管理体系的主要用途之一是作为预防工具。预防措施的概念是通过在质量管理体系要求中融入基于风险的思维来表达的，因而在一定程度上减少了规定性要求，并以基于绩效的要求替代。GB/T 19001—2016 在过程、成文信息和组织职责方面的要求比 GB/T19001—2008 具有更大的灵活性。组织有责任应用基于风险的思维，并采取应对风险的措施，包括是否保留成文信息，以作为其确定风险的证据。

（2）过程管理

理解体系是如何产生结果的，能够使组织尽可能地完善其体系并优化绩效。任何一件或一系列的事都由一个或若干个过程构成。ISO14001—2004 标准指出，PDCA 适用于所有过程。图 1-8 列出了单一过程要素示意图。

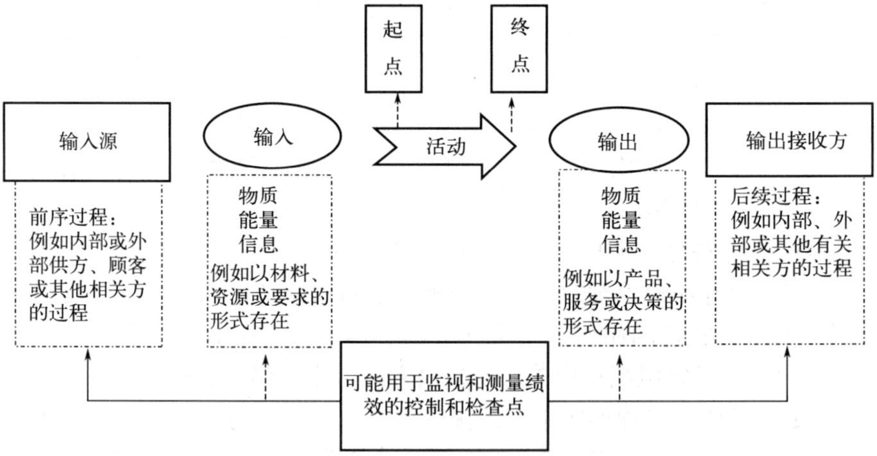

图 1-8 单一过程要素示意图

（3）PDCA 循环

PDCA 循环最早由休哈特（Shewhart）提出，由戴明（Deming）进一步发展，所以又称为“戴明环”。它是全面质量管理所应遵循的科学程序。全面质量管理活动的全部过程就是质量计划的制订和组织实现的过程。这个过程按照 PDCA 循环，不停止地周而复始地运转。PDCA 循环及爬升示意图如图 1-9 所示。

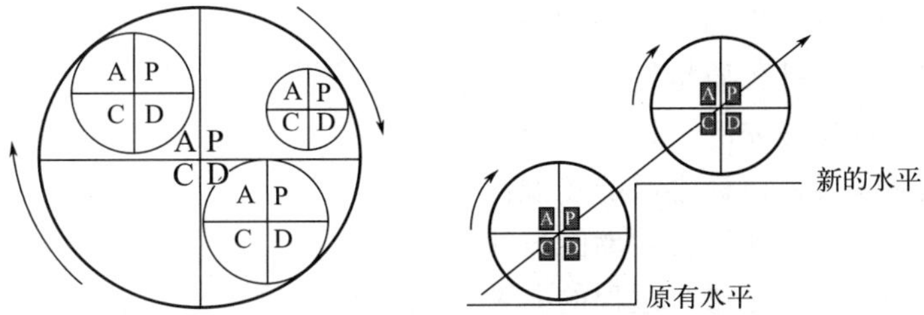

图 1-9 PDCA 循环及爬升图

P（计划）：包括方针和目标的确定以及活动计划的制定。

D（实施）：具体运作。实现计划中的内容，执行计划中的具体活动，落实即定方案。

C（检查）：总结执行计划的结果，分清哪些对了，哪些错了，明确效果，找出问题。

A（处理）：对总结检查的结果进行处理。成功的经验加以肯定，并予以标准化，便于以后工作时遵循，对于失败的教训也要总结，以免重现；对于没有解决的问题，应该在下一个 PDCA 循环中去解决。

以上 4 个过程不是进行一次就结束，而是周而复始地进行，一个循环完了，解决一些问题，未解决的问题进入下一个循环，这样阶梯式上升。因此有人称其为质量管理的基本方法。

PDCA 的特点：大环套小环，小环保大环。

① PDCA 循环是爬楼梯上升式的循环，每转动一周，质量就提高一步。

② PDCA 循环是综合性循环，4 个阶段是相对的，它们之间不是截然分开的。

③ 推动 PDCA 循环的关键是“处理”阶段。所谓处理，就是总结经验，肯定成绩，纠正错误，提出新的问题，进行新的 PDCA 循环。这是 PDCA 环之所以能上升、前进的关键。如果只有 3 个阶段，没有将成功经验和失败教训纳入有关标准、制度和规定中，就不会巩固成绩、吸取教训，也就不能防止同类问题的再次发生。因此，推动 PDCA 循环，一定要始终抓好“处理”这个阶段。

④ 统计工具的应用。PDCA 循环的一个重要特点就是应用了一套科学的统计处理方法作为发现、解决问题的有效工具。锂电行业主要用到的统计方法将在第 3 章中介绍。

1.2.6 质量管理体系的策划

质量管理体系策划的输出是一套完整的质量管理体系文件。包括总体策划、建立质量管理体系步骤的策划、质量管理体系过程策划、培训策划、应对风险和机遇的措施、质量目标及实现的策划、变更的策划。

1.2.6.1 总体策划

采用质量管理体系应当是组织的一项战略性决策。一个组织质量管理体系的设计和实施受各种需求、具体目标、所提供的产品、所采用的过程以及该组织的规模和结构的影响。因此最高管理者或管理层应进行策划，统一思想：①确定采用的质量管理体系模式标准及其覆盖范围；②确定质量管理体系的组织结构、主要人员的职责与权限；③制定质量方针、质量目标等。

1.2.6.2 建立质量管理体系步骤的策划

遵循“管理的系统方法”原则，建立实施质量管理体系的步骤如下：

① 确定顾客和其他相关方的需求和期望；
② 建立组织的质量方针和质量目标；
③ 明确实现质量目标必需的过程和职责；
④ 确定和提供实现质量目标必需的资源；
⑤ 规定测量每个过程有效性和效率的方法；
⑥ 应用上述测量方法确定每个过程的有效性和效率；
⑦ 制定预防不合格产品产生并消除产生原因的措施；
⑧ 建立和应用持续改进质量管理体系的过程。

1.2.6.3 质量管理体系过程策划

质量管理体系是以“过程”为基础的模式，如何策划好过程至关重要。过程的策划以实现过程增值为目标，进行以下策划步骤，如识别过程、确定过程的输入和输出、将输入转化为输出所必须的活动，通常包括：

① 识别质量管理体系所需的过程；
② 确定所识别过程的顺序、接口和相互关系；
③ 确定过程所必需的资源和信息；
④ 确定控制过程的准则和方法；
⑤ 确定过程的结果、测量方法和改进策略等。

例如，图 1-10 为客户导向的生产过程策划图（Customer Oriented Process，COP）。

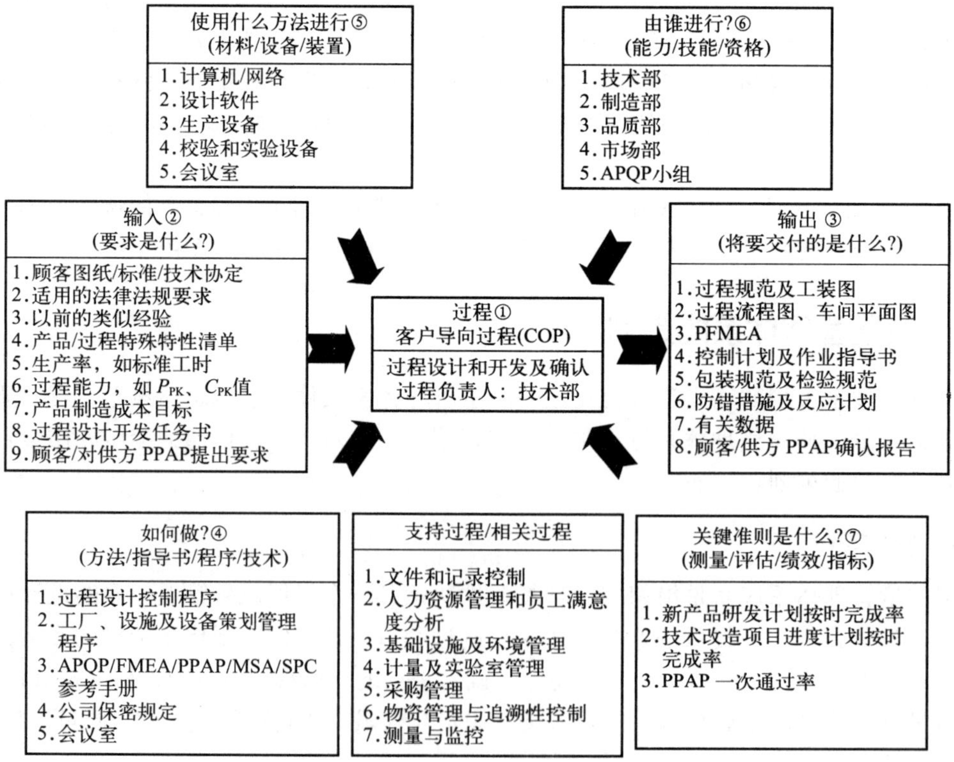

图 1-10　客户导向的生产过程策划图

1.2.6.4 培训策划

培训是转变观念、统一思想与行动、增加知识和提升技能的关键途径。质量管理体系方面的培训，应策划培训目标、制定培训计划，以控制培训进程与结果。培训的内容通常包括：①管理层、质量管理人员、员工的培训；②质量方针、质量目标和提高满足顾客要求重要性的培训；③质量管理体系文件编制的培训；④质量管理体系内部审核员的培训；⑤为提高能力、满足岗位职责所需要的培训。

1.2.6.5 应对风险和机遇的措施

（1）风险分析

组织在进行风险分析时应至少包含产品召回、产品审核、现场退货和维修、客户投诉、产品报废及返工等环节的经验教训。同时，组织应保留相关文件的信息，作为风险分析结果的依据。

（2）预防措施

组织应识别并实施有效措施，以消除潜在不合格的原因，防止不合格发生。预防措施应与潜在问题的影响程度相适应。组织应建立一个用于减轻风险负面影响的过程，过程包括以下方面：①确定潜在不合格及其原因；②评价防止不合格发生措施的需求；③确定并实施所需的措施；④记录所采取措施的成文信息；⑤评估所采取的预防措施的有效性；⑥利用取得的经验教训预防类似过程的再次发生。

（3）应急计划

应急计划应包含相关规定，确保在发生停止生产的紧急情况后能够恢复生产，以及在常规停机过程未得到遵循的情况下，制造的产品仍能持续符合顾客要求。

1.2.6.6 质量目标及实现的策划、变更的策划

最高管理者应确保为整个组织内的相关职能、过程和层级上，明确建立并保持符合顾客要求的质量目标。组织在制订其年度质量目标和相关性能指标（包括内部和外部）时，应考虑组织对相关方及其要求的评审结果。

通过合理的计划、评估、控制和沟通，组织可以有效地实施变更，降低变更对质量管理体系的风险和影响。同时，定期的监控和回顾可以确保变更的成功实施和持续优化。

1.2.7 质量管理体系文件的编制及信息管理

在完成质量管理体系总体设计（包括制订质量方针、目标，确定质量管理体系覆盖产品、组织机构、各部门职能分配、资源需求等）之后，即可着手编制质量管理体系文件。质量管理体系文件是质量管理体系策划的成果。组织内使用的质量管理体系文件是一套系统的受控文件。每个文件都是唯一的，一般应包含标题、编号、受控标识、版本号，以及评审、批准及修改状态（包括日期），应符合质量管理体系标准、法律法规、组织承诺等要求，确保其具有可操作性和持续的适应性。

组织的质量管理体系应形成文件，并包括一份质量手册。质量手册可由一系列电子或硬拷贝形式的文件构成，其格式和结构由组织自行决定，取决于组织的规模、文化和复杂性。如果采用系列文件，则应保留一份构成质量手册的文件清单。质量手册应至少包含以下内容：①质

量管理体系的范围，包括任何删减的细节和正当理由；②为质量管理体系建立形成文件的过程或对其引用；③组织过程及其顺序和相互作用（输入和输出），包括任何外包过程控制的类型和程度；④一份显示组织质量管理体系如何在各环节满足顾客特定要求的文件，即质量管理体系过程矩阵。

文件可采用任何形式或类型的媒介。随着计算机网络技术的发展，大多数组织建立了计算机内部网，应在办公自动化（OA）系统中建立并逐步完善其文件控制系统。将文件控制要求转化为计算机信息，实现文件的在线制定、修改、审批和发布。实现无纸化办公具有自动记录有效文件清单及文件的最近修改或换版情况，便于查阅执行文件和作废文件、统一规范文件格式及确保文件唯一性等优点。

练习与思考

1. 中国计量大学的宋明顺教授将质量分为 4 个维度，请从这 4 个维度解释质量，并指出这种分类方法的意义。

2. 何为质量管理？质量管理包括哪些内容？

3. 简述全面质量管理的含义及特点。

4. 什么是质量管理体系？质量管理体系的基本原则是什么？

5. 简述公司质量管理体系，画出公司质量管理体系的输入、过程、输出。

6. 质量手册包含哪些内容，它们分别有哪些要求？

7. 请同学们在实习过程中留意信息文件，并根据所学内容将其归入相应的类型。

第 2 章

质量管理体系的运行、评价和改进

本章在承接第 1 章理论部分的基础上，深入探讨质量管理体系的运行、评价和改进，并为后续章节关于质量管理和质量管理体系运行的讨论奠定基础。

2.1 质量管理体系的运行

质量管理体系的运行，主要是产品和服务的运行，可以是组织的最终产品和服务，也可以是某一过程的输出，包括 8 部分内容：运行的策划和控制、产品和服务要求、产品和服务的设计与开发、外部提供的过程、产品和服务的控制、生产和服务提供、产品和服务的放行、不合格输出的控制。其目的是确保过程的运行满足质量管理体系要求，确保过程获得预期结果并满足顾客要求。

2.1.1 运行的策划和控制

运行的策划是一个系统协调、综合权衡和多方案决策的过程，所有与被策划产品和服务有关的部门都应参与运行的策划。运行策划应以满足产品和服务要求为目的，考虑如何运行业务流程，并具体策划如何应对可能对实现产品和服务运行的过程产生影响的风险和机遇的措施。质量管理体系运行的策划和控制如图 2-1 所示。

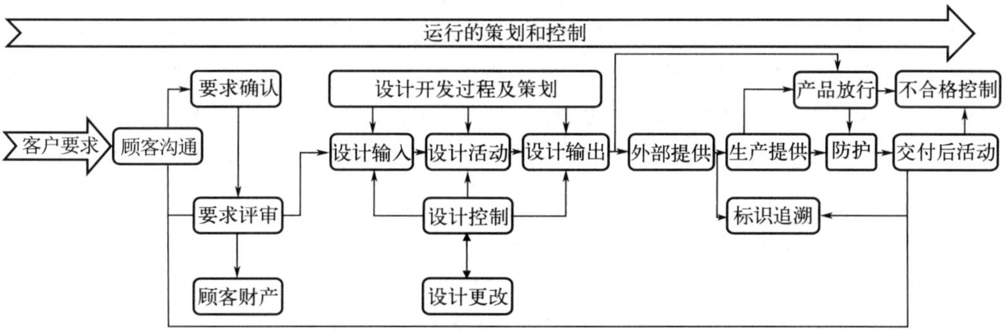

图 2-1　质量管理体系运行的策划和控制

策划、实施和控制措施包括以下5个方面。

① 确定产品和服务的要求。依据有关法律法规，提出相互协调的装备性能的定性和定量要求、质量保证要求和保障要求，包括产品的功能性能要求和通用质量特性要求，实现预期用途所必要的要求。产品和服务要求可由研制总要求、研制任务书和合同等成文信息规定，也可由组织根据所提供产品和服务的特点自行确定。在确定产品和服务或过程输出要求时，还应考虑与组织的战略需求与有关相关方的需求相适应。

② 在产品和服务或过程输出要求明确的前提下，建立过程及其运行应遵守的准则，如顾客沟通、产品和服务要求的确定及其评审的准则，设计和开发过程控制准则，外部提供的过程控制准则等（例如工艺文件）；建立产品和服务的接收准则，如产品验证、试验和检验规范，标准样件等；编制质量计划（质量保证大纲），确定产品和服务所要求的验证、确认、监视、测量、检验和试验活动。

③ 确定符合产品和服务或过程输出要求所需的资源，包括各类人员、设备设施、环境条件、知识和技术等。这些资源包括提前投入的资源和过程正式运行后分阶段投入的资源，都是为实现产品和服务符合要求所必需的资源。

④ 依据确定的准则实施过程控制，确保实现预期结果。

⑤ 依据产品和服务的特点，确定所需保持和保留的成文信息，以证实过程已经按策划运行，并证明产品和服务要求已得到满足。必要的信息包括：设计和开发各阶段的输入、输出文件和设计评审、验证、确认、更改等记录；生产过程的工艺文件及生产过程的记录；产品和服务的检验、试验和交付文件及记录等。

2.1.2 产品和服务要求

组织应与顾客进行有效沟通，充分并准确地了解顾客的需求，确定向顾客提供的产品和服务的要求，并对其进行评审，确保组织理解并有能力实现这些要求。同时识别和确认隐含要求、目标市场法律法规要求，如需确认锂离子电池的安规要求、环保要求、航运要求等。部分基本要求也可能随着行业发展和技术成熟度提升，变成普遍达成的常规要求。

（1）产品和服务要求的确定

组织与顾客的关系是通过产品和服务建立起来的，因此组织与顾客的沟通内容也要围绕产品和服务。沟通的内容包括：a. 提供有关产品和服务的信息。b. 处理问询合同或订单，包括其变更。c. 采取措施获取顾客关于产品和服务质量或改进建议的反馈信息，包括顾客投诉。d. 就顾客财产的处置或控制的相关事宜进行沟通，以明确要求，达成共识。e.“关系重大”是指涉及组织或顾客重大利益、产品和服务发生了重大质量问题或质量事故、产品使用中可能涉及危及人身安全或严重污染环境等非常情况下的紧急处置，以及产品和服务验收意见发生重大分歧、由于不可抗拒的原因导致组织不能按期履约或顾客有临时应急要求等情况，组织应分析这些显性和隐性与产品和服务关系重大的事项，针对这些特定事项制定相应的顾客沟通方式及应对措施。f. 产品使用、维修和保障的需求是依据产品的性质、行业规章和有关标准必须确定的要求，并作为保障性设计和保障资源规划的依据。

（2）产品和服务要求的评审

评审产品和服务要求的目的、时机和内容，在确保组织向顾客做出提供产品和服务的承诺之前，准确理解和确定与产品有关的要求，并有能力提供满足要求的产品和服务。评审的重点包括 3 个方面：①产品和服务要求是否完整、明确、适宜，对产品和服务的要求（包括技术、进度、价格、交付及交付后的活动）组织能否接受并确保其实现；②识别和分析履行承诺所承担的风险以及采取的应对措施；③之前同顾客沟通过程中表述存在差异的合同或订单要求是否得到解决。

（3）产品和服务要求的更改

组织在运行产品和服务实现过程中，经常会发生产品和服务要求的更改。提出更改的可能是顾客，也可能是组织自身。更改的内容可能涉及产品功能、性能、通用质量特性、交货期、服务保证期等。组织应确保对更改的要求进行评审，包括更改的相关风险。

组织应确保更改涉及的合同协议、订单、任务书的相关成文信息得到修改，并以适当的方式通知相关人员，并确保相关人员知道已更改的要求。

2.1.3 产品和服务的设计与开发

产品和服务设计和开发过程包括明确设计和开发程序、相关职责和权限，提供所必要的资源，规定设计和开发各阶段的活动，以及各阶段活动的输入、输出和控制准则，保留完整的成文信息，实施产品和服务设计和开发控制，具体过程如图 2-2 所示。

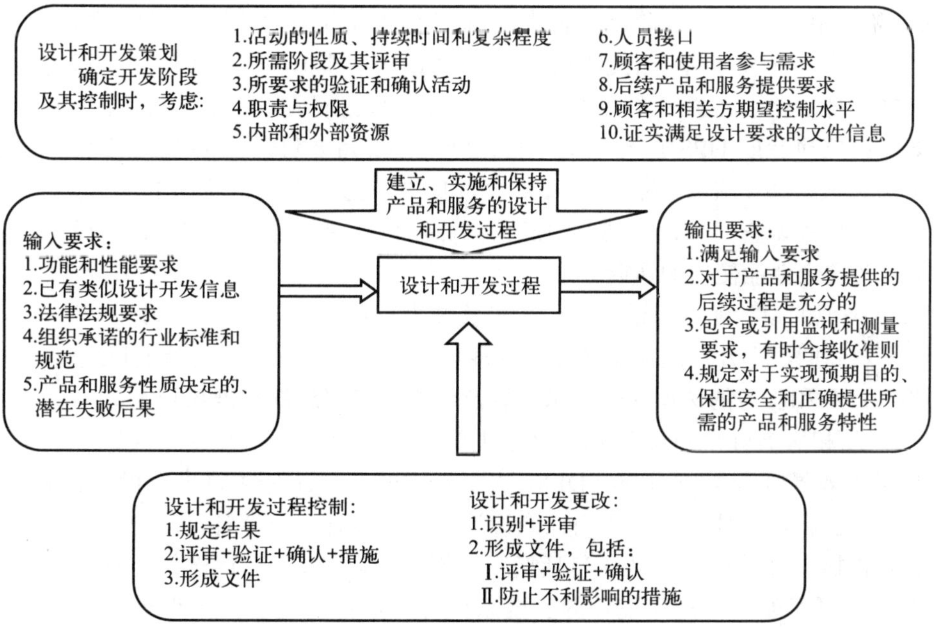

图 2–2　产品和服务的设计与开发过程

（1）设计和开发策划

设计和开发策划，应依据组织所确定的设计和开发输入要求，并结合组织建立的设计和开发过程，运用前序过程（策划等）的适用结果，同时考虑组织自身能力及潜在风险进行策划。设计和开发策划的输出，在适用时包括：设计和开发计划或方案、接口关系文件、特性分析报告、风险评估报告及其应对措施预案、技术攻关计划及措施、开题报告、项目开发计划（计划网络图）、软件开发计划、装备试修计划、装备试验开发计划，以及确保设计和开发过程有效实施与控制所需的质量计划、通用质量特性工作计划、标准化工作计划、技术状态管理计划、风险管理计划、设计准则等。

（2）设计和开发输入

设计和开发输入是进行设计和开发策划及开展设计和开发活动的基本依据。设计和开发输入通常源于组织与顾客及有关相关方（如外部供方等）沟通的结果，或者依据沟通结果确定的与产品和服务有关的要求。设计和开发输入一般包括战技指标、研制总要求、研制任务书、设计任务书、软件需求规格说明、合同及技术协议、开题报告等，以及测仿设计时的样机等。

设计输入内容的充分性、适宜性和一致性，决定后续设计和开发策划的可行性，也影响设计活动能否顺利实施，以及设计和开发结果的符合性。如果输入不充分，可能会导致设计和开发的产品不满足既定要求。设计和开发输入的内容如下：

① 产品和服务在使用条件下的功能和性能要求，包括产品和服务必须满足的功能和性能要求，以及必要的通用质量特性要求及包装、储存、运输、安全、综合保障等方面的要求。如锂电池需要符合销售地区的环保法律法规，如欧盟的 RoHS、REACH、POPs，美国的 CPSIA 及 CP65，德国的 PAHs，法国的矿物油等法律法规。在设计开发时，要充分考虑这些需求，在了解销售地法律法规的基础上，将需要满足的法律法规及客户要求传达给相关供应商，从源头上规避使用不符合环保要求的原材料。锂电池在运输方面需要遵从危险货物运输法规 UN38.3 认证。UN38.3 是指联合国针对危险品运输专门制定的《联合国危险物品运输试验和标准手册》的第 3 部分 38.3 款，即要求锂电池运输前，必须通过高度模拟、高低温冲击、振动试验、机械冲击试验、55℃外短路、碰撞 / 挤压试验、过充电试验、强制放电试验，才能保证锂电池运输安全。例如，锂电池造成 UPS 航班失火事件：2006 年 2 月 8 日，一架 UPS 飞机在接近费城时所载货物突然起火，飞机在 23 时 59 分降落，机身中冒出了火焰，费城的消防人员用 4h 才将大火控制。根据事故调查显示，造成飞机起火的原因可能是锂电池。因此，在设计开发前必须考虑运输风险及安全性能使用的风险。

② 将已有类似的设计和开发的成果和可借鉴技术直接作为新设计和开发的输入，可以大大缩短设计和开发周期，提升产品和服务设计的成熟度，并节省不必要的验证和试验成本。

③ 适用于产品和服务的法律法规要求，以及组织承诺实施的标准和规范。

④ 将由产品和服务性质可能导致的潜在失效后果作为设计和开发输入是新标准增加的要求。可以利用失效模式及影响分析（DFMEA）的结果，有针对性地采取设计措施应对风险，提高产品的安全性和可靠性。例如采用冗余设计、防错设计、元器件环境应力筛选和整机老化等措施；针对机械零件的磨损失效（包括磨损、断裂和腐蚀），可以选择耐磨材料或改进表面处理工艺提高包覆面硬度、提高设计的安全系数等，这些措施应列入设计和开发输入的要求中。此外，组织认为必要的其他有关要求，如行业惯例、市场发展、组织的使命等确定的要求也可作为设计输入。

⑤ 计算机软件的设计输入包括需求规格说明、接口规格说明和已获得的数据格式，以及已经开发应用成功，并具有重用性的适用软件。硬件的外部接口包括接口的规格和型号、接口方式等。

⑥ 工艺要求指在产品设计和开发中要考虑产品的可制造性、可检验性和经济性等。对于产品的设计和开发来说，“工艺要求”一般是指产品设计时对制造工艺（包括制造、装配、安装和测试）要求的考虑，对结构件的设计应力求做到“设计基准、加工（含装配）基准、检验基准”三统一，以确保设计产品的可制造性，便于产品的生产。对于工艺方法的设计来说，“工

艺要求”则涵盖了所有的工艺设计的输入要求。服务的设计同样需要关注作业流程和方法的合理性、可行性以及可优化性。

（3）设计和开发过程的控制

设计和开发过程的控制，包括设计和开发评审、验证、确认及技术状态控制等活动，其目的是通过系统（分级分阶段）的设计和开发评审、验证、确认等活动，确定各个阶段输出结果的符合性，识别问题并提出必要的措施，确保设计和开发目的顺利实现。

（4）设计和开发输出

设计和开发的输出是对输入要求进行细化的结果，为后续的生产和服务提供过程的输入。设计和开发输出应为组织实现其产品和服务所需的过程提供充分和必要的信息。

根据产品和服务的特性、行业差异以及设计和开发阶段的不同，设计和开发输出的形式和结果也不同。它们可能是产品规范、服务规范、试验规范、论证报告、计算机软件文档、提供给外部供方的信息等。

设计和开发的每一个阶段都有其相应的输出，如论证阶段的论证报告、方案阶段的设计方案、工程研制阶段的图样和技术文件以及原理样机、试验样机等。上一阶段的设计和开发输出是下一阶段设计和开发的输入，如产品设计的输出可作为工艺设计的输入。

（5）设计和开发更改

设计和开发更改的识别、评审和控制的要求，旨在确保设计和开发的更改符合要求，并避免不利影响。设计和开发的更改是针对设计和开发输出的更改。更改可能发生在产品和服务实现的各个阶段。如设计和开发活动进行之中，设计和开发输出批准和发布之后，生产和服务提供以及使用阶段等全生命周期。

设计和开发更改的评审应评估更改对产品和服务各组成部分以及交付后活动的影响，包括该影响的潜在风险，并确定确保更改不会对产品和服务造成不利影响的措施。更改的影响可能涉及合同、工艺、采购、售后服务等多个方面，评审时应予以充分考虑。这是为了确保更改的有效性，并确定设计更改所涉及的产品和服务的范围。

对于设计和开发更改应实施分类控制，进行必要的评审、验证和确认。对设计和开发更改的实施情况进行跟踪，确保更改按要求的范围及时、正确地实施和标识。保留设计和开发更改的相关文档资料。对重要的设计更改应进行系统分析和验证，并按规定履行审批程序。重要的设计更改通常是指对产品特性设计的更改。

（6）新产品试制

新产品试制的控制要求采用多方认证方法进行分析，确定制造过程是否可行，能够生产出满足顾客要求的产品。其目的是确保将设计和开发的新产品从样机状态转化为可以批量生产和使用的产品，并确保试制产品的质量特性满足设计和开发要求。

新产品试制过程通常从工程样机研制阶段开始，直至通过生产定型。对于不需进行生产定型的设计和开发的产品，新产品试制可从工程样机研制直至通过产品质量评审。

（7）设计和开发的试验控制

为确保试验数据完整、准确、客观、可信和试验结果的有效性，应按照试验大纲（试验计划）组织试验，并按规定的程序和要求收集、整理试验数据以及原始信息，并记录、分析、评价试验结果。对试验中发现的故障和缺陷，采取有效的纠正措施，并再次进行试验或验证，以消除故障和缺陷的原因，防止其再次发生。保留试验过程、结果及任何必要措施的记录。

对于顾客关注的试验项目，应邀请顾客参与试验，并向顾客通报试验结果。试验大纲（试验计划）以及试验过程的变更应征得顾客的同意。

2.1.4 外部提供的过程、产品和服务的控制

外部提供的过程、产品和服务控制的总要求主要包括以下 4 点。

① 确定外部提供的过程、产品和服务的对象和范围；

② 确定并实施外部供方的评价、选择、绩效监视和再评价的要求；

③ 对外部提供的过程、产品和服务的控制，包括对采购、外包过程和外部提供服务的控制；

④ 虽然外部供方不是组织的组成部分，但是其承担了组织的部分过程、产品和服务，因此其活动应在组织的质量管理体系控制范围之内。

2.1.5 生产和服务提供

（1）生产和服务提供的控制

生产和服务提供过程主要是对有关的人、机、料、法、环、测以及相关的活动进行有效控制，实现预期结果，并消除或降低相关风险，确保生产和服务提供过程受控（组织应在受控条件下进行生产和服务提供）。对于提供产品的组织，通常是指其产品加工制造、安装、交付以及交付后的过程；对于提供服务的组织，是指其实施和交付服务项目的过程。应结合生产和服务提供的实际活动确定受控条件，通常包括人、机、料、法、环、测。在有需求的场所，能够获得相关指导文件，以规定做什么、怎么做以及做到什么程度。

① 监视和测量资源在生产和服务提供现场的使用控制要求；

② 应在策划规定的监视和测量点实施监视和测量活动，确保过程和结果符合要求、产品和服务符合验收准则；

③ 控制基础设施和环境；

④ 控制作业人员；

⑤ 识别并控制需要确认的过程；

⑥ 防止人为错误；

⑦ 控制放行、交付和交付后活动；

⑧ 控制数字化制造过程；

⑨ 控制原辅材料；

⑩ 控制生产和服务所使用的计算机软件；

⑪ 控制特定的现场环境；

⑫ 控制多余物；

⑬ 规定技艺评定准则；

⑭ 控制首件；

⑮ 控制代用。

（2）标识和可追溯性

确保生产和服务标识清晰，状态明确，并在必要时能够追溯。标识是指通过标记或记录等方法来识别产品和服务或其特定状态，通常可分为产品和服务标识、产品和服务状态标识以及可追溯性标识（即唯一性标识）三种。产品和服务标识、产品和服务状态标识和可追溯性（唯一性）标识的差异如表 2-1 所示。

表2-1　产品和服务标识、产品和服务状态标识和可追溯性（唯一性）标识的差异

差异项目	产品和服务标识	产品和服务状态标识	可追溯性标识
目的	区分不同规格型号、特点或特性的产品和服务，防止在产品和服务实现过程中的混淆	区分不同监视和测量状态的产品，防止错误地放行或使用不符合要求的输出	在需要时实现产品和服务的可追溯性
必要性	产品和服务容易发生混淆时才需要的标识	在产品和服务实现过程中必须有的标识	有追溯性要求时才需有的标识
可变性	在产品和服务实现过程中通常是不变的	在产品和服务实现过程中可随监视和测量状态的变化而发生变化	是唯一性（不可变）的标识

2.1.6　产品和服务的放行

确保顾客接收的产品和服务符合规定的接收准则，交付顾客的产品和服务满足预期的使用要求。放行产品和交付服务的前提是经过检验和试验，并证实产品和服务已经满足规定的要求。放行和交付不仅仅针对最终产品或服务，也包括中间过程的不同阶段。放行（包括例外放行）应符合规定的流程进行授权，并履行批准手续。当放行涉及顾客要求时，应征得顾客同意，并按规定向顾客提供检验验收报告。记录可证实放行的正确性和责任人。

2.1.7　不合格输出的控制

对不合格输出的识别和控制的目的是防止不合格输出被不正确地使用和交付。不合格是指未满足（3.6.4）（GB/T 19000—2016）的要求。不合格输出通常是指不合格品。不合格品具有阶段性特征。不合格品处置有多种途径，包括纠正、隔离、限制、退货或暂停对产品和服务的提供；告知顾客；获得让步接收的授权。但是涉及特殊特性的不合格品不允许办理让步接收。经返工、返修处置的不合格品必须再次进行验证，以证实满足规定的要求或使用要求。不合格品控制需遵循现行有效的工作准则，应根据实际情况建立分级负责处置不合格品的组织机构。该机构一般由不合格品审理委员会、不合格品审理常设机构、不合格品审理小组（或人员）组成。记录可证实不合格处置的正确性和责任人。不合格输出的控制如图 2-3 所示。

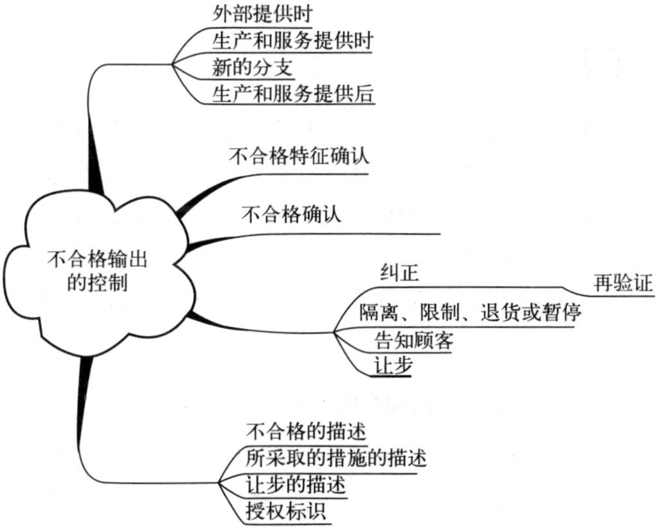

图 2-3　不合格输出的控制

2.2 质量管理体系的评价

2.2.1 质量管理体系内部审核

内部审核是以组织的名义进行的审核，是组织自身对质量管理体系的自我诊断，是对照质量管理体系标准和组织自身的质量管理体系要求等审核准则进行的审核，以评价质量管理体系的符合性和有效性，发现问题，并实施改进。内部审核应按照策划的时间间隔进行，并与组织的运作模式相适应，两次内部审核的时间间隔通常不宜超过 12 个月。

内部审核的结果应能提供有关质量管理体系的相关信息，即是否符合组织自身的质量管理体系要求、是否符合本标准的要求、是否得到有效的实施和保持。内部审核时机、目的及要点如图 2-4 所示。

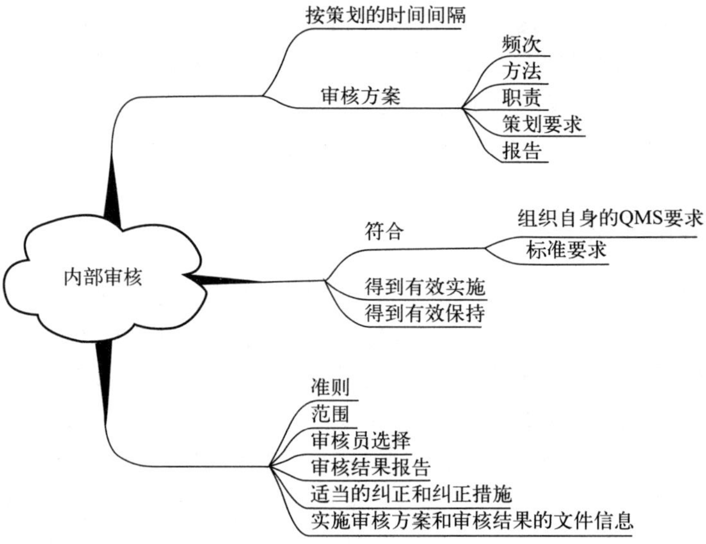

图 2-4 内部审核时机、目的及要点

2.2.2 质量管理评审

管理评审是对质量管理体系评价的一种重要方式，是质量管理体系改进循环中根据组织的战略方向开展的一项非常重要的活动，是对组织质量管理体系持续的适宜性、充分性和有效性以及与组织的战略方向一致性的评审。当内部或外部环境发生重大变化、质量管理体系发生重大变化以及出现重大质量事故或重大顾客投诉时，应随时策划进行专题管理的评审活动。

内部审核与管理评审的对象都是质量管理体系，但目的、方法、实施者、依据等都不同，具体差异如表 2-2 所示。

表2-2 内部审核与管理评审的差异

差异项目	内部审核	管理评审
目的	确定满足审核准则的程度	确保质量管理体系持续的适宜性、充分性、有效性

续表

差异项目	内部审核	管理评审
对象	组织的质量管理体系	组织的质量管理体系 （包括质量方针和质量目标）
评审的依据	审核准则（包括质量管理体系文件，适用的法律、法规、标准等）	顾客及其他相关方的期望和需求
实施者	与被审核领域无直接责任的审核员	最高管理者和管理层人员
方法	系统、独立地获取客观证据，将证据与审核准则对照，形成文件化的审核发现和结论	以广泛的输入信息为依据，就质量方针、目标及顾客需求，对质量管理体系的适宜性、充分性和有效性进行评价。以会议的方式进行
对输出结果要求	对质量管理体系是否符合要求，以及是否有效实施和保持做出结论，形成文字资料	对质量管理体系的持续适宜性、充分性和有效性，体系的变更、过程和产品的改进，资源的需求，包括质量方针和目标做出评价，形成文字资料

2.2.3　质量管理体系认证

质量管理体系认证（注册），只有通过第三方（认证机构）审核来获得。第三方质量管理体系审核分为两个主要阶段。第一阶段是审核质量管理体系文件；第二阶段是审核实际运作与特定要求（如法律法规、手册、质量管理体系标准）的相符程度，即现场审核。第三方审核的步骤如图 2-5 所示。

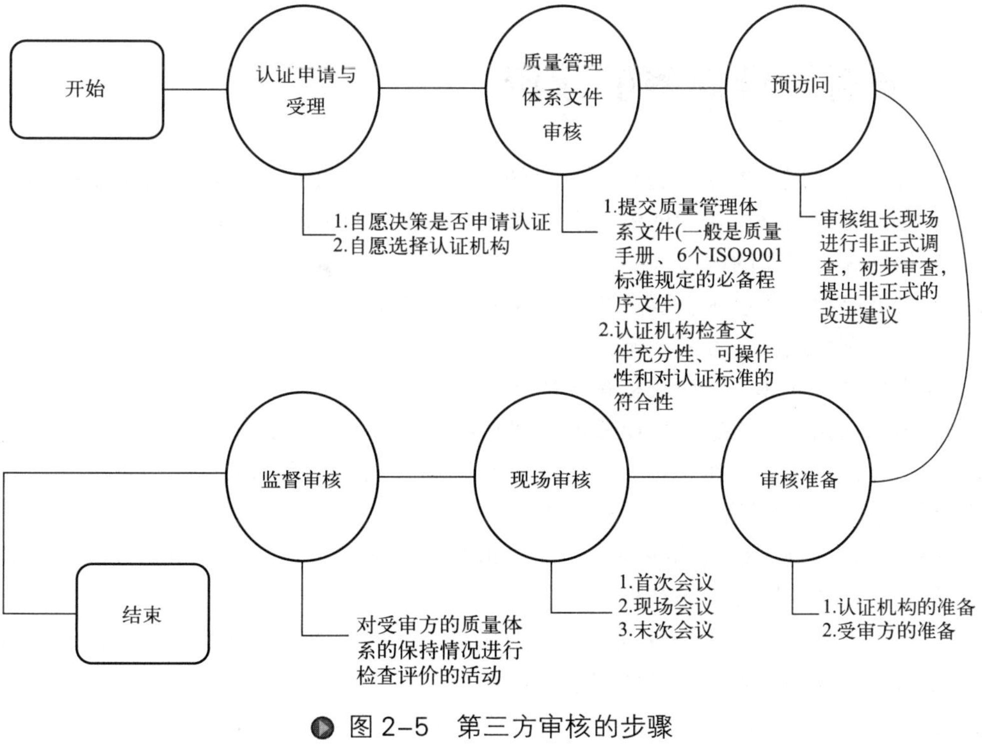

图 2–5　第三方审核的步骤

2.2.4 产品质量审核

产品质量审核是从产品质量角度对质量管理体系进行评估的过程。其目的是识别改进的机会，并通过实施改进措施以提高产品质量和质量管理体系的有效性及效率。审核的结果可作为管理评审的输入。组织应采用顾客特定要求的审核方法，在生产及交付的适当阶段对产品进行审核，以验证其对所规定要求的符合性，为产品设计和过程控制提供输入信息。如果顾客未指定审核方法，组织应确定所采用的审核方法。

2.2.5 自我评定

自我评定与质量审核不同，是对质量管理体系的全面、细致评审，是组织为改进业绩、评价组织自身是否需要采取改进措施时采用的方法。通过自我评定组织可将经营业绩与外部组织和世界级的业绩水平进行对比，评定的结果可作为管理评审的输入。

自我评定是组织参照质量管理体系或优秀模式对组织的活动和结果所进行的全面、系统的评审，最终得出组织质量管理体系的有效性和效率以及质量管理体系成熟水平的判断。自我评定由组织的管理者或授权的小组、人员来实施。评定的对象是组织的质量管理体系。评定的范围可根据组织的目标及各项活动的重要性予以确定。自我评定能帮助组织找到质量管理体系的薄弱环节，有效地实施改进。

自我评定的模式很多，组织可以自行设计，可以选用最广泛承认、使用最多，也是许多组织追求的卓越模式——国家和区域质量奖的评奖模式。

不管采用哪种模式，都应包括策划、实施和改进 3 个过程。

2.3 质量管理体系的改进

改进的目的是使组织的质量管理体系持续适应组织环境变化，始终保持满足顾客要求和增强顾客满意度，持续改进质量管理体系的适宜性、充分性和有效性。

改进应包括 3 个方面的内容：

（1）改进产品和服务以满足要求并应对未来的需求和期望；

（2）纠正、预防或减少不利影响；

（3）改进质量管理体系的绩效和有效性。

改进包括纠正和纠正措施、持续改进、突破性变革、创新和重组。

（1）纠正和纠正措施。纠正即为消除已发现的不合格所采取的措施；纠正措施即为消除不合格的原因并防止不合格再发生所采取的措施。

（2）持续改进是提高绩效的循环活动，是组织通过 PDCA 循环（其中包括改进）的重复性活动，从而达到绩效不断提升的结果。

（3）突破性变革是一种创造性变革，即为了适应发展需要，对传统体制结构进行根本性改造，进而形成一种面向未来的先进体制结构。

（4）创新是实现或重新分配价值的、新的或变化的客体，它可以是产品、服务、过程、人、组织、体系、资源等可感知或想象的任何事物。

（5）重组在这里是指组织制定和控制的，将显著改变组织原有形式或组织原来结构的计划实施行为，是对组织进行的重大调整。重组通常伴随突破性变革产生，只有组织原有的体系、产品和服务出现重大变故的情况下才有可能发生，重组也被视为改进的一种形式。

练习与思考

质量管理体系的运行主要包括哪些内容？用图表画出各部分内容关注的要点。

第3章

锂离子电池质量管理基础

本章主要讲解锂离子电池在生产过程中的质量管理基础、常见的质量管理工具及方法、锂离子电池质量管理相关术语及定义。通过本章学习，对锂离子电池在生产过程中常用的质量工具有初步认识并能运用。同时，本章还将介绍锂离子电池从设计、来料、制造过程中常用的基础术语及定义，为正确理解和有效开展后续各章节的学习奠定基础。

3.1 锂离子电池质量管理工具及方法

本节主要讲解锂离子电池行业工厂常用的质量管理工具与方法及锂离子电池行业相关术语，旨在为读者准确理解和有效应用后续各章节内容提供知识储备。

3.1.1 锂离子电池质量管理工具

本小节介绍锂离子电池生产企业在实际运营中经常使用的质量管理工具及它们可能解决的问题。对应工具的原理、使用方法建议参考专业资料学习。在公司实际运营中，质量部会对各职能部门进行质量管理。由于不同部门职责差异，所使用的工具可能不同也可能相同，在实际中应按目标导向选择合适的工具，以达到预期目标。常用工具见表3-1。

表3-1 电池常用质量管理工具

质量管理常用工具及方法	5S管理
	品质管理七大手法
	品管圈（Quality Control Circle，QCC）
	8D报告（8 Disciplines Problem Solving）
	六西格玛（6Sigma）
	统计过程控制（Statistical Process Control，SPC）
	测量系统分析（Measurement System Analysis，MSA）
	失效模式与影响分析（Failure Mode and Effect Analysis，FMEA）
	产品质量先期策划（Advanced Product Quality Planning，APQP）
	生产件批准程序（Product Part Approval Process，PPAP）
	抽样方案

注：各种工具随着时代不断更新。

3.1.1.1　5S管理

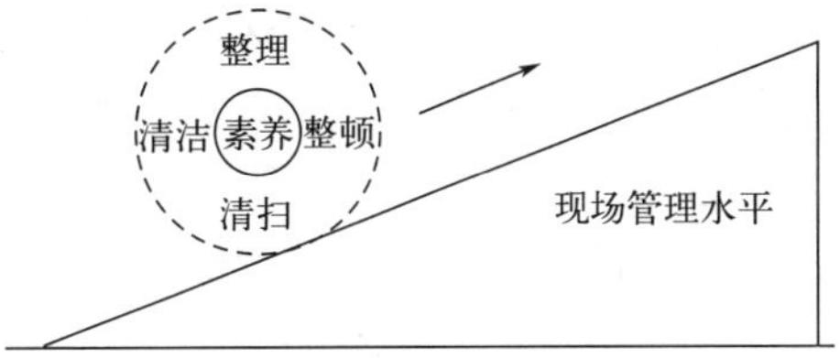

图 3–1　5S 管理持续提升图

5S 管理起源于日本，是指在生产现场中对人、机、料、法等生产要素进行有效管理。包括整理（Seiri）、整顿（Seiton）、清扫（Seiso）、清洁（Seiketsu）、素养（Shitsuke），具体如图 3-1 所示。做好 5S 管理的关键：a. 提高人的素养是核心和基础；b. 使 5S 活动制度化、经常化，并加强检查与考核；c. 开展 5S 活动贵在坚持，重在循环。

实施整理的要领：区分“要”与“不要”的物品。必要品是现场所需要的必要数量的物品，如果不足会影响正常工作，需要保留。不要物品是除必要品之外的物品，如超过指定存放量的物料、私人物品等，此类物品需要清除。

实施整理的目的：把浪费的空间腾出来，最大限度地利用各种资源。

实施整理的措施：a. 设备周边全面检查，包括看得到的和看不到的；b. 制定“要”与“不要”的判别标准；c. 清除“不要”的物品；d. 调查需要使用物品的使用频率，决定入场用量；e. 制定废弃物处理办法；f. 每日自我检查。

5S 管理可以用于各类场所，不仅限于工厂，还包括学校、公共场所等。实施整顿的核心是根据需要物品的用途，使用频率来划定场所区域，确保需要时可以马上找到并使用，图 3-2 为不同等级整顿示意图。

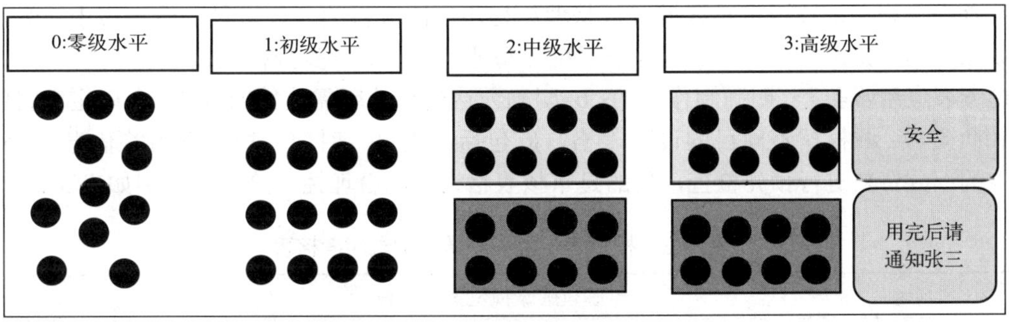

图 3–2　不同等级整顿示意图

（1）整理（Seiri）

整理：区分要的物品与不要的物品，并对不要的物品进行处理。

整理三步骤：①制定“要与不要”的基准；②对不需要物品贴上红牌，督促处理；③记录整理前后的状况，进行对比。

整理的最大价值在于腾出空间。

（2）整顿（Seiton）

整顿：对需要品进行分类、分区标识，以方便查找。

整顿三步骤：①区域规划及标识；②以“定点、定容、定量”的方式放置物品（定点指位置、定容指容器、定量指数量）；③建立必要的划线与标识规则。

整顿的最大价值在于腾出寻找物品的时间。

（3）清扫（Seiso）

清扫：对环境的清扫以及对问题的点检。

清扫三步骤：①制定环境清扫准则；②实施对环境的清扫；③查找可能的隐患并予以消除。清扫中有“三扫”的说法，即扫黑（扫除脏污）、扫漏（扫除漏水漏电等现象）、扫怪（扫除怪异现象）。

清扫的最大价值在于消除隐患。

（4）清洁（Seiketsu）

清洁：制定完善的制度与规范，以促进 5S 管理长久实施。

清洁三步骤：①明确相应职责；②制定完善制度规范；③实施审核并促进可视化管理。

清洁的最大价值在于提供详细规则。

（5）素养（Shitsuke）

素养：养成自律的习惯与团队精神。

素养三步骤：①5S 的长期实践；②养成“三守”的习惯（三守是指守时间、守记录、守标准）；③形成职场礼仪。

素养的最大价值在于通过自律降低管理成本。

做好 5S 管理的关键：提高人的素养是核心和基础，实现 5S 活动制度化和常态化，并加强检查与考核。开展 5S 活动贵在坚持，重在循环。

3.1.1.2 品质管理七大手法

（1）检查表——数据收集和整理

检查表是利用统计表格对数据进行整理和初步原因分析的一种工具。检查表中，为了便于收集数据，通常使用简单记号填写并予以统计整理，以作进一步分析或核对。

检查表应用步骤：a. 明确制作目的；b. 明确为达到目的所需收集的资料；c. 确定资料的收集方法和负责人；d. 根据不同目的设计表格，应包括：人员、时间、控制项目等信息；e. 对采集和记录的部分资料进行预先检查，目的是审核表格设计的合理性。检查表示例如表 3-2 所示。

表3-2 检查表示例——调查记录用考核表

电芯包膜破损位置记录表					
产品名称	某型号电芯		记录工序	包膜	
设备编号	BM-01		记录人	张三	
记录时间	2月1日	2月2日	2月3日	2月4日	合计
大面A					
大面B					
底面					
棱边1					
…					
合计					

（2）柏拉图——确认主导因素

柏拉图又称排列图，是为了对发生频次从最高到最低的项目进行排列而采用的简单图示技术。其原理是自然界常见的二八定律，即 80% 的问题仅来自 20% 的主要原因，通过区分最重要的与较次要的项目，可用最少的努力获取最佳的改进效果。

柏拉图制作步骤如下：

a. 确定缺陷类别；

b. 确定资料收集期限，并实施收集；

c. 按项目类别统计数据，按照发生频率从高到低排列在表格中；

d. 图表上画纵轴及横轴，纵轴标识发生数量和频度，横轴表示缺陷类别；

e. 将所占的比例用柱状图及累计频次在图表上绘出；

f. 利用二八定律确定累计占比为 80% 的缺陷项目；

g. 记录必要的事项，如标题、数据收集区间、工序、记录者等。

举例：确定电芯不良项目的原因，柏拉图如图 3-3 所示，柏拉图数据收集见表 3-3。

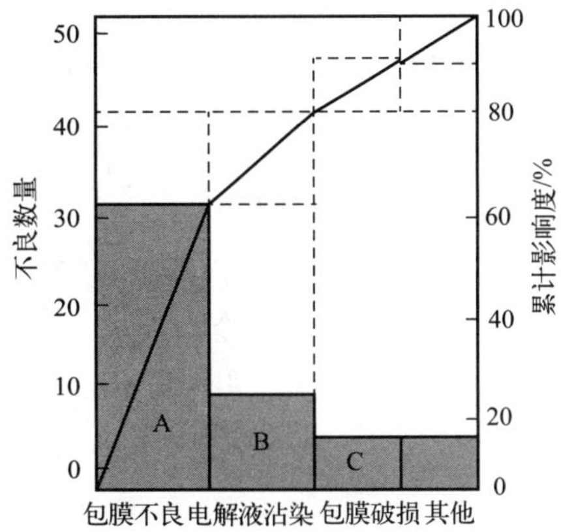

图 3-3　柏拉图

A为包膜不良、B为电解液沾染、C为包膜破损

表3-3　柏拉图数据收集表

分类项目	不良数量	影响度/%	累计不良数量	累计影响度/%
包膜不良	30	60	30	60
电解液沾染	10	20	40	80
包膜破损	5	10	45	90
其他	5	10	50	100

包膜不良和电解液沾染累计影响度 80%，是造成产品不良的主要原因。

（3）散布图——展示变量之间的线性关系

研究成对出现的不同变量之间相互关系的坐标图，横轴（X 轴）表示原因，纵轴（Y 轴）表示结果。

散布图的制作步骤如下：

a. 收集成对数据（x_1，y_1），（x_2，y_2），…整理成数据表；

b. 找出 X，Y 的最大值和最小值；

c. 依据 X，Y 的最大值和最小值，选择适当的刻度，建立坐标系；

d. 编辑图名、作者和日期。

散布图如图 3-4 所示。

散布图的判读：a. 正（负）强相关，见图 3-5；b. 正（负）弱相关，见图 3-6；c. 不相关，见图 3-7。

（4）鱼骨图——寻找引发结果的原因

当一个问题的结果（特性）受到一些原因（要因）影响时，将这些原因（要因）加以整理，并将其绘制成有相互关系而且有条理的图形，这个图形称为因果图。由于形状像鱼骨，所以又叫作鱼骨图。

鱼骨图制作步骤如下：

a. 确认问题或特性——问题写在右端，画一条较粗的横线（母线）与箭头，如图 3-8 所示；

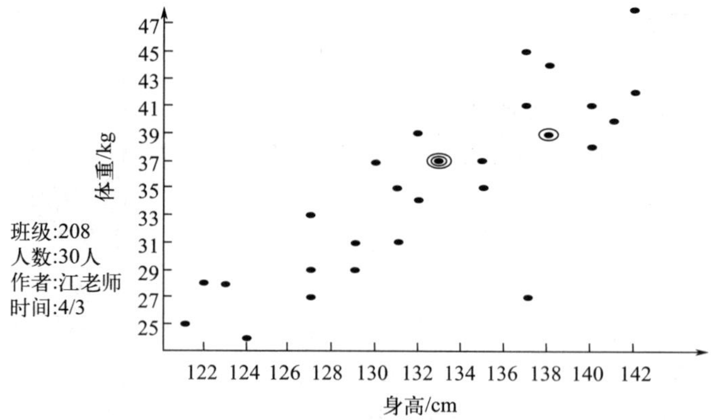

图 3-4　散布图

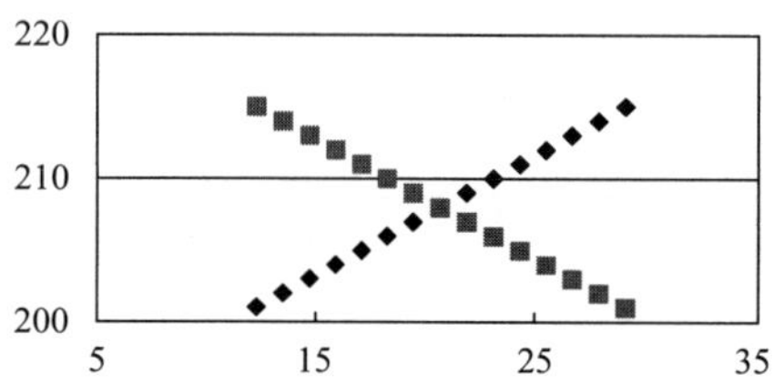

图 3-5　正（负）强相关

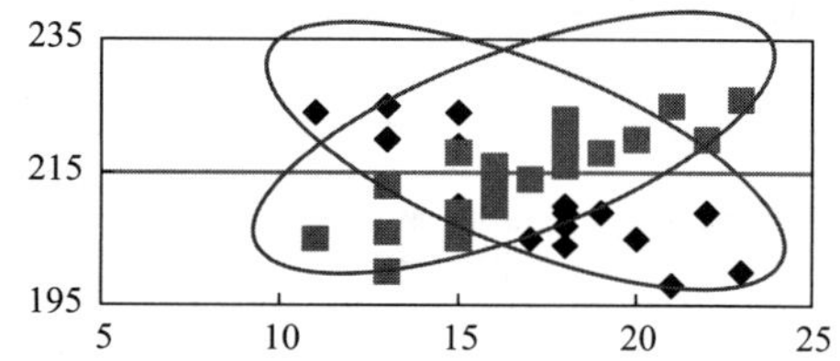

图 3-6　正（负）弱相关

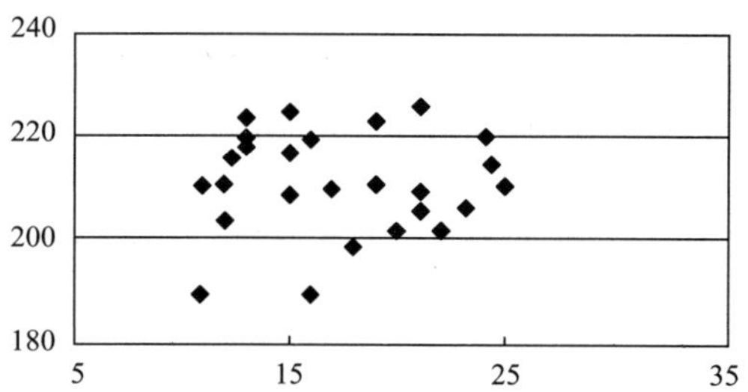

图 3-7　不相关

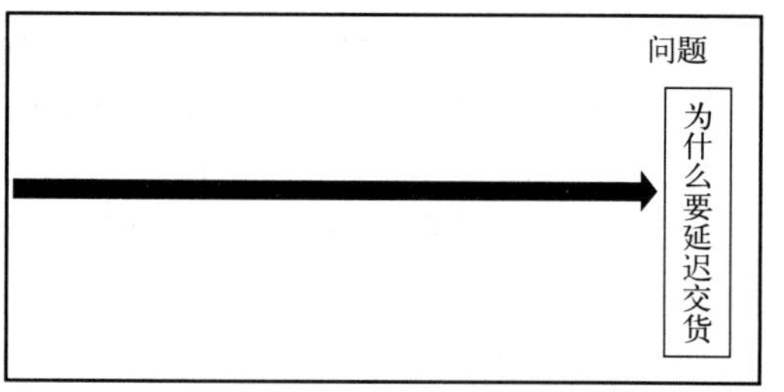

图 3-8　鱼骨图之主骨图

b. 确定大要因——大要因画于中骨之上，可用5M1E（Man-人员，Machine-机器，Material-材料，Method-方法，Environment-环境，Measurement（测量），简称人、机、料、法、环、测）或其他方式，如图 3-9 所示；

c. 确定中、小要因——探讨中、小要因并记录于小骨与中骨上。由 2 次原因寻找 3 次、4 次原因，层层递进到可采取最终措施的原因，如图 3-10；

d. 圈出最重要的原因——用圆圈圈出 4 ～ 6 项重要原因，如图 3-11 为使用鱼骨图分析电芯划伤的原因。

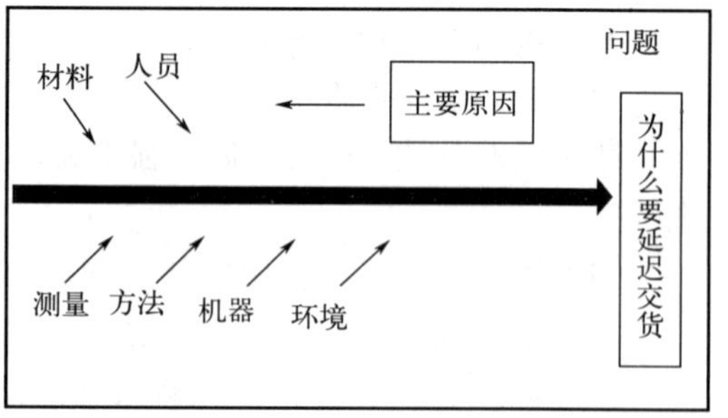

图 3-9　鱼骨图之要因图

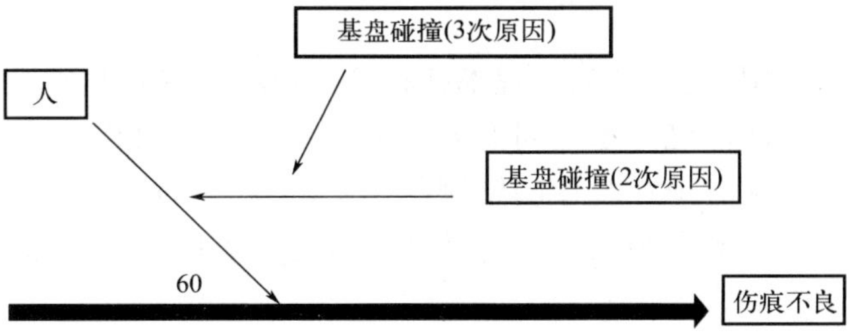

图 3-10　鱼骨图之 2 次、3 次原因图

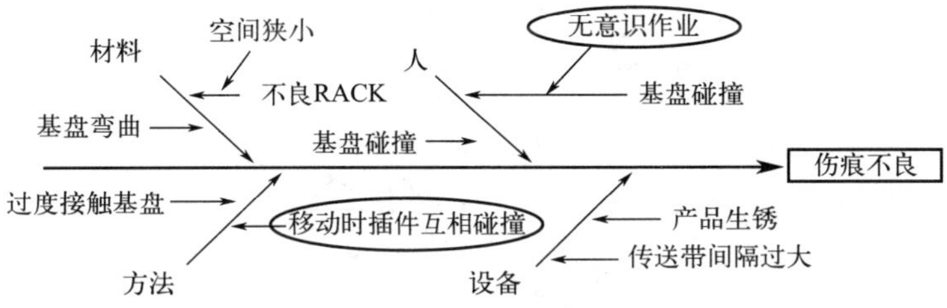

图 3-11　鱼骨图之全因子图

（5）层别法——从不同角度发现问题

将性质相同的、并在同一条件下收集的数据归纳在一起，以便进行比较分析。因为在实际生产中，影响质量变动的因素很多，如果不把这些因素区别开来，则难以得出变化的规律。数据分层可根据实际情况按多种方式进行。例如，按不同时间、不同班次进行分层，按使用设备的种类进行分层，按原材料的来料时间、成分进行分层，按检查手段、使用条件进行分层，按不同缺陷项目进行分层等。数据分层法经常与上述的检查表结合使用。

层别法步骤：

a. 收集数据；

b. 将采集到的数据根据不同的目的选择分层标志，分层归类；

c. 画分层归类图。

（6）直方图——展示过程的分布

用一系列宽度相等、高度不等的长方形表示数据的图。长方形的宽度表示数据范围的间隔，长方形的高度表示在给定间隔内的数据数量。

直方图制作步骤：

a. 收集数据；

b. 确定数据的极差（$R=X_{max}-X_{min}$）；

c. 确定组数 K（一般可依据 $K=1+3.32\lg n$）；

d. 确定组距（$h=R/K$，一般取测量单位的整倍数）；

e. 确定各组的界限值（界限值单位应取最小测量单位的 1/2）；

f. 确定组中值 [中值 =（该组上限＋该组下限）/2）]；

g. 编制频数分布表（统计各组数据的频数 f）；

h. 画直方图。

案例：电芯厚度数量统计，如图 3-12。

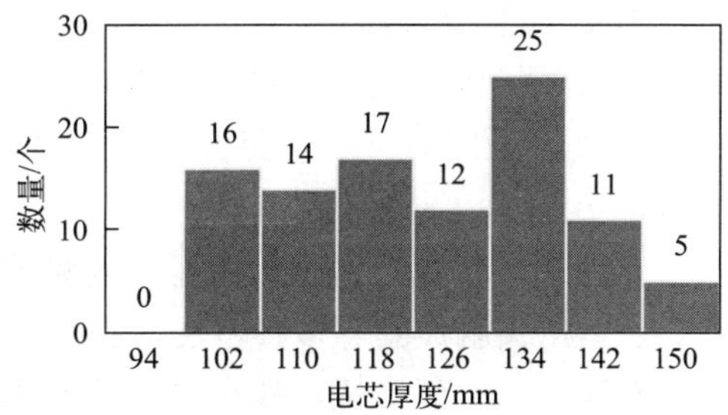

图 3-12　直方图

（7）控制图——识别异常波动

没有两件产品是完全相同的，任何过程都存在可控和不可控的因子，产品间的差异及产品与标准间的差距总是存在的，这种差异叫变异。引起变异的原因有两种：普通原因和特殊原因。普通原因是制程中变异因子在统计的管制状态下，其产品特性有固定的分布。特殊原因是制程中变异因素不在统计的管制状态下，其产品特性没有固定的分布，过程变异如图 3-13 所示。

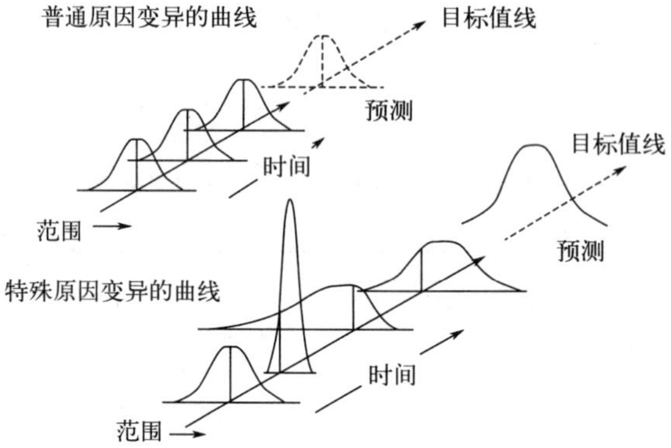

图 3–13　控制图过程变异

因此我们以实际产品质量特性与根据过去经验判明制程能力与管制界限比较，以时间顺序用图形表示控制图。控制图由三条管制界限组成，即中心线、管制上限及管制下限，具体如图 3-14 所示。

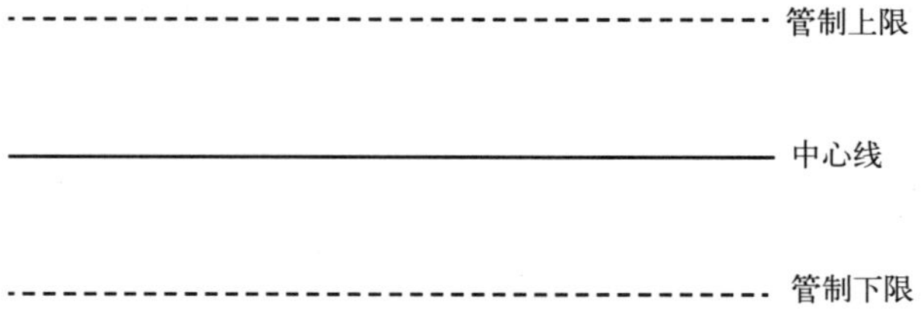

图 3–14　控制图

3.1.1.3　品管圈（Quality Control Circle，QCC）

品管圈定义：工作内容、性质相近的人自动、自发组织，发挥集体智慧解决周围问题的自主性小组织活动。

QCC 八个步骤如下。

步骤一：分析现状，找出问题。需要有对现状的把握及发现问题的意识和能力。发现问题是解决问题的第一步，是分析问题的条件。尽可能地用数据说明，并确定需要改进的主要问题。

步骤二：分析产生质量问题的各种原因或影响因素。找准问题后分析产生问题的原因至关重要，运用头脑风暴等多种方法，找出导致问题产生的所有原因。

步骤三：要因确认，找出影响质量的主要因素。影响质量的因素往往是多方面的，可能涉及人、机器、材料、方法、环境等。每项大的因素中又包含很多小的因素，应在诸多因素中找出影响质量的最主要、最直接的因素。

步骤四：设定目标，制定对策。目标可以是定性或定量的，能够用数量来表示的指标尽可能量化，不能用数量来表示的指标也要明确。目标是用来衡量实验效果的指标，所以设定目标应有依据，要通过充分的现状调查和比较来获得。

步骤五：按照既定的计划实施对策。执行过程中没有特殊情况不得改变计划，遇到极特殊情况可以考虑审核，及时修改计划。在这一阶段除了按计划和方案实施外，还必须对过程进行测量，确保工作能够按计划进度实施。同时建立数据采集，如收集过程的原始记录和数据等项目文档。

步骤六：效果检查。根据措施计划的要求，检查、验证实际执行的结果，评估是否达到了预期的效果。检查效果要对照措施计划中规定的目标进行，将采取的措施进行确认后，对采集的数据进行总结分析，把完成情况同目标值进行比较，确定是否达到了预定的目标。如果没有达成预期的结果，应确认是否严格按照计划实施对策，如果是，就意味着对策失败，那就需重新进行最佳方案的确定。

步骤七：标准化。对已被证明的有效措施，要进行标准化，制定成工作标准，以便日后执行和推广。涉及更改标准、程序、制度时应慎重，必要时还需进行多次 PDCA 循环加以验证。

步骤八：问题总结。对于方案效果不显著或者实施过程中出现的问题，进行总结，为开展新一轮的 PDCA 循环提供依据。

QCC 活动是一种有效的质量管理方法，旨在通过小组成员的合作和持续改进，提高生产效率和产品品质。企业 QCC 活动案例如下：

某企业通过开展 QCC 活动，成功提高了生产效率并降低了成本。在为期半年的活动中，企业组建了一个由不同部门员工组成的团队，运用统计工具对生产过程进行分析和优化。通过改进生产流程、提高设备维护频率、培训员工等措施，企业生产效率提高了 20%，成本降低了 15%。

做好 QCC 活动是实现质量改进目标的有效途径。通过制定明确的改进目标、组建有效的团队、运用科学的方法、持续改进和监控、鼓励创新和改进、跨部门沟通和合作以及定期评估和总结，企业可以确保 QCC 活动的成功实施，提高生产效率和产品品质，降低成本，增强市场竞争力。

3.1.1.4 8D 报告（8 Disciplines Problem Solving）

8D 是起源于福特汽车的问题解决方法，是制造业最广泛使用的解决问题的方法之一。

8D 解决问题法依照 PDCA 的循环。具体步骤如下。

D1 建立团队：建立跨职能团队，一般由具有质量、工程、研发、制造等专业知识的人员组成。

D2 定义及描述问题：从何人（Who）、何物（What）、何地（Where）、何时（When）、为何（Why）、如何发生（How）及多少数量（How much）（5W2H）7 个维度来识别及定义问题。

D3 遏制措施：定义临时对策纠正已知问题，使问题不再持续产生；同时，对生产现场、仓库、运输途中及客户端产品进行围堵挑选，避免用户受到问题的影响。

D4 原因分析：确认、识别及验证发生原因及流出原因，并分析是否存在系统原因。找出所有可能造成此问题发生和流出的原因，所有的原因都需要经过确认或证实。常用分析原因的工具有鱼骨图（fish bone analysis）、系统图和五问法（5Why）。

D5 确定解决方案：针对问题发生及流出根本原因，选择及确认永久对策。选择永久措施时需要考虑措施的有效性、经济性和可行性等因素。

D6 实施解决方案：针对每一项解决方案，制定落实责任人及完成时间，并定期跟踪和收集数据，确定方案的效果。

D7 防止再发生对策：为了避免此问题或类似问题再次发生，针对系统原因，修改管理系统、操作系统、实务及流程；同时生成经验学习卡，水平迁移到类似生产线或工厂。

D8 团队祝贺：认可团队整体的贡献，需要组织正式感谢此团队。

3.1.1.5 六西格玛（6Sigma）

6Sigma 管理法是一种管理模式，可以为组织整体业务流程进行优化设计和系统改进，提高顾客满意度和忠诚度。6Sigma 管理既着眼于产品和服务质量，又关注过程的改进。一般情况下，考虑过程不可控噪声因子的影响，达到 6Sigma 质量水平的制程，平均每 100 万个产品有 3.4 个不良产品。Sigma 是 σ（希腊字母）的英文表达，σ 在数理统计中表示“标准差”，用来表征任意一组数据或过程输出结果的平均值的分布或离散程度的指标。6Sigma 是指一组数值，其分布从下限值至平均值之间存在 6 个标准差，而从平均值至上限值之间也存在 6 个标准差，简而言之，就是上限至下限共存在 12 个标准差。目前，6Sigma 已经远远超出了其统计含义，成为一种客户驱动下持续改进的管理模式（详细知识建议参考《六西格玛管理》）。6Sigma 计算方法参考本书 3.1.1.6（4）过程能力分析。

6Sigma 的基本步骤如下。

（1）界定（Define）

确定需要改进的目标，测算项目预期收益，确定项目核心团队成员等。

（2）测量（Measure）

收集数据并对数据进行分析，通过数据收集和评估，获得对问题和改进机会的定量认识，并在此基础上获得项目实施方面的信息。

（3）分析（Analyze）

研究资料，增强对过程和问题的理解，进而识别问题的原因，运用各种分析步骤来寻找问题根源。

（4）改进（Improve）

形成针对根本原因的最佳解决方案，并验证这些方案是否有效。

（5）控制（Control）

项目团队固化项目改进取得的成果。对工作方式形成长期影响并加以保持，避免回到旧的习惯和程序。

本书中介绍的 QCC、8D、6Sigma 都是锂电池行业公司质量工作中常用的工具，它们之间既有联系也存在区别，联系是各类方法的底层逻辑和执行过程中使用的方法有相似之处，区别是 QCC 活动更多用于产线一般问题的改善。8D 更注重于紧急或重大问题的分析与改善，一般适用于产线突发严重问题或客户投诉。6Sigma 则主要侧重对组织的持续改进、增强综合领导能力、不断提高客户满意度及经营绩效。

3.1.1.6 统计过程控制（Statistical Process Control，SPC）

SPC 即统计过程控制 / 统计过程控制在上述控制图中已经作了介绍，它是评估过程稳定性，对过程提供一个早期报警，防止废品产生的有效工具。同时，SPC 的应用可减少对常规检验的依赖性，使用定时的观察以及系统的测量方法替代了大量的检测和验证工作。SPC 已经成为制程预防管控最有效的手段之一。当前，为及时响应异常，及时纠偏，各公司在广泛推行系统 SPC 管控，更能及时处理异常。

SPC 是一种以实际产品质量特性与根据过去经验判明制程能力与管制界限的比较，以时间顺序的图形表示。在使用 SPC 前首先应确认过程是否处于统计稳态。图 3-14 为控制图中控制线示意图，图中中心线是产品设计的中值（最佳性能值）；管控上、下限是根据稳定制程历史数据分析计算出来表达过程是否持续稳定、探测过程变异的界限（具体参考 AIAG-SPC 手册）。

（1）控制图的选择

学习并使用控制图前应了解统计学基础知识。日常生产中我们收集的变量数据分为两类：计量值控制图和计数值控制图。计量值控制图包括：均值 - 极差控制图、均值 - 标准差控制图、单值 - 移动极差控制图、中位数 - 极差控制图。计数值控制图包括：不合格品数控制图、不合格品率控制图、缺陷数控制图、单位缺陷数控制图。根据所要控制的质量特性和数据的种类、条件等，按图 3-15 中箭头方向便可做出正确的选用。

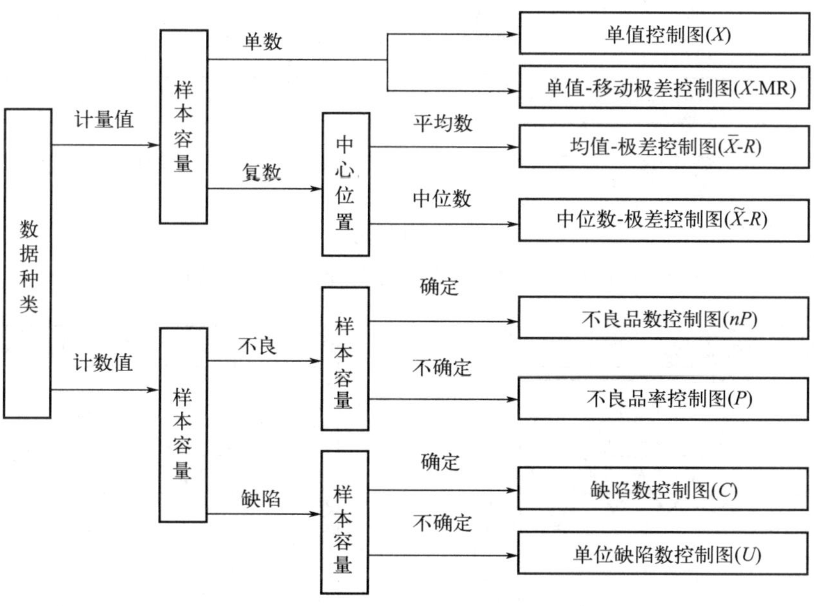

图 3–15　控制图的种类及选用流程

（2）控制图的判异规则

依据统计学知识，小概率事件发生概率极低，生产过程中小概率事件发生时会认定为异常发生，团队需要对异常进行分析和改善，以有效预防不合格品产生。判异方法如下。

① 任何 1 点越出管制界限，如图 3-16 所示。

② 连续 9 点在中心线一侧，如图 3-17 所示。

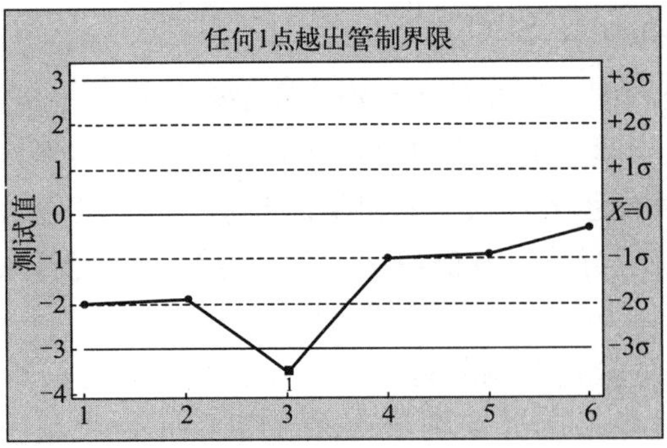

图 3–16　控制图中任何 1 点超出管制界限示例

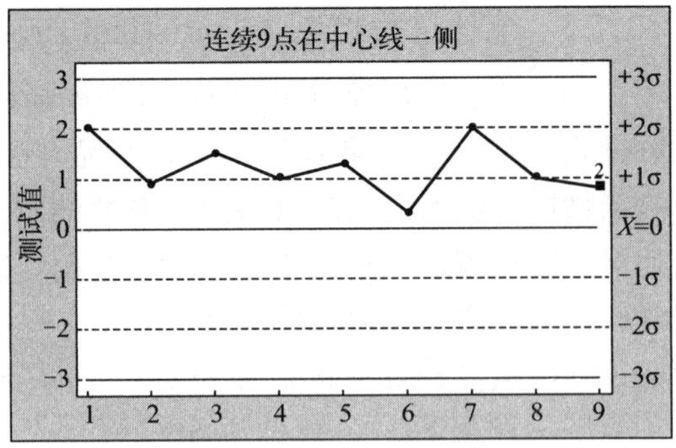

图 3–17　控制图中连续 9 点在中心线同一侧示例

③ 连续 6 点上升或下降，如图 3-18 和图 3-19 所示。

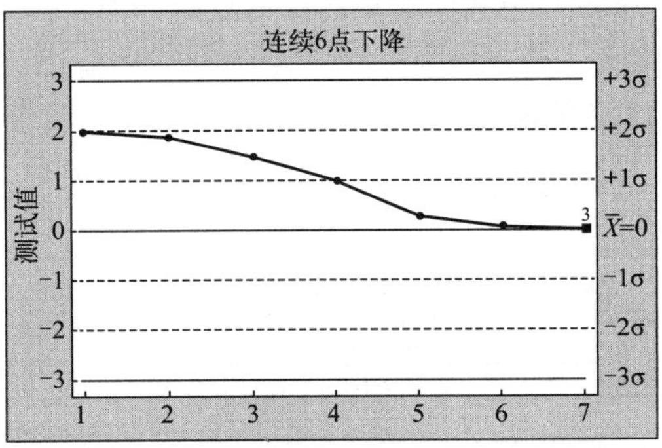

图 3–18　控制图中连续 6 点下降示意图

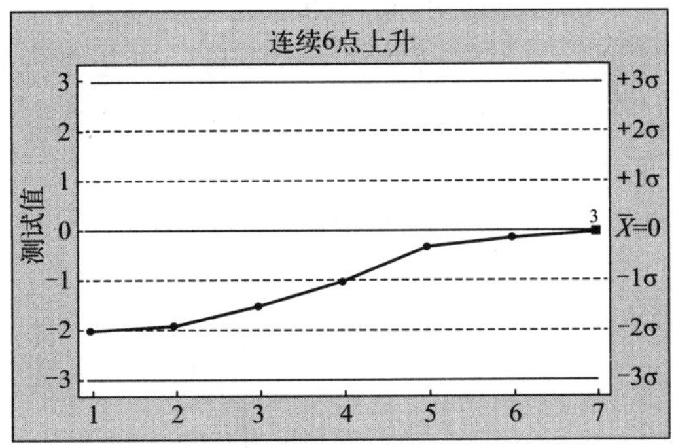

图 3–19　控制图中连续 6 点上升示意图

④ 连续 14 点中相邻点交替上下，如图 3-20 所示。

⑤ 连续 3点中有 2 点在中心线同一侧的 2σ 区以外，如图 3-21。

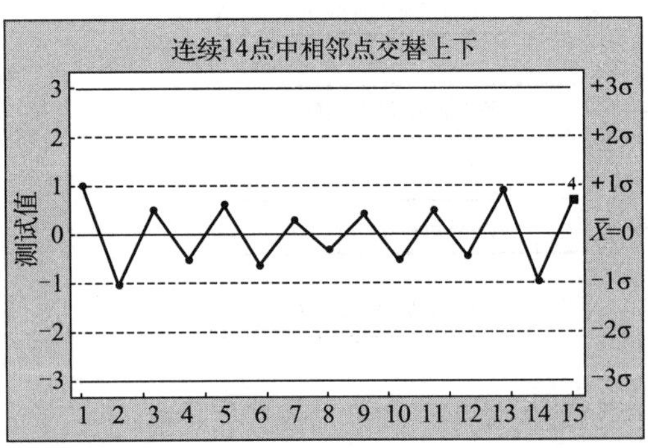

图 3–20　连续 14 点中相邻点交替上下

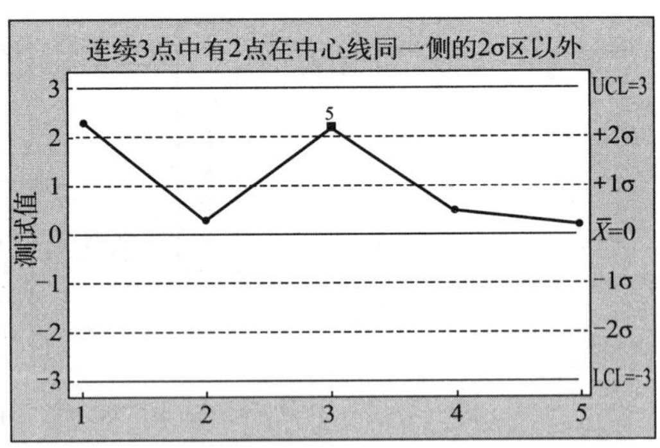

图 3–21　连续 3 点中有 2 点在中心线同一侧的 2σ 区以外

⑥ 连续 5点中有 4 点落在中心线同一侧的 1σ 区以外，如图 3-22。

⑦ 连续 15 点在中心线上下两侧 1σ 区内，如图 3-23 所示。

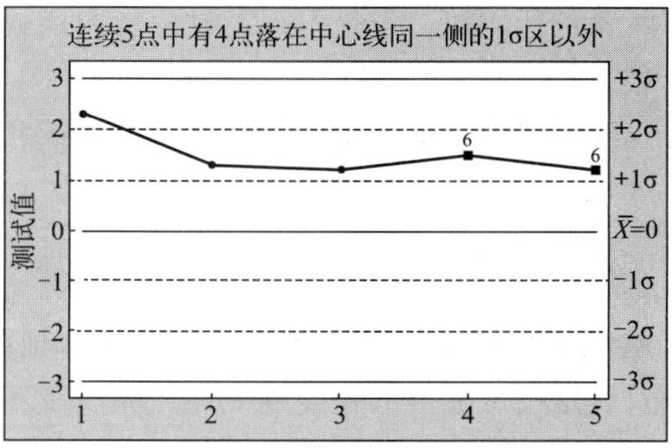

图 3-22 连续 5 点中有 4 点落在中心线同一侧的 1σ 区以外

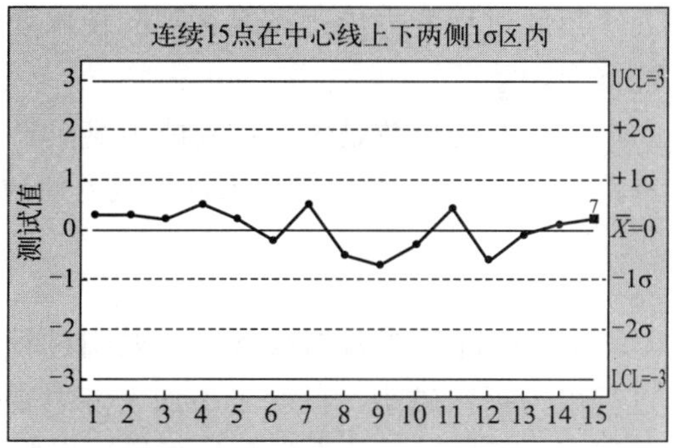

图 3-23 连续 15 点在中心线上下两侧 1σ 区内

⑧ 有 8 点在中心线两侧，但 1σ 区内并无点，见图 3-24。

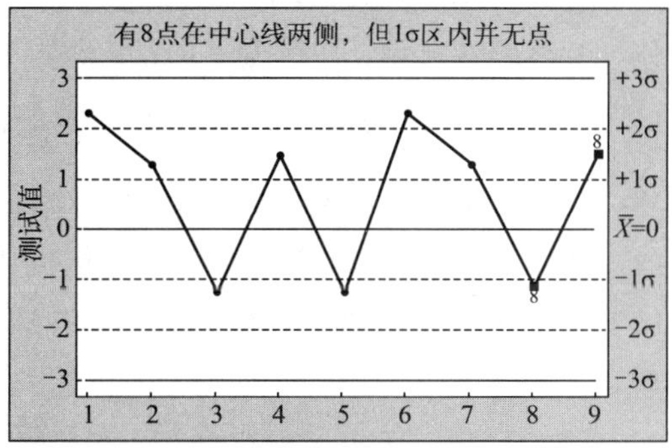

图 3-24 管制图中有 8 点在中心线两侧，但无点在 1σ 区内示意图

（3）分析用控制图与控制用控制图

分析用控制图的调整过程即质量不断改进的过程。分析用控制图主要分析以下两个方面：①所分析的过程是否为稳态——统计稳态；②过程能力指数是否满足要求——技术稳态。

当过程达到我们所确定的“统计稳态”和“技术稳态”后，才能将分析用控制图的控制线延长作为控制用控制图。这种延长的控制线相当于生产规范，进入日常管理。

（4）过程能力分析

① 过程能力的基本概念

过程能力（Process Capability），简称 PC，又称工序能力或工艺能力。它是指过程处于受控或稳定状态下的实际加工能力。通俗地说，它是过程能稳定地生产合格产品的能力，即满足产品质量要求的能力。

过程能力是 5M1E 因素的综合反映，控制或提高过程能力就应当从这 6 个方面着手。如果这些因素在生产制造过程中被严加控制，则过程会处于受控或稳定状态，那么，该过程就具有稳定的过程能力。

一般情况下，过程能力和产品质量的实际波动成反比，即过程能力越强，质量波动越小，工序质量越容易得到保证。因此，常用质量特性值波动的统计学规律来描述过程能力。

通常用 σ 表示质量特性指标数据的离散程度，用标准偏差的 6 倍即 6σ 来测量过程能力，记为 B。其计算公式为：

$$B = 6\sigma \approx 6S$$

式中 B——过程能力；

σ——总体标准差；

S——样本标准差。

② 过程能力指数及其计算

过程能力是过程本身所固有的、客观存在的加工产品的能力，而与产品的技术要求无关。

为了反映过程能力能否满足客观的技术要求，需要将两者进行比较，于是引入了过程能力指数的概念。

过程能力指数是表示过程能力满足产品质量标准程度的评价指标。用质量标准（公差或允许范围）T 与 6σ 的比值表示过程能力指数，记为 C_p。

$$C_p = \frac{T}{6\sigma}$$

σ 越小过程能力指数越大，说明过程能力越强，越能满足技术标准，产品质量越易保证；过程能力指数越小，说明工序加工能力越低。过程能力满足技术标准的程度越低，产品质量不易保证。所以过程能力指数是衡量过程能力对技术标准满足程度的一个尺度。

仅讨论计量值指标的过程能力指数的计算，计件值和计点值指标过程能力指数的计算，相当于计量值指标的过程能力指数计算的单侧公差情况。对于计量值指标的过程能力指数的计算，主要有以下几种情况：

a. 双侧公差且分布中心（μ）和公差（标准）中心（M）重合的情况

$$C_p = \frac{T_U - T_L}{6\sigma} \approx \frac{T_U - T_L}{6S}$$

b. 双侧公差且分布中心（μ）和公差（标准）中心（M）不重合的情况

如图 3-25 所示，分布中心 μ 与标准中心 M 偏移了一定的距离。虽然分布标准差 σ 不变，C_p 值也没变，但出现了过程能力不足的现象，可能出现较多的废品。

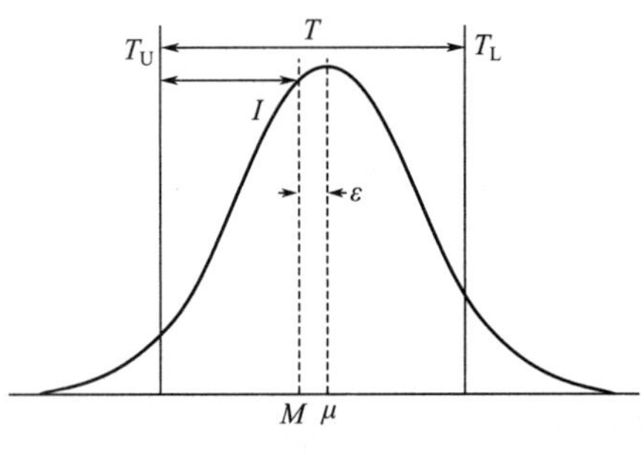

图 3–25　μ 与 M 不重合的情况

令 $\varepsilon=|M-\mu|$，这里 ε 为分布中心对标准中心的绝对偏移量。由于正态分布的对称性，一般用 ε 与 $T/2$ 的比值来修正 C_p 值，这个比值称为相对偏移量或偏移系数，记为 K，即：

$$K = \frac{\varepsilon}{T/2} = \frac{|M-\mu|}{T/2}，又 M = \frac{T_U + T_L}{2},$$

$$T = T_U - T_L$$

$$所以 K = \frac{\left|\frac{1}{2}(T_U + T_L) - \mu\right|}{\frac{1}{2}(T_U - T_L)}$$

此时，过程能力指数须加以修正，设“有偏”情况下的过程能力指数为 C_{pk}，计算公式为：

$$C_{pk} = C_p(1-K) = \frac{T}{6\sigma}\left(1 - \frac{\varepsilon}{T/2}\right) = \frac{T-2\varepsilon}{6\sigma} \approx \frac{T-2\varepsilon}{6S}$$

由上述公式可知：

当 $K=0$ 时，μ 恰好位于公差中心，$C_{pk}=C_p$，这是理想状态。

当 $0 < K < 1$，μ 位于公差界限之内，且不与公差中心重合，$C_{pk} < C_p$，这属于一般情况。

当 $K \geqslant 1$，μ 位于公差界限之外，此时，加工过程中的不合格品率等于或大于 50%。由于不合格品率如此大的工序已不能满足加工产品的质量要求，故通常规定此时的 C_{pk} 值为 0。

显而易见，K 取值在 0 ～ 1，应使 K 值越小越好，$K=0$ 是理想状态。

c. 单侧公差情况

技术要求以不大于或不小于某一标准值的形式表示，这种质量标准就是单侧公差，如机电产品的机械强度、耐压强度、寿命、可靠性等就只规定下限的质量特性界限。而机械加工中的形状位置公差、光洁度、材料中的有害杂质含量，则只规定上限标准。因此，这种情况下的公差范围是不确定的，公差中心也无法确定。此时应对过程能力指数计算公式加以分解，得：

$$C_p = \frac{T}{6\sigma} = \frac{T_U - T_L}{6\sigma} = \frac{T_U - \mu}{6\sigma} + \frac{\mu - T_L}{6\sigma}$$

当总体为正态分布，且 μ 与 M 重合时，$T_U - \mu = \mu - T_L$，则：

$$C_p = 2 \times \frac{T_U - \mu}{6\sigma} = 2 \times \frac{\mu - T_L}{6\sigma} = \frac{T_U - \mu}{3\sigma} = \frac{\mu - T_L}{3\sigma}$$

$$T_U - \mu = \mu - T_L = 3\sigma C_p$$

当只有公差上限时，过程能力指数为

$$C_{pU} = \frac{T_U - \mu}{3\sigma} \approx \frac{T_U - \mu}{3S}$$

若 $T_U \leqslant \mu$ 说明此时分布中心已经超过公差上限，故认为过程能力严重不足，规定 $C_{pU} = 0$。

当只有公差下限时，过程能力指数为

$$C_{pL} = \frac{\mu - T_L}{3\sigma} \approx \frac{\mu - T_L}{3S}$$

若 $\mu \leqslant T_L$ 时，同理，规定 $C_{pL} = 0$。

③ 过程能力分析与评价

过程能力分析是一种研究过程质量状态的活动。由于过程能力系数能够客观、定量地反映过程满足技术要求的程度，因而可以根据过程能力系数的大小对过程进行分析评价。当得到过程能力指数后，就可以对过程能力是否充分做出分析和判定。即 C_p 值是多少时，才能满足设计要求。根据过程能力指数的大小及其不合格品率的大小，可将加工分为 5 个等级：特级、一级、二级、三级和四级。表 3-4 和表 3-5 给出了各级加工所对应的过程能力指数及不合格品率。

表3-4　过程能力指数评定分级表

等级	C_p	P不合格品率/%	过程能力评价	处理意见
特级	$C_p > 1.67$	$P < 0.00006$	过程能力过于充足	即使质量波动有些增大，也不必担心；可考虑放宽管理或降低成本；可考虑收缩标准范围；可放宽检查
一级	$1.33 \leqslant C_p < 1.67$	$0.00006 < P < 0.006$	过程能力充足	允许小的外来干扰所引起的波动；对不重要的工序可放宽检查；工序控制抽样间隔可放宽一些
二级	$1.00 \leqslant C_p < 1.33$	$0.006 < P < 0.27$	过程能力尚可	工序需严格控制，否则容易出现不合格品；检查不能放宽
三级	$0.67 \leqslant C_p < 1.00$	$0.27 < P < 4.55$	过程能力不足	必须采取措施提高过程能力；已出现一些不合格品，要加强检查，必要时全检
四级	$C_p \leqslant 0.67$	$P \geqslant 4.55$	过程能力严重不足	立即追查原因，采取紧急措施，提高过程能力；可考虑放宽标准范围；已出现较多的不合格品，要加强检查，最好全检

表3-5 有偏移系数K时过程能力判断准则和对平均值应采取的对策

过程能力指数C_p	偏移系数K	对平均值应采取的措施
$1.33<C_p$	$0<K<0.25$	不必调整
$C_p\leqslant 1.33$	$0.25<K<0.50$	要注意
$1.00\leqslant C_p<1.33$	$0<K<0.25$	要注意
$1.00\leqslant C_p<1.33$	$0.25<K<0.50$	要采取措施

3.1.1.7 测量系统分析（Measurement System Analysis，MSA）

我们将对被测特性定量测量或定性评价的仪器或量具、标准、操作、方法、夹具、软件、人员、环境和假设的集合，即用来获得测量结果的整个过程称为测量系统。MSA 提供一种系统性的方法，以识别出整体制程变异中，有多少是来自测量系统的变异。使用数理统计和图表的方法对测量系统的准确度和稳定性进行分析，以评估其对被测量的参数来说是否合适，确保测量数据的准确性即质量，保证 SPC 控制数据确信有效。测量系统的误差一般来源于偏倚、线性、稳定性、重复性和再现性。

偏倚（Bias）：观测平均值与基准值的差（见图 3-26）。

线性（Linearity）：量具在预期工作范围内偏倚的变化（图 3-27）。

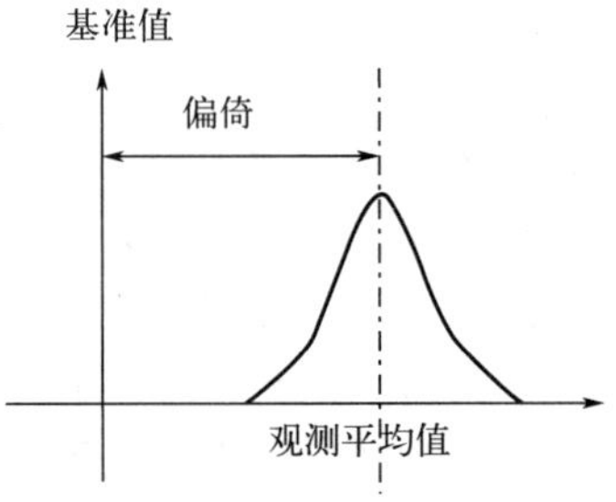

图 3-26 偏倚

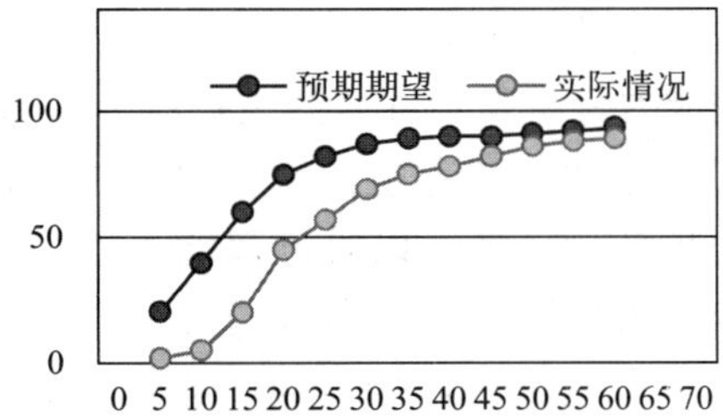

图 3-27 线性

稳定性（Stability）：表征测量系统对于给定的零部件或标准件随时间变化系统偏倚中的总偏差量，与通常意义上的统计稳定性是有区别的（图 3-28）。

重复性（Repeatability）：指同一个评价人，采用同一种测量仪器，多次测量同一零件的同一特性时获得的测量值（数据）的偏差（图 3-29）。

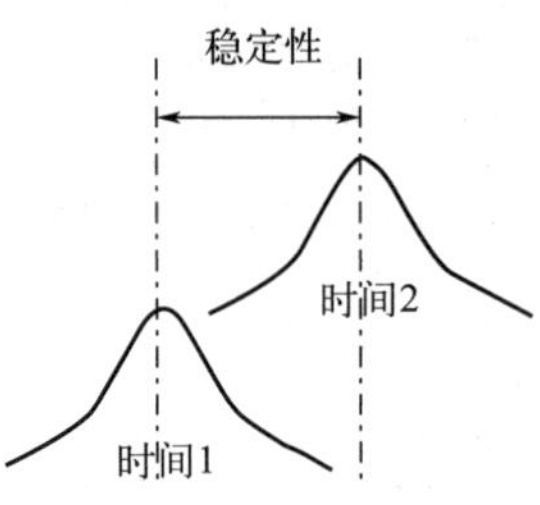

图 3-28 稳定性

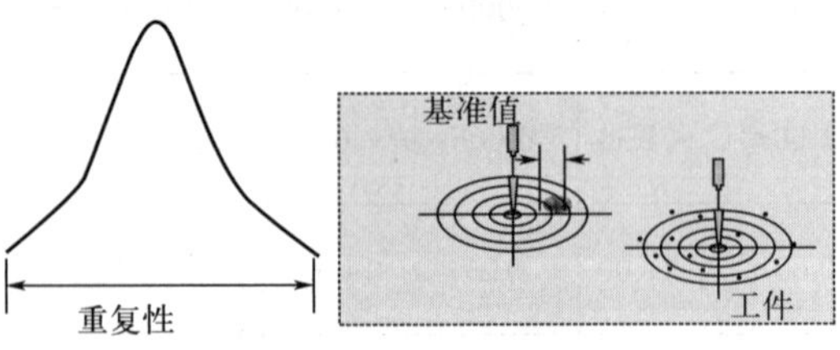

图 3-29 重复性

再现性（Reproducibility）：指由不同的评价人，采用相同的测量仪器，测量同一零件的同一特性时测量平均值的偏差（图 3-30）。

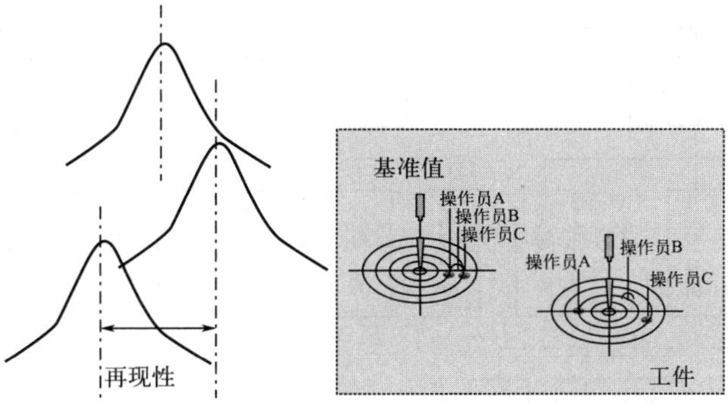

图 3–30　再现性

过程变差因子图如图 3-31 所示。

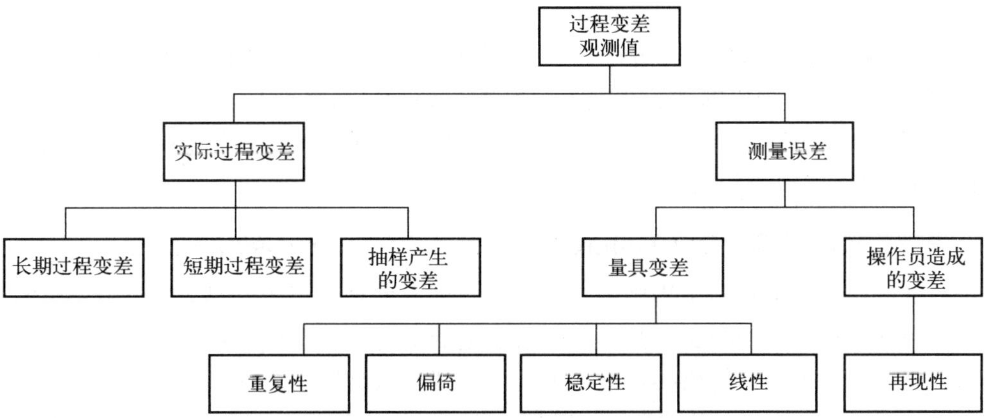

图 3–31　过程变差因子图

根据测量系统测量对象的属性，需要选择合适的分析方法进行测量系统分析。根据被测特性的数据属性分为计量型和计数型。有些特定特性测量时，需要拆解、剪切等操作，破坏了被测样品，此类测量系统称为破坏性测试。图 3-32 展示了选择测量系统分析方法的流程。

测量系统的准确性可以通过对设备的校准等对测量系统进行维护、监控，即通过对测量系统的分辨率、偏倚、线性和稳定性进行分析、校准后可以解决其准确性问题。通常用测量系统的精确性也就是其重复性和再现性来研究其统计特性，就是通常所说的“GR&R 研究”。测量系统分析流程及方法是一项重要的系统工程。通常需要根据测量过程的可重复性（破坏性或非破坏性）、测量结果性质（计数型数据或计量型数据）、待测单元的数量、过程的成本、仪器或量具的状态及测量过程输出的重要性等因素来确定分析的方法和流程。

测量系统分析步骤：a. 验证量具的校准；b. 选择工件和测量者执行测量；c. 用 MINITAB 软件或 Excel 编辑表格进行数据评估；d. 分析数据、解释结果、得出结论；e. 检查是否有不合格的测量单位，制定长期量具保持 / 改进计划。

量具必须经过校准才能处于正常状态，没有经过校准或者已经过了校准期限的量具是处于不正常状态的，其测量所得数据不能用于测量系统分析。为保证数据的统计独立性，根据测量过程的时间、费用等因素，一般随机选择代表整个过程的 8 ～ 10 件工件进行测量，选择 2 ～ 3

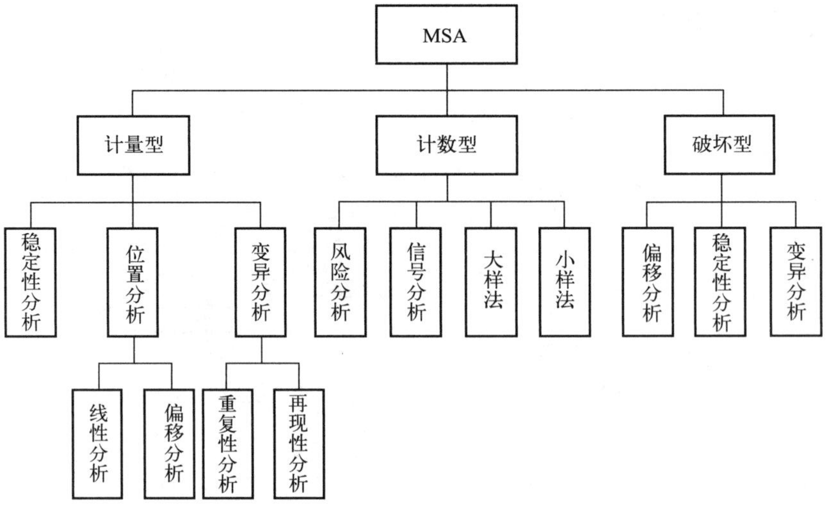

图 3-32 MSA 方法选择流程

名已经训练过的操作人员对各工件进行 2 ～ 3 次重复测量，得到一组用于评估测量系统的数据。将所得数据按要求输入相应的计算工具，执行相关统计分析命令后，即可得到数据的统计特性，根据相应的评判规则即可判断测量系统的能力是否满足要求，然后根据分析结果有针对性地做出长期量具保持 / 改进计划。

3.1.1.8 失效模式与影响分析（Failure Mode and Effect Analysis，FMEA）

FMEA 是一种用作策划预防措施的工具，其目的是发现、评价产品 / 过程中潜在的失效及其后果，并找到能够避免或减少这些潜在失效发生的措施。它是行业和企业长期运行过程经验和技术知识库。FMEA 评价的核心包含严重度、频度和探测度 3 个维度，根据 3 个维度综合评价，指导团队需要优先改善提升的项目。FMEA 是一个动态文件，在产品及过程开发阶段启动，后期随着经验教训的增加不断更新。

FMEA 失效分析三要素：风险量化评估、列出原因 / 机理、寻找预防 / 改善措施。

FMEA 风险系数：RPN（Risk Priority Number）$=S\times O\times D$。

式中：严重度 S 为 1 ～ 10，数字越大，严重度级别越高；频度 O 为 1 ～ 10，数字越大，越容易发生；探测度 D 为 1 ～ 10，数字越大，越难探测。

RPN 分值越高，风险系数越大，RPN 的高低并不是唯一判断 FMEA 风险大小、实施相应对策的评价标准。需要综合考虑 S、O、D 的先后顺序，以及对这三种影响风险大小系数的理解与评估。

前期通常可以使用 SOD 的乘积来计算风险顺序，根据各自企业情况，也可以采用 SD、SO 等的乘积进行判定。表 3-6 为设计潜在失效模式及后果分析表。

3.1.1.9 产品质量先期策划（Advanced Product Quality Planning，APQP）

APQP 是用来确定和制定确保产品使顾客满意所需步骤的一种结构化、系统化方法。它是 IATF16949 推荐的应用比较广泛的新产品质量先期策划工具。产品质量先期策划确保所有要求步骤能按时完成，并通过引导资源、预防缺陷、降低成本以及持续不断地改进的方式，以最低的成本及时提供优质产品，使顾客满意。

表3-6　设计潜在失效模式及后昊分析表

潜在失效模式及后果分析				
■FMEA设计　□FMEA过程				
□系统　□子系统　□部件	设计或过程责任	编号：	版本	页码：共　页
成品编码：		编制：	更新日期：	
	关键日期：	编制日期：		
核心小组：				
产品特性：特殊特性“★”，重要特性“▲”，安全特性“◆”；过程特性：特殊特性“☆”，重要特性“△”，安全特性“◇”				

序号	项目/功能	潜在失效模式	潜在失效后果	严重度	潜在失效起因	频度	现行设计或过程控制预防	现行设计或过程控制探测	探测度	风险顺序数	建议措施	责任目标及完成日期	措施结果				
													采取的措施	S	O	D	RPN
1	尺寸	电池长度尺寸超规	与客户主机无法装配	6	1. 电芯长度超出规格 2. 电芯顶封宽度偏下限	2	未针对电芯杯槽宽度进行管控	顶封宽度测试方法未明确定义	2	24	1. 电池、电芯尺寸测量手法保持一致 2. 电芯顶封宽度为重点检测尺寸	2022/11/10	1. 电池、电芯尺寸测量手法保持一致 2. 电芯顶封宽度为重点检测尺寸	6	2	1	12
2	产品功能	产品功能不良	电池内部短路	8	元器件禁布区不合理，极耳与元件接触	2	保护板镍片两侧各0.5mm处禁布元器件区域		2	32	1. 两侧各0.8mm处禁布元器件区域 2. 管控电芯极耳距边尺寸	2022/11/10	1. 两侧各0.8mm处禁布元器件区域 2. 管控电芯极耳距边尺寸	8	2	1	16
3	产品装配性	连接异常	与手机端口不能正常连接	6	连接器位置错误/型号错误	2	工程师输出资料后，经组长审核发出		2	24	1. 工程师输出资料后，自行与客户资料核对确认 2. 按照电池结构设计清单重复确认 3. 布局评审时，工程师重复核对	2022/11/10	1. 工程师输出资料后，自行与客户资料核对确认 2. 按照电池结构设计清单重复确认 3. 布局评审时，工程师重复核对	6	2	1	12

APQP 分为 5 个阶段：项目策划、产品开发 / 设计、过程开发 / 设计、产品 / 过程确认和量产。图 3-33 展示了 APQP 5 个阶段关系及各阶段使用的工具。

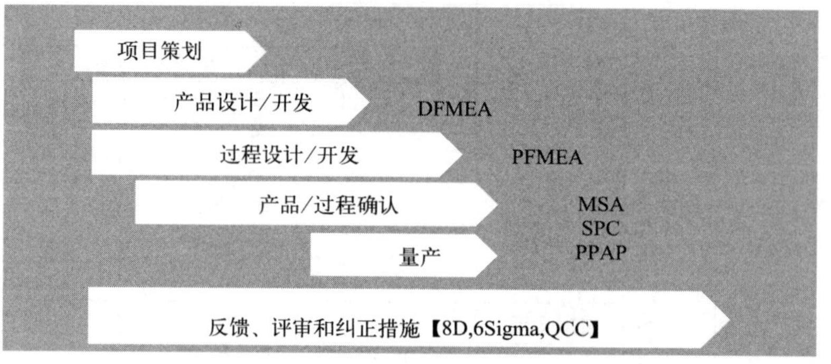

图 3-33　APQP 5 个阶段关系及各阶段使用的工具

3.1.1.10　PPAP

PPAP 是用来确定供应商已经正确理解顾客工程设计上的所有技术规范要求，并确定供应商在报价要求的生产节拍（速度）下进行实际生产运行时，有能力持续生产满足这些要求的产品。PPAP 一般包含 AIAG 手册中规定的 18 份文件，具体如表 3-7 所示。

批准节点：要求在第一批产品发运前，通过产品核准程序，验证由生产工装和制造出来的产品符合技术要求。

表3-7　PPAP提交文件清单

序号	零件批准要求-要求提交内容	序号	零件批准要求-要求提交内容
1	可销售产品的设计记录	10	材料记录/性能测试结果
2	工程变更文件	11	初始过程能力研究
3	顾客工程批准	12	认可的实验室文件
4	设计FMEA	13	外观批准报告（AAR）
5	过程流程图	14	生产样本
6	过程FMEA	15	标准样品
7	控制计划	16	检查辅具
8	测量系统分析研究	17	顾客特殊要求
9	尺寸结果	18	零件提交保证书（PSW）

3.1.1.11　抽样方案

1949 年，美国国防部正式颁布了计数抽样标准 JAN-STD-105。1950 年，美国国防部颁布了 MIL-STD-105A。1957 年，美国国防部颁布了计量抽样标准 MIL-STD-414。1958 年，MIL-STD-105A 标准被 MIL-STD-105B 取代。1961 年，美国军用标准 MIL-STD-105C 取代了 MIL-STD-105B。美国贝尔实验室技术员道奇（Dodge）和罗米格（Romig）在 1929 年发表了论文《一种抽样方法》。该方法在 1941 年被实际应用，并修改为针对计数产品的《一次抽样和二次抽样检查表》。休哈特在 1924 年提出控制图理论（SPC），该理论在 20 世纪 40 年代得到应用。

1949 年，首次将计数调整型的《一次抽样和二次抽样检查表》确立为标准。在 1960 至 1962 年间，由美国、英国、加拿大三国抽样专家共同组成了 ABC 工作组，在全面修订 MIL-STD-105C 的基础上研制出一个适合这三个国家军品和民品抽样检验标准。该标准在这三个国家分别给予了不同的代号：MIL-STD-105D（美国）；105-GP-1（民用）、CA-G115（军用）（加拿大）；BS-9001（民用）、GEF-131-A（军用）（英国）。1973 年，MIL-STD-105D 又被国际电工委员会（IEC）采用，命名为 IEC410；1974 年国际标准委员会（ISO）命名为 ISO2859。目前，我国已发布了 23 项统计抽样检验国家标准，主要有 GB/T 2828（计数型）和 GB/T 6378（计量型）等。

抽样方案是指为实施抽样而制定的一组策划，详细规定了每批产品中应检验的单位数量和有关批接收准则，包括抽样数量和样本判断准则等。在制定抽样方案时，首先必须明确抽样的目的及待解决的问题，要有具体的目的和指标。制定抽样方案的目的是具体落实抽验计划，使计划抽样部分具有可操作性。

抽样方案按制定原理可分为标准型抽样方案、挑选型抽样方案、调整型抽样方案及连续生产型抽样方案。

抽样方案按照检验方式可分为计量型抽样方案和计数型抽样方案。

计量型抽样方案：有些产品的质量特性，如灯管寿命、棉纱拉力、炮弹的射程等，是连续变化的。用抽取样本的连续尺度定量地衡量一批产品质量的方法称为计量抽样检验。

计数型抽样方案：有些产品的质量特性，如焊点的不良数、测试坏品数以及合格与否，只能通过离散的尺度来衡量，把抽取样本通过离散尺度衡量的方法称为计数抽样检验。在计数抽样检验中，对单位产品的质量通常采用计数的方法来衡量，而对整批产品的质量，则采用平均质量来衡量。

计数型抽样检验方案又可细分为：标准计数一次抽检方案、计数挑选型一次抽检方案、计数调整型一次抽检方案、计数连续生产型抽检方案、二次抽检、多次抽检等。

抽样方案一般应包含以下内容。

a. 抽样品种。抽样品种应具体明确。包括品名、剂型、规格、抽样数量、抽样环节、承检单位。有的还需列出抽样区域、生产企业，一般列出附表更加直观；

b. 承担抽样任务的单位或人员。即由谁去完成现场抽样；

c. 抽样时限要求。根据抽验计划时间的安排，明确抽样的具体开始时间和结束时间。如规定时限内不能完成规定的抽样任务，应考虑抽样时间可否延长；

d. 抽样人员的培训。为保证抽样的工作质量，提高抽样人员业务素质，应在抽样开始前安排有针对性集中培训。

锂离子电池行业一般采用 GB/T 2828.1—2012 抽样方案按照正常检验一次抽样方案进行（如果客户有特殊要求则以客户要求为准），具体见本书 5.7.2 节。

3.1.2 锂离子电池质量管理方法——“三防”

锂离子电池质量管理全过程需做好“三防”，即防水、防尘和防漏。

3.1.2.1 防水

水作为电解液中一种痕量组分，对锂离子电池固体电解质界面膜的形成和电池性能有一定的影响。主要表现为电池容量变小、放电时间变短、内阻增大、循环容量衰减、电池膨胀等现象，因此，在锂离子电池的制作过程中，必须严格控制环境的湿度、正负极材料及电解液的含水量。锂离子电池过程防水是要从化工物料要求、存储和过程流传全过程去定义、测量和控制水的量。

正负极使用的粉状物料及电解液、NMP（N- 甲基吡咯烷酮）等化学物料都是湿敏材料，对湿度（含水量）有极其苛刻的要求（详见《锂离子电池化学材料》一书）。物料的防水要求不仅体现在材料的制备、包装和运输中，更体现在材料开封后，若未使用完，其保管和使用前需重新烘烤或检测以确保合格。否则会严重影响产品的制备及其可靠性。

锂离子电池生产制造过程防水措施主要体现以下几个方面：

a. 开封后的粉料和浆料需满足水分内控要求；

b. 配料过程中的正极管道清洗禁用水或含水超标的酒精清洗（注：负极虽是水系配料但对水的纯度有明确的规格要求，如采用电阻率≥ 18.2MΩ • cm 的超纯水）；

c. 涂布工序中，正负极都对烘干失重率有明确要求，根据不同材料体系，内控标准虽然不同，但整体是为了把极片的液体充分烘干到最低限度。并且车间对湿度有明确的工艺要求范围，超出规定湿度会导致极片重新吸水，增加后续烘干工序的除水难度。工艺时间的严格控制也是为了减少吸水的可能性；

d. 极片制作到注液段的装配防水：工艺时间需严格控制，在卷绕或注液前再次烘烤，保证入壳后水分含量已控制到了最低水平；

e. 注液：电解液极易吸水，因此在注液前首先保证半成品水分受控，电解液水分在规定范围内。同时，注液应采取全过程在干燥和真空状态下进行注液，并在规定工艺时间内完成电解液的注入和密封；

f. 电池在密封后对水分控制要求逐渐降低。

3.1.2.2 防尘

这里的尘即为除电池主要成分外的所有金属和非金属的异物，防尘贯穿整个电池制造的所有环节。异物带来的危害如下：a. 金属异物成分超标会导致电池自放电变大，严重者会引起电池短路；b. 金属和非金属异物会破坏物料和半成品、成品的外观；导致电池划伤、凸点或凹点；c. 粉尘会导致电池副反应增加，电池可靠性、安全性受到影响。

物料防尘要求如下。

a. 物料加工过程中要严格控尘，避免金属元素超标，并且配备相应的测试手段和规格要求。超标按异常流程处理；

b. 物料的包装过程要避免有异物脱落，在包装材料拆解或取放时要避免异物脱落，防止材料被污染。因此，金属桶装物料在开启或关闭过程中要避免有金属摩擦脱落，导致金属超标；

c. 防尘的核心理念是防止异物的产生或异物的流动，企业通常采取以下措施：全过程禁用金属剪刀及尖锐物品，在盛装物料、半成品和成品的物料专业车、滚轴及工装治具、管道一般会做特殊表面处理避免金属脱落或进入产品内部污染产品；在所有粉尘、异物可能产生的环节，使用真空吸附的方式将异物及时抽走。同时，在所有异物可能脱落的平台铺上粘尘垫避免异物移动。所有盛放电池的盒子、托盘应及时清洁吸尘后再重复使用（个别厂商禁止使用回收器皿）；

d. 在出货包装时，使用静电消除装置，避免包装材料因静电吸附灰尘和异物，从而在运输过程中造成划痕、凹点等外观缺陷，导致产品报废或降级。

3.1.2.3 防漏

防漏是对电池在装配完毕后的全过程进行管控，避免机械外力导致电池挤压或碰撞，进而造成封边不良、过压破损，泄漏电解液，导致电池可靠性下降。

3.2 锂离子电池质量管理相关术语及定义

本节对锂离子电池行业相关术语及定义等进行讲解，为正确理解后续各章节的内容奠定基础。

锂离子电池是一种二次电池（可充电电池），它主要依靠锂离子在正极和负极之间移动来工作。在充放电过程中，锂离子在两个电极之间往返嵌入和脱嵌：充电时，锂离子从正极脱嵌，经过电解质嵌入负极，负极处于富锂状态；放电时则相反。

锂系电池分为锂电池和锂离子电池。手机和笔记本电脑使用的都是锂离子电池，通常被俗称为锂电池。这类电池一般采用含有锂元素的材料作为电极，是现代高性能电池的代表。而真正的锂电池由于危险性大，很少应用于日常电子产品。

正极材料常用 Li_xCoO_2，也用 Li_xNiO_2 和 Li_xMnO_4；电解液则常用 $LiPF_6$ 和二乙烯碳酸酯（EC）或二甲基碳酸酯（DMC）；负极材料常用石油焦炭和石墨，这些材料无毒，且资源充足。锂离子嵌入碳中解决了传统锂电池存在的安全问题。锂离子电池在充、放电性能和循环寿命方面均能达到较高水平，21 世纪锂离子电池已成为市场中的主流电池产品。

3.2.1 锂离子电池设计、研发、生产、交付基础术语

锂离子电池设计、研发、生产、交付基础术语如表 3-8 所示。基础术语中很多涉及电化学知识，其详细定义及电化学原理建议参考专业书籍，如《电化学基础》等。

表3-8 锂离子电池设计、研发、生产、交付基础术语一览表

序号	术语	序号	术语	序号	术语	序号	术语
1	正极	7	闭路电压	13	放电深度	19	储存寿命
2	负极	8	充电	14	恒压充电	20	循环寿命
3	标称电压	9	放电	15	恒流充电	21	内部短路
4	标称容量	10	充放电曲线	16	过充电	22	容量密度
5	开路电压	11	放电容量	17	过放电	23	能量密度
6	内阻	12	放电速率	18	自放电		

（1）正极（Positive Electrode）

放电时电子从外部电路流入电位较高的电极（正极），也是发生还原反应的一极，也被称为阴极。

(2) 负极 (Negative Electrode)

放电时电子从外部电路流出电位较低的电极，也是发生氧化反应的一极，也被称为阳极。

(3) 标称电压 (Nominal Voltage)

电池以规格要求放电时全程的平均电压。

(4) 标称容量 (Nominal Capacity)

电池以规格要求放电时的放电容量。

(5) 开路电压 (Open Circuit Voltage)

电池没有负载时正负极两端的电压。

(6) 内阻 (Internal Resistance)

内阻分为交流内阻和直流内阻。交流内阻的测试方法为给电池施加一个交流电流信号，测量其反馈电压值，通过电压与电流的比值，测量电池的内阻。直流内阻测试方法为将电池处于静态或脱机状态，通过外部负载进行大电流放电，同时测量电池的电压，通过电池电压与放电电流的比值，得出电池的内阻。

(7) 闭路电压 (Closed Circuit Voltage)

电池负载时正负极两端的电压，如图 3-34 所示。

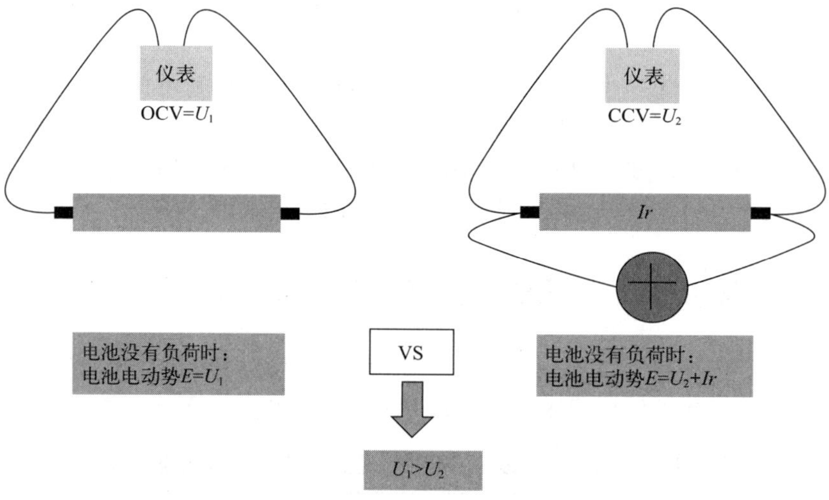

图 3-34 闭路电压原理图

(8) 充电 (Charge)

利用外部电源使电池的电压和容量上升的过程，此时电能转化成化学能。

(9) 放电 (Discharge)

电流从电池流经外部电路的过程，此时化学能转化成电能。

(10) 充放电曲线 (Charge/Discharge Curve)

电池充放电时，其电压随时间的变化曲线。

(11) 放电容量 (Discharge Capacity)

电池放电时释放出的电荷量，一般用时间与电流的乘积表示，单位为 Ah、mAh。我们通常所说的电池容量就是指电池的放电容量。

（12）放电速率（Discharge Rate）

表示放电快慢的一种量度，将电池标称容量在 1h 放电完毕的电流速率称为 1C 放电。[这里的“C”不是指电量的单位，而是指容量的单位（Capacity）]。

（13）放电深度（Depth of Discharge）

表示放电程度的一种量度，为放出容量与总容量的百分比，称为 DOD，与之相对的一个概念“荷电状态”SOC（State of Charge），则为剩余容量与总容量的百分比，如图 3-35 所示。

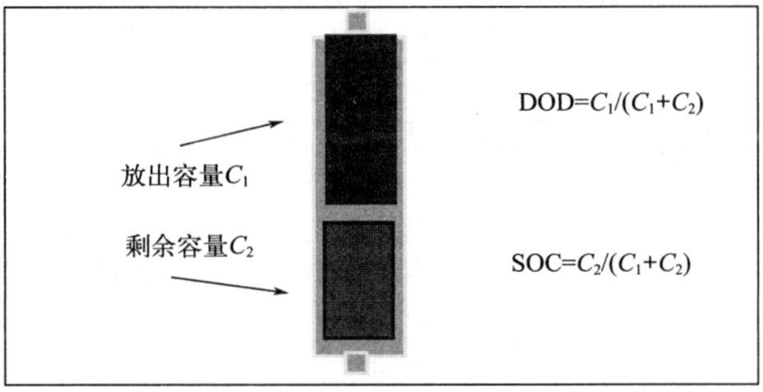

图 3–35　放电深度图

（14）恒压充电（Constant-voltage Charge）

在恒定电压下，将电池进行充电的过程。通常，该恒定电压为充电终止电压。一般设置终止电流，当电流小于该值时，充电过程结束。

（15）恒流充电（Constant Current Charge）

在恒定电流下，将电池进行充电的过程。一般设置终止电压，当电压达到该值时，充电过程结束。

（16）过充电（Over Charge）

超过规定的充电终止电压而继续充电的过程，此时电池的使用寿命受到影响。

（17）过放电（Over Discharge）

超过规定的放电终止电压而继续放电的过程，此时电池的使用寿命受到影响。

（18）自放电（Self-discharge）

电池在搁置过程中没有与外部负载相连接时产生容量损失的过程。

（19）储存寿命（Storage Life）

电池在没有负载的条件下进行放置，性能劣化到规定的程度时所能放置的时间。

（20）循环寿命（Cycle Life）

在一定条件下将电池反复进行充放电，当容量等电性能达到规定的衰变要求时，所能发生充放电次数。

（21）内部短路（Internal Short Circuit）

电池内部正极和负极形成通路的状态，主要是由于隔膜破坏造成正负极片接触的现象。

（22）容量密度（Capacity Density）

单位体积或质量所能释放出的电量，分体积容积密度（mAh/L）和质量容积密度（mAh/kg）表示。

（23）能量密度（Energy Density）

单位体积或重量所能释放出的能量，单位一般用 Wh/L 或 Wh/kg 表示。

3.2.2 锂离子电池来料、过程、组装基础术语

锂离子电池来料、过程、组装基础术语如表 3-9 所示。

表3-9 锂离子电池来料、过程、组装基础术语一览表

序号	术语	序号	术语	序号	术语	序号	术语
1	电极片	13	安全阀	25	卷绕	37	下线测试
2	负极片	14	连接件	26	热压	38	电池组装
3	正极片	15	电池保护板	27	真空烘烤	39	毛刺
4	极耳	16	电池管理系统	28	激光焊接	40	锂枝晶
5	活性物质	17	方形锂电池	29	气密性测试	41	内部短路
6	隔膜	18	圆柱形锂电池	30	注液	42	热失控
7	电解质	19	扣式锂电池	31	化成	43	滥用
8	电池外壳	20	搅拌	32	老化	44	破裂
9	铝塑封装膜	21	涂布	33	分组	45	起火
10	电池盖	22	冷压	34	组件装配	46	爆炸
11	负极端子	23	极耳成型	35	超声波焊接		
12	正极端子	24	分条	36	母线连接		

（1）电极片（Plate）

由集流体和活性物质、黏结剂、导电剂等构成的电池电极。（注：电极片的集流体可以采用金属箔、网等形式。）

（2）负极片（Negative Plate）

含有在放电时发生氧化反应活性物质的极片，其电势相对较低。

（3）正极片（Positive Plate）

含有在放电时发生还原反应活性物质的极片，其电势相对较高。

（4）极耳（Tab）

连接电池内部电极片与端子的金属导体。

（5）活性物质（Active Material）

在电池充放电过程中发生电化学反应以存储或释放电能的物质。

（6）隔膜（Separator）

由可渗透离子的材料制成，可防止电池内极性相反的电极片之间接触的电池组件。混合固液电解质锂蓄电池，全固态锂蓄电池中，隔离正负极的材料也可以认为是隔膜的一种，但一般会称为固体电解质膜（Solid Electrolyte Membrane）。

（7）电解质（Electrolyte）

含有可移动离子并具有离子导电性的液体或固体物质。（注：电解质可以是液体、固体或凝胶体，电解质不能传导电子。）

（8）电池外壳（Cell Case）

将电池内部的部件封装并防止其与外部直接接触的保护部件。

（9）铝塑封装膜（Laminated Aluminum Plastic Film）

用于软包装锂电池封装，由塑料、铝箔和黏合剂组成的高强度、高阻隔、耐电解液腐蚀的多层复合膜材料。

（10）电池盖（Cell Lid）

用于封盖电池外壳，通常带有注液孔、安全阀和端子引出孔等。

（11）负极端子（Negative Terminal）

便于外电路连接电池负极的导电部件。

（12）正极端子（Positive Terminal）

便于外电路连接电池正极的导电部件。

（13）安全阀（Safety Valve）

为释放电池中的气体以避免过大的内压而特殊设计的排气阀，具有特定的泄放压力阈值。

（14）连接件（Connector）

用于电池电路中各组件间承载电流的导体。（注：例如用于单体电池之间、电池端子与电池组端子之间或电池组端子与外电路及辅助装置之间电连接的连接件。）

（15）电池保护板（Protection Circuit Board）

带有对电池起保护作用的集成电路（IC）的印制电路板（PCB），一般用于防止电池过充、过放、过流、短路及超高温充放电等。

（16）电池管理系统（Battery Management System，BMS）

连接电池和设备的电池管理系统，主要功能包括：电池物理参数实时监测，电池状态估计，在线诊断与预警，充放电与预充控制，均衡管理和热管理等。

（17）方形锂电池（Prismatic Lithium Cell）

各面成直角的长方体形状的电池。

（18）圆柱形锂电池（Cylindrical Lithium Cell）

总高度等于或大于直径的圆柱体形状的电池。

（19）扣式锂电池（Coin Lithium Cell）

总高度小于直径的圆柱体形状的电池。

（20）搅拌（Mixing）

控制真空度、温度、搅拌速度、加料顺序，将阴阳极活性物质、导电剂、黏结剂、溶剂等在一定的时间、温度、压力作用下充分搅拌成均一、一定颗粒度、一定黏度的混合浆料。

（21）涂布（Coating）

使用涂布设备将流体浆料均匀地涂覆在集流体表面并烘干成膜，制成电极片。

（22）冷压（Cold Pressing）

在结晶温度以下（通常为室温），通过控制设备的压辊间隙、辊压速度、压力、张力等将涂布后疏松的极片压到设计的厚度和密度。

（23）极耳成型（Tab Forming）

通过控制设备上、下刀模之间的啮合对极耳进行剪切，使极片按照设计尺寸要求形成极耳。

（24）分条（Slitting）

对来料膜片进行纵向分切，将来料膜片一分为二，并收卷成一定宽度规格的上、下两卷。

（25）卷绕（Winding）

控制设备的速度、张力、尺寸、偏差等因素，将分条后尺寸相匹配的阴极极片、阳极极片及隔膜卷成裸电池。

（26）热压（Hot Pressing）

设置合理的时间、温度、压力对裸电池进行热压整形，控制裸电池厚度，使卷绕后松散的裸电池外形固定，以防止正、负极片相对位移。

（27）真空烘烤（Vacuum Baking）

控制设备的升温速率、温度、时间、真空度使裸电池失去水分，保证电池中的水含量达到设计要求。

（28）激光焊接（Laser Welding）

控制激光焊枪的功率、离焦量、速度等参数，使用高能量密度的连续激光对焊接位置进行熔融焊接，实现密封或固定连接。

（29）气密性测试（Leakage Test）

通过负压检测方法或氦气检测方法，检测电池是否存在泄漏。

（30）注液（Electrolyte Injection）

控制液体电解液的量及注入时间，使液体电解液从注液口注入电池。主要目的是形成离子通道，从而保证电池在充放电过程中有足够的锂离子能够在正、负极片间进行迁移，实现可逆循环。

（31）化成（Formation）

首次对电池进行充电，激活锂电池的活性物质，并形成稳定的固体电解质界面膜（SEI 膜）。

（32）老化（Aging）

通过一定的方法使正负极活性物质中的某些活跃成分发生反应而失活，从而使电池整体性能表现更为稳定。

（33）分组（Grouping）

为了保证电池的一致性，按照电池的容量，对电池进行分组的过程。

（34）组件装配（Component Assembly）

依次将组件或电池置入装配夹具中，通过紧固螺栓或缓慢加压的方式将电池和组件安装在一块，形成模组的初步框架。

（35）超声波焊接（Ultrasonic Welding）

在辅助加压的情况下，通过焊头、焊座将高频振动波传递到两个待焊接的物体，两个待焊接接触面相互摩擦，分子相互扩散而形成分子熔合的焊接方式。

（36）母线连接（Busbar Connection）

通过焊接或螺栓紧固的方式，将电池端子或模组极柱以串联或并联方式连接起来。（注：简称为 Bus Connection。）

（37）下线测试（End of Line Test）

在电池或零部件从生产线下来之前，对电池或零部件的基本性能进行检查测试，以确保电池的质量。

（38）电池组装（Pack）

指包装、封装和装配，例如，2 个电池串联起来，按照客户要求组成某一特定形状，就叫 Pack。在 Pack 行业，常常把没有组装成可以直接使用的电池叫作电芯，而把连接上 PCM 板、有充放控制等功能的成品叫作电池。电池串联以提高电压，并联以提高电池容量。

（39）毛刺（Burr）

在极片边缘存在的尖锐金属杂物，有可能刺穿隔膜，造成电池内部发生短路。

（40）锂枝晶（Lithium Dendrite）

锂电池在充电过程中锂离子还原时形成的树枝状金属锂（锂在负极侧出现时锂的形态不一定是锂枝晶，统称为析锂，英文为 Lithium Plating）。

（41）内部短路（Internal Short Circuit）

锂电池内部存在缺陷，如毛刺、锂枝晶等刺穿隔膜，造成正负极片接触的现象。

（42）热失控（Thermal Runaway）

电池出现的一种临界状态，由热量产生的速率超过其散热能力导致温度连续升高引起、进而导致电池破坏。

（43）滥用（Abuse）

没有按照制造商、供应商、电池化学体系的要求使用电池的行为。这种行为可能对人体、环境造成损伤或不良影响，或者对电池性能造成损害。

（44）破裂（Rupture）

由于内部或外部因素引起单体电池外壳或电池组壳体的机械损伤，导致内部物质暴露或溢出，但没有喷出。

（45）起火（Fire）

单体电池或电池组有可见的火焰。

（46）爆炸（Explosion）

单体电池外壳或电池组的壳体猛烈破裂成两半或更多片，导致电池主要成分抛射出来的现象。

练习与思考

1. 简述质量管理过程中使用到的工具有哪些，并举例说明这些工具有哪些实际应用。
2. 锂离子电池有哪些基础术语，分别是什么意思？

第 4 章

锂离子电池设计质量管理

学习了第 3 章质量管理常用工具方法和锂离子电池设计、来料、制造过程常用术语及定义，本章主要介绍锂离子电池产品及过程设计、开发、验证方法，然后介绍产品设计开发过程主要应用的两个工具：潜在失效模式与影响分析 FMEA（Failure Mode and Effects Analysis）及试验设计 DOE（Design Of Experiments），最后介绍产品质量先期策划 APQP（Advanced Product Quality Planning）。希望通过对锂电池设计开发要求、流程和工具方法的介绍，使读者基本了解锂电池设计开发关注指标，掌握 DOE 方法确定产品和过程设计最优参数的方法，学会使用 APQP 和 FMEA 工具制定产品质量开发计划、预防产品潜在缺陷，以确保产品成功开发。

4.1 锂离子电池设计开发的四个阶段

锂离子电池是近二十多年迅速发展起来的新型化学电源，其产品从客户需求（Voice of Customer，VOC）到正式批量生产，一般都要经过 EVT（Engineering Verification Test）、DVT（Design Verification Test）、PVT（Production/Process Verification Test）和 MP（Mass Production）4 个不同阶段。其中，EVT 代表工程验证测试阶段，是产品开发初期的设计验证，是将设计图纸转化为实物产品的过程，重点是对产品的主要功能进行验证；DVT 代表设计验证测试阶段，此阶段需要对产品的全部性能进行测试，确保所有的设计都符合规格；PVT 代表生产 / 过程验证测试阶段，此阶段需要小批量试产一部分产品，确保工厂可以依照标准作业指导书（SOP）进行生产；MP 代表量产阶段，此阶段是导入量产，即大规模生产产品。

4.1.1 工程验证测试阶段（EVT）

工程验证测试阶段主要是将客户的需求经过概念评审和初步设计并转化为产品，并对产品的关键特性参数进行验证的过程，EVT 阶段有以下主要特征：

① 产品开发初期的设计验证，一般是验证产品设计的完整性，确认是否遗漏任何需求或规格；

② 测试基本的功能、安规，当然也可以进行性能和可靠性的摸底；

③ 一般用的是手板样或简易模的壳料；

④ 一般不在产线组装；

⑤ 一般问题较多，需要多次修改设计；

⑥ 可以进行认证的摸底测试。

此过程主要包含客户提出需求（Voice of Customer，VOC）、VOC 评审、产品设计、EVT 样品制作、样品特殊特性参数测试验证等步骤，具体如下：①客户需求（Voice of Customer，VOC）。客户根据自己产品的用途、结构尺寸、功能期望、销售区域、认证需求等方面提出对锂离子电池的要求，并把对锂离子电池的要求传递给电池供应商；②电池供应商设计开发部组织设计小组对客户需求内容进行评审，明确客户对产品的具体要求并评估其可行性；③设计开发部根据客户要求进行产品设计，针对电池产品的特性参数要求进行具体的评估，提出整体设计方案；④根据设计方案进行电池样品的制作，确保制作过程符合设计要求；⑤对制作完成的电池样品进行测试验证，验证特殊特性参数的测试结果是否符合设计标准；⑥将设计验证合格的样品提交客户进行测试验证。

例如，某企业在 EVT 阶段，每个过程步骤的相关方、输入、输出及过程说明见表 4-1。

表4-1　锂离子电池EVT阶段过程说明

过程	相关方	输入	过程说明	输出
顾客需求	客户	产品要求	客户提出对锂离子电池的要求	VOC
VOC评审	设计开发部	VOC	用途评审 销售区域评审 组合方式评审 结构尺寸评审 功能特性评审 认证需求评审 环保需求评审 运输方式评审 包装需求评审 原材料评审 制造工艺可行性评审	客户需求审查表 可行性评估表 产品规格书
产品设计	设计开发部	客户需求审查表 可行性评估表 产品规格书 产品设计规范	电池结构尺寸设计 材料平台选择 电池容量设计 制造工艺设计 工装治具设计 包装材料设计 测试计划制定	设计方案 PFMEA 样品工艺 物料清单 样品生产计划 工装治具图纸 包装材料图纸 测试计划
样品制作	设计开发部	样品工艺 物料清单 样品生产计划	物料准备 工装治具准备 样品生产 样品测试 样品总结	样品 测试报告 样品总结
产品测试验证	设计开发部	设计方案 PFMEA 测试计划	结构尺寸验证 功能特性验证	样品总结报告 设计验收表
客户测试验证	客户	产品规格书	客户对电池测试确认 客户将电池装机测试	客户承认书 第三方认证报告

4.1.1.1 客户需求

因锂离子电池具有高能量密度的特性，所以其使用领域也越来越广泛，常见的使用锂离子电池的产品有蓝牙耳机、运动手环、智能手表、手机、对讲机、平板电脑、笔记本电脑、移动电源、汽车启动电源、玩具、智能家居、医疗设备、电动工具、电动自行车、电动摩托车、电动汽车、电动船、基站电源、储能设备等，客户根据自己产品的用途、结构尺寸、功能期望、销售区域、认证需求等方面提出对电池的具体要求。

（1）锂离子电池用途及性能需求

客户根据产品的用途、功能和使用环境的要求，提出电池的性能要求。基本性能要求包括容量、电压、内阻、充放电条件、循环寿命等，其他性能要求根据产品的用途和使用环境的不同而有所区别。如手机类产品因使用频率高，对电池的能量密度要求高，越来越重视快速充电的要求；笔记本电池因工作时电池仓的温度比较高，且有一直外接充电器的可能，使得电池在较高的温度下一直处于高电位状态，所以笔记本电池需要满足高温浮充的要求；电动工具类在工作时具有较大的工作电流，此类电池需要满足大倍率放电的要求；高纬度地区户外因气温比较低，尤其是在冬季较低的气温环境下，常规的锂离子电池很难工作，所以需要专门制作能够在低温下正常工作的电池等。

（2）锂离子电池结构尺寸需求

锂离子电池按形状、外包装材料、裸电芯结构可以分为三类。按形状分为圆柱形、方形和异形等。按包装材料分为钢壳、铝壳和软包（铝塑膜包装）等。按裸电芯结构分为叠片和卷绕，卷绕又可细分为单极耳卷绕和多极耳卷绕。

客户根据产品电池仓的空间结构、形状及尺寸，提出电池的结构和尺寸要求。电池仓空间结构常见的有圆柱形和方形，少数特殊的产品也有异形的要求。圆柱形电池的尺寸要求一般有直径和高度。方形电池的尺寸要求一般有长度、宽度和厚度等，方形软包电池还有极耳长度、极耳宽度、极耳中心距等要求。几种比较常见的电池外观形状如图 4-1 所示。

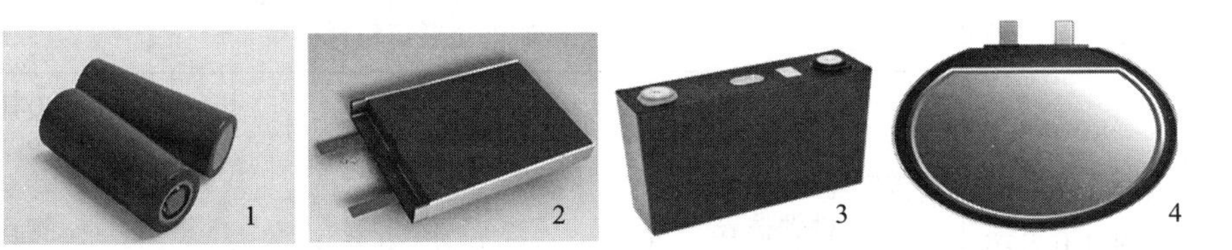

图 4-1　4 种比较常见的电池外观形状

1—圆柱形钢壳锂离子电池；2—方形软包锂离子电池；3—方形铝壳锂离子电池；4—异形软包锂离子电池

（3）锂离子电池安规需求

化学类电源是能量的载体，是目前将化学能转化为电能最有效的途径。锂离子电池相较于其他电池有更高的能量密度，且电池内的电解液、负极等原材料都是易燃物质，一旦电池能量失控就会对使用电池的设备或周边造成一定程度的破坏，所以锂离子电池在制造、运输、存储、使用过程中的安全性也是行业最重视的要素之一。国内外不同区域对锂离子电池的安全性都有强制性法规要求，这些法规要求需要电池在一些破坏性的测试条件下不发生燃烧、爆炸等现象，比如外部短路、过充电、挤压、重物冲击、热冲击等，只有安全性满足该区域的标准且取得安规认证的电池才可以在该区域上市销售，如中国大陆地区有国标 GB 31241 标准，北美地区有 UL1642、UL2054 标准，欧盟地区有 IEC62133-1：2017 和 IEC62133-2：2017 标准，日本地区有 PSE 标准，韩国地区有 KC 标准，印度地区有 BIS 标准等。另外，如果电池产品要进行航空或海运运输，还需要满足航运认证标准 UN38.3，如果锂离子电池用于电动汽车则要满足汽车行业标准 IATF 16949。

（4）锂离子电池环保需求

锂离子电池产品和使用的原材料还要满足环保要求，行业内一般遵照欧盟环保指令 RoHS（Restriction of Hazardous Substances）和欧盟化学品安全指令 REACH（Registration，Evaluation，Authorization and Restriction of Chemicals），更高的环保要求还有无卤要求。

RoHS 是由欧盟立法制定的一项强制性标准，它的全称是《关于限制在电子电器设备中使用某些有害成分的指令》。该标准已于 2006 年 7 月 1 日正式实施，主要用于规范电子电器产品的材料及工艺标准，使之更加有利于人体健康及环境保护。该标准的目的在于消除电子电器产品中的铅、汞、镉、六价铬、多溴联苯和多溴二苯醚 6 种物质，并重点规定了铅的含量不得超过 0.1%。

REACH 是《化学品注册、评估、许可和限制》的简称，是由欧盟建立，并于 2007 年 6 月 1 日起实施的化学品监管体系。这是一个涉及化学品生产、贸易、使用安全的法规提案，法规旨在保护人类健康和环境安全，保持和提高欧盟化学工业的竞争力，以及提高研发无毒无害化合物的创新能力，防止市场分裂，增加化学品使用透明度，促进非动物实验，追求社会可持续发展。REACH 指令要求凡进口和在欧洲境内生产的化学品必须通过注册、评估、授权和限制综合程序，以更好、更简单地识别化学品的成分来达到确保环境和人体安全的目的。该指令主要有注册、评估、授权、限制 4 大项内容。据介绍，与 RoHS 指令相比，REACH 涉及的范围更宽，它会影响从采矿业到纺织服装、轻工、机电等几乎所有行业的产品及制造工序。REACH 要求制造商注册产品中的每一种化学成分，共约有 3 万种，并要衡量其对公众健康的潜在危害。REACH 的理念是如果潜在危害不确定，社会不应该引入它们。

无卤要求涉及电子产品中卤族元素含量的规定。电子产品中卤族元素含量符合相关规定的电子产品称为无卤产品（各国和各个地区规定的标准含量略有不同）。卤素是第Ⅶ A 族非金属元素，包括了氟（Fluorine）、氯（Chlorine）、溴（Bromine）、碘（Iodine）和砹（Astatine）5 种元素。其中砹（Astatine）为放射性元素，人们通常所指的卤素是氟、氯、溴、碘 4 种元素。卤素化合物经常作为一种阻燃剂，如 PBB、PBDE、TBBP-A、PCB、六溴十二烷、三溴苯酚、短链氯化石蜡等，应用于电子零部件与材料、产品外壳、塑胶等。此种阻燃剂无法回收使用，而且在燃烧与加热过程中会释放有害物质，影响环境，危害人类身体健康。因此在对卤素含量的限制上，各国都在努力采用相应的方法，这就是无卤化。IEC61249-2-21 规定的无卤标准是氯 Cl ＜ 900ppm，溴 Br ＜ 900ppm，Cl+Br ＜ 1500ppm（1ppm=1μg/g）。

（5）锂离子电池包装及运输需求

根据电池运输目的地和运输方式的不同，电池的包装方式也有一定区别，最基本的包装方式是用吸塑盒加纸箱的方式，如果是距离较远的陆运、海运或空运，还需要用栈板和护角，防止运输过程中纸箱倾倒，避免电池受损或出现安全问题。一般包装方式如图 4-2 所示。

4.1.1.2 VOC 评审

VOC 评审是设计团队对客户的需求内容进行识别确认的过程，此过程的主要目的是使设计团队明确客户对产品的具体要求，具体内容有产品用途、销售区域、组合方式、结构尺寸、

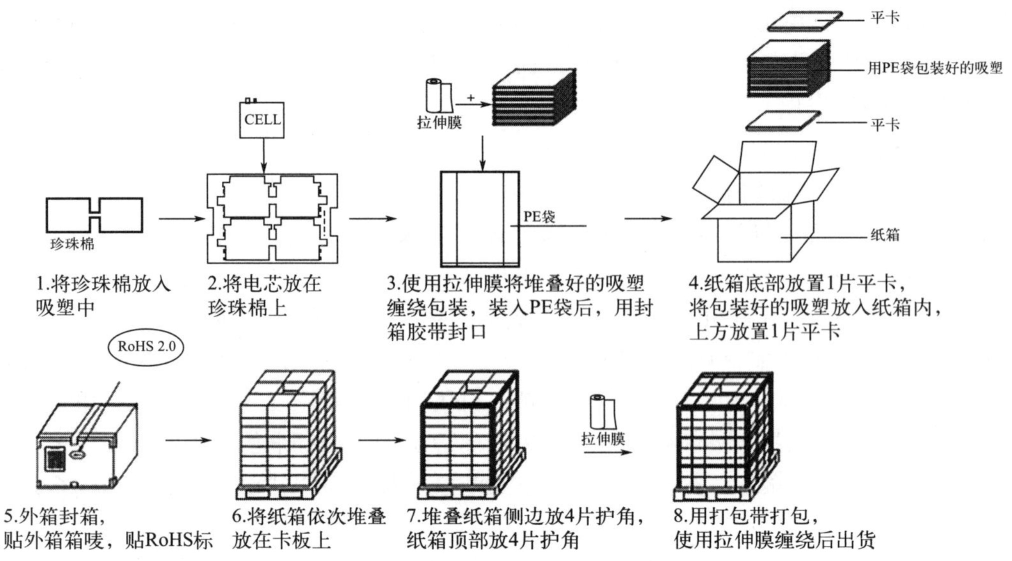

图 4-2　锂离子电池一般包装方式

功能特性、认证需求、环保需求、运输方式、标志及包装需求等，其中功能特性包括但不限于电池容量、满充电压、充电制度、放电制度、电池内阻、出货电压、环境适用性、循环寿命等。当客户需求不是很明确或不够全面时，需要将信息反馈给客户以做补充，直到双方对 VOC 内容有统一的认识。表 4-2 列出了锂离子电池设计 VOC 评审要点。

表4-2　锂离子电池设计VOC评审要点

序号	VOC内容	评审要点	备注
1	产品用途	电池的使用频率及使用环境	
2	销售区域	当地认证的法律法规	
3	结构尺寸	制造工艺的可行性	
4	功能特性	材料平台及初步设计方案的可行性	
5	认证需求	认证测试项目的通过性	
6	环保需求	现有材料及制造工艺的环保符合性	
7	运输与包装	运输目的地、运输方式及对应的包装方式	
8	产品标志	产品标志可识别性、完整性、合规性	

4.1.1.3　产品设计

设计开发部对 VOC 信息确认清楚后，即可召集设计团队进行产品设计。此过程是根据电池用途和性能要求选择合适的制造工艺，再根据设计规范、利用材料平台对电池的每一个特性参数做详细具体的设计，使设计结果如结构尺寸、性能标准、环保、安规、成本等能够达到客户要求，如果现有平台设计难以达到客户要求，则需要启用新材料体系或新工艺的开发。

在锂离子电池设计中最常见的设计为：已知电池尺寸、充放电制度、使用环境等参数，来设计电池容量、内阻、相关工艺等参数；或者已知容量、充放电制度、使用环境等参数，来设计电池尺寸、相关组成部件等参数。

锂离子电池容量与尺寸、材料、充放电制度等参数相关，可以用以下关系式表示：

$$容量=∫（尺寸、充放电制度、材料……）$$

或

$$尺寸=∫（容量、充放电制度、材料……）$$

因为电池设计可能无法同时满足上述所有要求，所以只能通过材料、工艺、设计等方面的变化在一定范围内一定程度地满足，在设计中，如果单体电池电压或电流密度不能满足要求时，可以通过多个单体电池组合来实现，组合方式有串联、并联或串并联相结合。组合电池除了考虑电压、电流密度、尺寸的变化外，还需考虑充放电过程中散热的问题。

（1）制造工艺选择

锂离子电芯按照产品的外形尺寸、功能要求以及不同的应用领域有不同的生产制造工艺。生产工艺的最大区别在于装配阶段，各类电芯的装配工艺区别见表 4-3。

表4-3　各种电芯的装配工艺区别

电芯形状和外壳		装配工艺			应用领域
形状	包装材料	制片	裸电芯	封装	
方形	铝塑膜	分切	卷绕	热压封装	手机、笔记本电脑、平板电脑、蓝牙耳机、智能手表等
方形	铝塑膜	模切	叠片	热压封装	启动电源、电动工具、小型动力车、储能等
方形	铝壳（小）	分切	卷绕	激光焊接	手机、对讲机、POS机等
方形	铝壳（大）	模切	叠片	激光焊接	电动车、储能类
圆柱形	铝塑膜	分切	卷绕	热压封装	电子烟
圆柱形	钢壳	分切	卷绕	冷压复合	移动电源、电动自行车、电动工具等
异形	铝塑膜	模切	叠片	热压封装	异形类用电设备

（2）材料平台选择

不同性能要求的产品有不同的材料平台，即不同的正极和负极配方、隔离膜、电解液等的搭配组合，比如能量型、高温型、倍率型及安全型等材料平台，具体特点如表 4-4 所示。

表4-4　性能要求不同的产品材料平台的特点

电池类型	正极	负极	隔离膜	电解液	应用代表
能量型	克容量高 压实密度大	克容量高 压实密度大	厚度薄	常规型	手机、笔记本电脑
高温型	常规	常规	常规	耐高温型	车载
倍率型	压实小 面密度小	压实小 面密度小	常规	电导率大	电动工具
安全型	高热稳定性 （如磷酸铁锂）	常规	厚度较厚 安全涂覆	高热稳定性	汽车、储能

（3）容量设计

通常，电池的容量都是根据客户要求的外形尺寸设计，在选用满足特性且符合环保要求的材料体系后进行容量的设计，电芯容量的计算公式如下：

容量 = 正极 loading× 正极片涂膜区面积 × 正极涂膜面密度 × 正极克容量

正极 loading= 正极配方中活性物质占总固体物质的百分比

正极片涂膜区面积 = 正极片涂膜区宽度 × 涂膜区长度

式中，正极片涂膜区面积 = 正极片涂膜区宽度 × 两面涂膜区长度之和，m^2；叠片型正极片涂膜区面积 = 单个正极片涂膜区面积 × 正极片层数，m^2；正极涂膜面密度 = 单位面积上涂膜正极的重量，g/m^2；正极克容量 =1g 正极活性物质发挥的容量，mA・h/g。

客户对电池的容量需求一般指的是额定容量，即在规定的放电条件下电池能够放出的最少电量，为使客户端测试得出的容量都合格，在容量设计时要考虑一定的富余量，一般按照 2% ～ 4% 的富余量进行设计，额定容量与富余容量的和即为典型容量，即实际测试的容量分布在典型容量上下。

4.1.1.4 样品制作

设计评审结束后输出产品的设计方案、样品工艺、物料清单、工装治具清单及测试计划，然后安排样品的制作，此阶段制作样品的数量根据测试计划的要求，一般有十几个到几十个不等。样品制作的过程要确认每个工序的产品参数是否达到设计的标准，并对过程的产品参数如涂布面密度、涂布尺寸、辊压厚度、卷绕裸电芯尺寸、注液量、保液量、容量、内阻、尺寸等数据进行记录整理，包括样品制作过程中出现的问题、解决方案等，最终形成样品总结报告。

4.1.1.5 产品测试验证

产品测试验证主要依据产品规格书和客户要求的认证需求对特殊特性参数进行验证，测试项目大致分为以下 5 类。

① 尺寸类：长度、宽度、厚度等；

② 基本性能类：容量、电压、内阻、自耗电等；

③ 电性能类：循环性能、倍率性能等；

④ 环境性能：高温存储、高温高湿存储、高低温放电、冷热冲击等；

⑤ 安全性能：过充、过放、短路、挤压、热滥用、振动、自由跌落、重物冲击等；

测试完成后将测试的结果整理汇总，形成测试报告。

将测试的结果与客户的要求及设计目标进行逐项核对，使得每个项目的测试结果都达到设计的要求标准，如果某个项目没有达到设计的期望，则需组织分析，找到失效的原因并加以改善优化。

4.1.1.6 客户测试验证

将 EVT 样品递交客户进行测试验证，将验证结果反馈给电池厂商，验证结果满足要求则进入 DVT 阶段，如果某个关键特性参数不满足要求，则需要组织分析，找到失效的原因加以改善优化并重新做 EVT 验证。

4.1.2 设计验证测试阶段（DVT）

设计验证测试阶段是在EVT阶段结果的基础上，对产品设计方案的不足之处进行完善后，进行第二次试制产品，并对产品的全部性能进行测试，确保所有的设计都符合规格，并进行第三方认证，此阶段主要有如下特点：①产品设计已经完成，验证的是所有设计的符合性；②验证项目包括功能、性能、可靠性等所有测试验证要求，因为产品此时已基本定型；③一般会上组装线，同步验证可生产性；同时，加大数量以进一步识别出设计问题；④安排第三方认证，因为认证需要的时间比较长。

此过程主要包含设计评审、DVT样品制作、测试、产品设计验证（即样品全部功能测试）、第三方验证等步骤，具体如下。

① 设计评审。根据EVT样品的验证结果以及客户测试反馈结果，对产品的原有设计进行再次评审，找出设计方案的不足之处，针对不足的方面进行调整完善使其达到最优。

② DVT样品制作。根据优化后的设计方案重新制作样品，记录并确认过程数据，使制作过程按照设计方案执行。

③ DVT样品测试。对产出的样品进行全部功能项目的测试验证，使每个项目的测试结果都达到设计要求标准，如有测试不合格的项目，则需分析原因并提出整改方案后重新制作样品进行测试验证，直到测试合格。

④ 产品设计验证。测试合格的电池交付客户，客户会依据与制造商确认并签署的产品规格书对电池进行测试验证，测试合格后再将电池装入客户机型进行应用性验证，如工作时间、工作稳定性、与客户产品的尺寸匹配性等，测试确认完成后，将结果反馈给制造商。

客户对测试确认合格的电池进行封样，并与制造商各保存一个封样电池，在后续的需求中要求制造商提供的电池与封样产品保持一致，以保证电池的结构尺寸、性能等不发生变化，从而保障客户的产品在市场应用中的一致性。

⑤ 第三方验证制造商根据客户的认证要求，将电池样品和认证需求提供给第三方认证机构，认证机构按照认证需求对应的认证标准对电池进行测试确认，测试合格则出具相应的认证证书，并记录在相应的官方网站。

某电池企业对方形聚合物锂离子电池的设计验收内容如表4-5所示。

表4-5 设计验收表

<table>
<tr><td colspan="4" rowspan="2">设计验收</td><td>文件编号</td><td></td></tr>
<tr><td>版本</td><td></td></tr>
<tr><td>样品型号</td><td></td><td>设计人</td><td></td><td>日期</td><td></td></tr>
<tr><td>规格书编号</td><td></td><td colspan="2">规格书版本</td><td colspan="2"></td></tr>
<tr><td>项目</td><td>设计值</td><td>实际值</td><td colspan="2">验收结果</td><td>说明</td></tr>
<tr><td>电芯尺寸（厚×宽×长）/mm</td><td></td><td></td><td>合格□</td><td>不合格□</td><td></td></tr>
<tr><td>极耳中心距/mm</td><td></td><td></td><td>合格□</td><td>不合格□</td><td></td></tr>
<tr><td>容量/（mA·h）</td><td></td><td></td><td>合格□</td><td>不合格□</td><td></td></tr>
<tr><td>阻抗/mΩ</td><td></td><td></td><td>合格□</td><td>不合格□</td><td></td></tr>
<tr><td>VOC/V</td><td></td><td></td><td>合格□</td><td>不合格□</td><td></td></tr>
</table>

续表

<table>
<tr><th>项目</th><th>设计值</th><th>实际值</th><th colspan="2">验收结果</th><th>说明</th></tr>
<tr><td>其他（注明）</td><td></td><td></td><td>合格□</td><td>不合格□</td><td></td></tr>
<tr><td rowspan="11">产品可靠性测试（VOC清单或客户确认规格书或测试计划）</td><td>0.5C500周循环寿命</td><td></td><td>合格□</td><td>不合格□</td><td></td></tr>
<tr><td>倍率性能</td><td></td><td>合格□</td><td>不合格□</td><td></td></tr>
<tr><td>过充</td><td></td><td>合格□</td><td>不合格□</td><td></td></tr>
<tr><td>过放</td><td></td><td>合格□</td><td>不合格□</td><td></td></tr>
<tr><td>短路</td><td></td><td>合格□</td><td>不合格□</td><td></td></tr>
<tr><td>高低温放电</td><td></td><td>合格□</td><td>不合格□</td><td></td></tr>
<tr><td>高温存储</td><td></td><td>合格□</td><td>不合格□</td><td></td></tr>
<tr><td>恒温湿热</td><td></td><td>合格□</td><td>不合格□</td><td></td></tr>
<tr><td>荷电保持</td><td></td><td>合格□</td><td>不合格□</td><td></td></tr>
<tr><td>其他</td><td></td><td>合格□</td><td>不合格□</td><td></td></tr>
<tr><td>设计成熟度评估</td><td colspan="2">是 □ 否 □</td><td></td><td></td><td></td></tr>
<tr><td>使用物料的环保认证</td><td>RoHS：
是 □ 否 □</td><td>HF：
是 □ 否 □</td><td>REACH：
是 □ 否 □</td><td colspan="2">其他：
是 □ 否 □</td></tr>
<tr><td>其他（注明）</td><td colspan="5"></td></tr>
<tr><td rowspan="5">设计组意见</td><td>评审成员</td><td colspan="4">评审意见</td></tr>
<tr><td></td><td colspan="4"></td></tr>
<tr><td></td><td colspan="4"></td></tr>
<tr><td></td><td colspan="4"></td></tr>
<tr><td></td><td colspan="4"></td></tr>
<tr><td colspan="6">最终确认意见：
合格 □　　　　不合格 □
批准人：</td></tr>
</table>

4.1.3 生产/过程验证测试阶段（PVT）

此阶段是在DVT的基础上，按照量产的工装设备、生产流程、操作方法进行小批量生产的过程，此时产品设计要全部完成，所有设计验证也应结束，只需做量产前的验证，确定工厂有办法依照标准作业流程生产出当初设计的产品，此过程主要有如下特点。

① 所有设计及验证已完成，量产前的可量产性验证；

② 按照量产的工装设备、生产流程、操作方法进行小批量生产；

③ 验证生产工艺稳定性及产品合格率；

④ 验证过程能力、产品的一致性及可靠性；

⑤ 验证工装治具的匹配性；

⑥ 有时候，因为PVT的条件与量产的条件一致，存在PVT产品出货的可能。

此阶段主要内容包括试制过程的收成率、过程能力C_{PK}、工装治具尺寸及结构的适配性、制程异常等。

a. 合格率验证。合格率是指产出的合格品数量占产出总数的百分比，也称良率。合格率越高即产出的合格率越高，生产一批产品所需投入材料的用量就越低，从而降低产品的材料成本率，提升产品竞争力；

b. 过程能力C_{PK}验证。即产品的一致性验证，C_{PK}越高，产品的一致性越好，用户使用产品的体验越接近，市场反应趋于一致；

c. 工装治具验证。检验工装治具的结构尺寸与生产产品的尺寸是否匹配；工装治具表面及棱角等与产品接触的部位是否存在损伤产品的情况；工装治具使用及维护保养是否方便；用治具生产的产品一致性是否满足要求等；

d. 制程异常问题管理。确认试制过程是否出现异常问题，对出现的异常是否分析原因并有相应的改善对策和改善计划，确定改善对策和改善计划后同步更新DFMEA，使问题形成闭环。

4.1.4 批量生产阶段（MP）

当PVT阶段的各方面验证通过后，产品即可转入批量生产阶段（MP）。

某电池企业对PVT过程转MP的验收内容如表4-6所示。

表4-6 PVT转MP验收表

PVT转MP验收				文件编号	
				版本	
客户代码		项目名称		应用领域	
电芯型号		容量		组装方式	
负责人		评审地点		评审日期	
序号	评审资料	评审标准	确认结果	问题点及改进意见	提出人
1	设计方案	有			
2	工艺流程图	有			
3	QC工程图	有			
4	DFMEA	有			
5	BOM	有			
6	工装夹具清单	有，验收报告			
7	合格率报告	有，合格率达标			
8	过程能力报告	$C_{PK}>1.33$			
9	可靠性测试报告	有，测试全通过			
10	产品规格书	有，客户回签			
11	出货检验标准	有			
12	变更履历	有			

续表

<table>
<tr><th>序号</th><th>评审资料</th><th colspan="2">评审标准</th><th>确认结果</th><th>问题点及改进意见</th><th>提出人</th></tr>
<tr><td>13</td><td>问题点清单</td><td colspan="2">有，已闭环</td><td></td><td></td><td></td></tr>
<tr><td>14</td><td>环保资料</td><td colspan="2">有，有效期内</td><td></td><td></td><td></td></tr>
<tr><td>其他</td><td></td><td colspan="2"></td><td></td><td></td><td></td></tr>
<tr><td></td><td></td><td colspan="2"></td><td></td><td></td><td></td></tr>
<tr><td colspan="7">□满足要求，可以生产　□不满足要求，需再评审　□其他____________</td></tr>
<tr><td rowspan="4">结论及任务</td><td colspan="4">会议记录</td><td>责任人</td><td>完成时间</td></tr>
<tr><td colspan="4"></td><td></td><td></td></tr>
<tr><td colspan="4"></td><td></td><td></td></tr>
<tr><td colspan="4"></td><td></td><td></td></tr>
<tr><td rowspan="2">会签</td><td>研发部</td><td>项目部</td><td>销售部</td><td>制造部</td><td>品质部</td><td>生产部</td></tr>
<tr><td></td><td></td><td></td><td></td><td></td><td></td></tr>
<tr><td>批准</td><td colspan="6"></td></tr>
</table>

4.2 锂离子电池设计开发过程中的主要应用工具

4.2.1 潜在失效模式与影响分析——FMEA

FMEA 是在产品设计阶段和过程设计阶段，对构成产品的子系统、零件，或对构成过程的各个工序逐一进行分析，找出所有潜在的失效模式，并分析其可能的后果，从而预先采取必要的措施，以提高产品的质量和可靠性、降低风险的一种系统化的活动。设计失效模式影响分析（DFMEA），主要应用于产品的设计。过程失效模式影响分析（PFMEA），主要应用于过程的设计。

DFMEA 通过以下几方面降低风险支持设计过程：①有助于对设计（包括功能要求和设计方案在内）进行客观评价；②对制造、装配、服务等要求的最初设计进行评价；③在设计开发过程中，考虑潜在失效模式及其对产品影响的可能性；④为全面、有效的设计、开发和项目确认的策划提供更多信息；⑤根据潜在失效模式对“顾客”的影响分级列表，进而建立一套设计改进、开发和验证试验 / 分析的优先系统；⑥为建议和跟踪降低风险的措施提供一个公开的讨论形式；⑦为将来阐述售后市场关切情况、评价设计更改及开发先进设计提供参考（如学到的经验）。

DFMEA 是一份动态的文件，应：a. 在设计概念定案前开始；b. 在更改发生时或在产品开发阶段获得补充信息时进行更新；c. 在生产设计放行前完成；d. 成为以后重新设计的经验来源。

4.2.1.1 潜在失效后果的严重度

潜在失效后果的严重度是指某个失效模式造成某种后果的严重程度，简称严重度，用 S 表示，以 1 ～ 10 的分值表示严重程度，分值越大说明造成的后果越严重；反之，分值越小，影响也越小，其后果、判定标准和对应严重度分值如表 4-7 所示。

表4-7 潜在失效后果的严重度后果、判定标准和严重度分值表

后果	判定标准	严重度分值
无警告的严重危害	可能危害机器或装配操作者或终端用户；潜在失效模式严重影响电池安全和 / 或包含不符合政府法规项；严重度很高，失效发生时无警告	10
有警告的严重危害	可能危害机器或装配操作者；潜在失效模式严重影响电池安全和 / 或包含不符合政府法规项；严重度很高，失效发生时有警告	9
很高	生产线严重破坏，可能 100% 的产品得报废，电池 / 系统无法运行，丧失基本功能，顾客非常不满	8
高	生产线破坏不严重，产品需筛选部分（低于 100%）报废，电池能运行，但性能下降，顾客不满意	7
中等	生产线破坏不严重，部分（低于 100%）产品报废（不筛选），电池 / 系统能运行，但舒适性或方便性项目失效，顾客感觉不舒适	6
低	生产线破坏不严重，产品需要 100% 返工，电池或系统能运行，但有些舒适性或方便性项目性能顾客有些不满意	5
很低	生产线破坏不严重，产品经筛选，部分（少于 100%）需要返工，装配和外观或其他缺陷等项目不符合要求，多数顾客发现有缺陷	4
轻微	生产线破坏较轻，部分（少于 100%）需要在生产线上其他工位返工装配和外观或其他缺陷等项目不符合要求，有一半顾客发现有缺陷	3
很轻微	生产线破坏轻微，部分（少于 100%）需要在生产线上原工位返工装配和外观或其他缺陷等项目不符合要求，很少顾客发现有缺陷	2
无	没有影响	1

4.2.1.2 潜在失效起因发生的频度

潜在失效起因发生的频度是指某个失效原因发生的可能性大小，即频度，用 O 表示，1 ～ 10 的分值表示发生频度，分值越大说明发生的可能性越高；反之，分值越小，发生的可能性越低，其可能性、失效率及对应的频度分值如表 4-8 所示。

表4-8 潜在失效起因发生的可能性、失效率及对应的频度分值

失效原因发生的可能性	可能的失效率	C_{PK}	频度分值
很高：失效几乎是不可避免的	⩾1/2	<0.33	10
	1/3	⩾0.33	9
高：一般与以前经常发生失效的过程相似的过程有关	1/8	⩾0.51	8
	1/20	⩾0.67	7
中等：一般与以前时有失效发生，但不占主要比例的过程相似的过程有关	1/80	⩾0.83	6
	1/400	⩾1.00	5
	1/2000	⩾1.17	4

续表

失效原因发生的可能性	可能的失效率	C_{PK}	频度分值
低：很少几次与相似过程有关的失效	1/15000	≥1.33	3
很低：很少几次与几乎完全相同的过程有关的失效	1/150000	≥1.50	2
极低：失效不大可能发生，几乎完全相同的过程也未有过失效	≤1/1500000	≥1.67	1

4.2.1.3 现行控制方法的探测度

现行控制方法的探测度是对某个潜在的失效原因能够识别或控制的难易程度，简称探测度，用 D 表示。1 ～ 10 的分值表示可探测性，分值越大说明越难以探测或越不可能被探测到，反之，分值越小，越容易探测或越有可能被探测到，其探测性、评估标准及对应的探测度分值如表 4-9 所示。

表4-9 现行控制方法的探测性、评估标准及对应的探测度分值

探测性	评估准则：在下一个或后续过程前，或零部件离开制造或装配工位之前，利用过程控制方法找出缺陷存在的可能性	探测度分值
几乎不可能	没有已知的控制方法能找出失效模式	10
很微小	现行控制方法找出失效模式的可能性很微小	9
微小	现行控制方法找出失效模式的可能性微小	8
很小	现行控制方法找出失效模式的可能性很小	7
小	现行控制方法找出失效模式的可能性小	6
中等	现行控制方法找出失效模式的可能中等	5
中上	现行控制方法找出失效模式的可能中等偏上	4
高	现行控制方法找出失效模式的可能高	3
很高	现行控制方法找出失效模式的可能很高	2
几乎肯定	现行控制方法几乎肯定能找出失效模式，已知相似过程的可靠的探测控制方法	1

4.2.1.4 风险系数

风险系数是指针对某个失效模式后果的严重度、起因发生的频度及控制方法的可探测性的综合评价值，用 RPN 表示，其公式参见本书 3.1.1.8。RPN 越大，说明此失效模式的综合影响越大，则需要对此模式在现有基础上进行改善预防，以防范产品给企业或用户带来损失的风险。

4.2.1.5 DFMEA的制作

产品设计时需要同步制作 DFMEA，制作 DFMEA 的大致步骤如下：①列出 VOC 中的产品参数或要求；②列出此参数失效的模式；③列出失效可能造成的后果；④给出后果的严重度分值；⑤列出失效可能的起因；⑥给出失效原因发生的频度分值；⑦列出对失效原因的现有控制方法；⑧给出现有方法的探测度分值；⑨计算出 RPN 值；⑩ 对 RPN 值高的失效模式给出改善措施建议和责任人以及完成日期；⑪ 改善措施执行后再进行严重度、频度、探测度的评估，直

到 RPN 降到可接受的分值。

DFMEA 格式如表 4-10 所示。

表4-10 DFMEA格式

DFMEA															
产品型号												版本			
核心成员									编号：			页次			
设计描述及功能	潜在失效模式	潜在失效后果	严重度*S*	潜在失效起因/机理	频度*O*	现行设计控制	探测度*D*	RPN	建议改善措施	责任人及完成日期	矫正结果				
											采取的矫正行动	严重度*S*	频度*O*	探测度*D*	RPN
……															

4.2.2 试验设计（Design of Experiment，DOE）

试验设计是研究正确设计试验方案和分析试验数据的理论和方法，通过改变过程的输入因素，观察其输出相应的变化，从而获取关于这个过程的知识，确定各个输入因素的重要性以及各输入因素如何影响输出响应，并如何实现最优化过程的目的。

与著名的统计过程控制（SPC）在线控制分析相比，试验设计作为一种主动性工具强调的是线外质量预防，改善过程贯穿设计到制造的全过程。设计阶段就设计出合理的工程参数，追求质量及资源的极致，从根本上消除或减少变异，最大限度地满足客户的要求。也就应了“质量是设计出来的”这个发展历程。

试验设计的意义：在验证过程中对产品质量、工艺参数进行量化分析，寻找、优化、控制关键因素。根据实际需求设计试验步骤，以小的投入换取大的利益，使产品质量得到提升，工艺流程得到优化。

4.2.2.1 基础术语

因子：试验时影响试验结果的主要参数称为自变量，如压力、温度等，通常用“*X*”表示。

响应：试验输出的结果，即因变量，通常用“*Y*”表示。

水平：各因子所选定的试验数值，如因素“温度”选择 100℃、110℃、120℃、130℃等不同温度的“高低水平”进行试验。

编码：用简单的符号或数字来表示因子水平的方法。通常把计量型因子的高水平设定为“+1”，低水平设定为“-1”，中心水平设定为“0”。使用编码简化水平表达，便于分析解释。

望目特性：此特性具有特定的目标值（越接近目标值越好），例如电芯厚度、极耳中心距等。

望小特性：目标的极端值越小越好，例如磨耗、收缩、劣化、杂音水准等。

望大特性：目标值为无限大（值越大越好），例如强度、寿命、燃料效率等。

线性回归分析：回归分析通常是以合理的抽样计划收集历史数据来发现 X 与 Y 之间的关系，试验设计中所说的线性回归分析指的是在回归方程中，除了可以包含单个自变量的一次项外，还允许包含有两个或多个自变量的乘积项，如 $X_1 \times X_2$，$X_1 \times X_2 \times X_3$ 等，不是数学概念中的线性。

残差：观测值（y）与其相应拟合值（$\hat{y}$）之间的差。

4.2.2.2 试验设计的策略与计划

（1）试验设计的基本思路

根据试验目的策划的试验设计主要分为两大类：析因设计和回归设计。析因设计目的是确定在相当多的自变量中，哪些自变量 X 并不显著地影响 Y（也称为响应变量），应予以删除；哪些自变量 X 显著地影响 Y，应予以保留。我们称其目的为“因子筛选设计”。由于这种试验的目的是针对因子的，因此属于“析因设计”或称“因子设计”。析因设计又分为完全析因设计和部分析因设计。完全析因设计是在因子≤ 5 的情况下，全部因子的所有水平的所有组合都至少进行一次试验；完全析因设计优点是可以估计出所有主效应和所有各阶交互效应。部分析因设计是在因子＞ 5 的情况下，只需分析各因子主效应和二阶交互效应是否显著而并不需要考虑三阶等以上的高阶交互效应时使用；部分析因设计优点是可以减少试验次数，分析重点效应。回归设计在术语定义中已经讲过，这里不再赘述。

试验设计的基本思路：首先在开始阶段使用部分因子试验设计进行因子筛选，选出显著因子；然后使用全因子试验设计对因子效应和交互效应进行全面分析，对少数关键因子进行优化，验证试验结果，求得统计上的支持；最后用响应曲面方法确定回归关系，并求出最优设置，运用到实际生产中。

（2）如何选择因子、水平与试验条件

① 因子的选择——可以使用头脑风暴、流程图、FMEA、QFD、因果分析等方法识别和选择影响试验结果的因子。因子选择时应遵守宁多勿漏的原则，即识别出所有可能影响结果的因子。

选择好因子后，需要按照因子是否可控对其分类。我们假定 X_1，X_2，…，X_k 是人们在试验中可以控制的因子（称为可控因子），它们是输入变量，会影响过程最终结果。影响过程结果的变量除了这些可控的因子外，还包含一些可以记录但不能被控制的非可控因子 n_1，n_2，…，n_m。我们也把这些非可控因子称为噪声因子，常把它们当作误差来处理。例如机器的老化、电压的波动、客户的使用方式等。过程或系统的一般模型如图 4-3 所示。

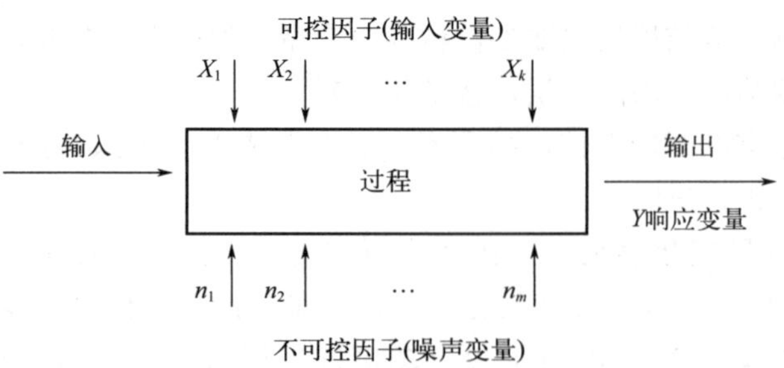

图 4-3 过程或系统的一般模型

② 水平及处理——为了研究因子对结果的影响，需要用到因子的两个或更多个不同的取值，这些取值称为因子的水平或设置。进行水平设置，一般需要考虑设备可运行的范围、因子的交互效应、水平足够分散、资源限制等因素。实践证明，在析因设计中使用二水平试验，再加若干中心点的设计方法最简单有效，因此日常操作中首先推荐二水平的试验设计。

各因子选定了各自的水平后，其组合被称为“处理”。“一个处理”的含义是按照设定因子水平的组合就能进行一次试验，可以获得一次响应变量的观测值，因此“处理”也可以称为“一次试验”，也称“一次运行”。处理需要特别注意两点：①水平组合应该是可行的、安全的、业务上允许的，并且尽量避免缺失数据点；②了解哪些水平组合会产生交互效应，而这些交互效应在物理上是不允许的。

③ 试验单元与试验环境——指对象、材料或制品等载体，“处理”（即试验）应用的最小单位称为试验单元。例如，按照温度、压力、速度某一组合水平的工艺条件生产出的一批卷材，按照某套治疗方案接受治疗的一个病人等。

已知和未知的方式影响试验结果的周围条件，被称为试验环境。这里通常包括温度、湿度、电压、大气压等。

（3）试验设计的三个基本原则：重复、随机化与区组

① 重复试验——重复试验是指一个处理施加于多个试验单元。这些单元是在统计推断一个处理形成的总体的代表，它可以帮助人们估计试验误差的大小。通常显著性检验都是将不同处理间形成的差别与随机误差相比较，只有当处理间的差别比随机误差显著大时，才能确认“处理间的差别是显著的”。没有随机误差就无法进行任何统计推断，因此在试验设计中安排重复试验是必不可少的。需要注意的是一定要进行不同单元的重复，而不能仅进行同单元的重复。换言之，一定要重新做试验即重复试验，而不能仅重复观测或重复取样。以同单元重复得到的差异来估计随机误差将会降低试验误差，所得的结论是不可信的。在试验中一定要包含真正的重复。

② 随机化——随机化的含义是以完全随机的方式安排各次试验的顺序或试验单元，这样做的目的是防止未知的但却可能会对响应变量产生某种系统的影响出现。

表 4-11 为随机化试验安排。假如在同一天内进行的 4 次试验顺序按照表中所列顺序进行，如果当天的试验前两次是在 B 因子低水平下进行的，后两次试验是在 B 因子高水平下进行的。但是，房间温度上午较低，下午较高，究竟是因子 B 的作用还是房间温度的作用，是很难分辨的。如果将这 4 次试验顺序完全打乱，就不会再出现上述问题了。随机化并没有减少试验误差本身，但随机化可以防止未知的却可能会对响应变量产生某种系统的影响出现。

表4-11　随机化试验安排

试验时间	试验顺序	A	B	房间温度/℃
上午9：00	1	−1	−1	15
上午10：00	2	1	−1	16
下午13：00	3	−1	1	22
下午14：00	4	1	1	24

③ 划分区组——各试验单元间难免会有某些差异，如果能按某种方式把它们分成组，而每组内可以保证差异较小，即具有同质齐性，则可以在很大程度上消除由于较大试验误差带来的

分析上的不利影响。一组同质齐性的试验单元称为一个区组，将全部试验单元划分为若干区组的方法称为分区组或区组化。

通过在同一个区组内比较处理间的差异，就可以使区组效应在各处理效应的比较中得以消除，从而使对整个试验的分析更有效。例如，假定因子在上午、下午时段差异不大，则可以不考虑安排区组；如果上午、下午差异较大，那就将上午、下午分作两个区组来安排试验。这时在分析中就可以去除掉上午、下午间差异的影响，或尽可能把试验全都安排在上午（或下午）进行。如果分区组有效，则在分析时，可以将区组与区组间的差异分离出来，这样就能大大减少可能存在的未知变量的系统影响，这就是分区组的好处。

当然，在区组内依然应该用随机化的方法进行试验顺序及试验单元分配的安排。什么时候用分区组，什么时候用随机化呢？在试验的设计中应遵照下列原则：能划分区组者则划分区组，不能划分区组者则随机化。

（4）主效应与交互效应

对单个因子而言，从一个水平到另一个水平的变化对输出的平均影响，即从一个水平到另一个水平引起了响应的变化，就存在一个主效应。例如电动汽车运行过程中，高电流能使电动车获得更大的加速度，因此可以说电流是汽车加速度的一个主效应。

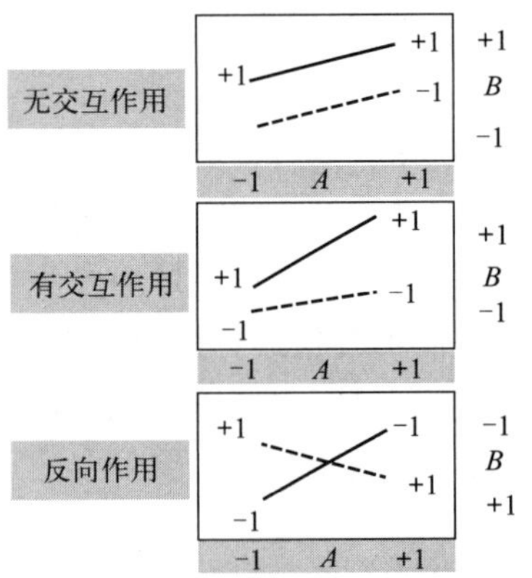

图 4-4　两因子交互作用示意图

交互效应是指一个因子 A 对 Y（响应）的影响，依赖于因子 B 所处的水平，则称 A 与 B 有交互作用。在多因子试验中，各因子不仅各自独立起作用，而且各因子还经常联合起作用。也就是说，不仅各因子的水平改变时对试验指标有影响，而且各因子的联合搭配对试验指标也有影响。后一种影响就叫作因子的交互作用。因子 A 和因子 B 的交互作用记为 $A \times B$。两因子试验中，两个因子之间作用分为无交互作用、有交互作用和反向作用三种状况（见图 4-4）。

4.2.2.3　常见的DOE试验类型

前面介绍了析因设计（分为完全析因设计和部分析因设计）和回归设计，这两类设计有相通之处，一方面筛选因子的方法是先建立一个 Y 与 X 的简单线性回归方程，然后根据各项系数的显著性来筛选。另一方面，建立了回归方程，特别是建立了含平方项的响应曲面方程后，可以在方程中判断是否存在效应不显著的因子，然后删除它们，达到筛选因子的目的。

有时，现有的生产条件已经基本满足要求，但如果希望获得更好的结果，这时可以在原有生产条件的基础上，稍加调整来寻求解决方案，这就是“参数调优”。

另一类重要的试验目的是寻求系统的稳健性。所谓稳健性，是指系统的抗干扰能力要强，即当系统受到难以控制因子（或称噪声）的严重影响时，系统输出的变异性要足够小。为达到此目的，尽量选择使得系统对噪声变化不敏感的控制因子的组合。这就是稳健设计，通常也称为田口参数设计方法。可以参阅有关田口设计的书籍。

如果讨论的是配方问题，如在橡胶、造纸、药品生产等行业中，研究的是在整个产品中各个分量所占的比率问题，显然，这些比例的总和应该为 100%。研究这类问题的试验称之为“混料设计”。具体请参阅有关混料设计的书籍。

以上试验设计的种类、目的、作用汇总如表 4-12 所示。

表4-12　常见的试验设计种类、目的、作用

DOE种类	适用因子数	主要目的	作用
因子筛选设计	≥5个	选别重要因子	区分主效应
部分析因设计	4～10个	选别重要因子	主效应和部分交互效应
全部析因设计	1～5个	因子X与Y的关系	所有主效应和交互效应
混料设计	2～10个	组分与Y的关系	组分/工艺条件的优化
田口设计	2～13个	寻找因子的最佳条件组合	设计或工序参数优化
响应曲面设计	2～3个	设定因子的最佳条件	响应变量的预测模型

综上所述，根据试验目的不同，选择不同的试验类型。但不同试验的步骤是基本相似的，下面介绍试验设计六步法。

4.2.2.4　试验设计六步法

试验设计六步法如图 4-5 所示。

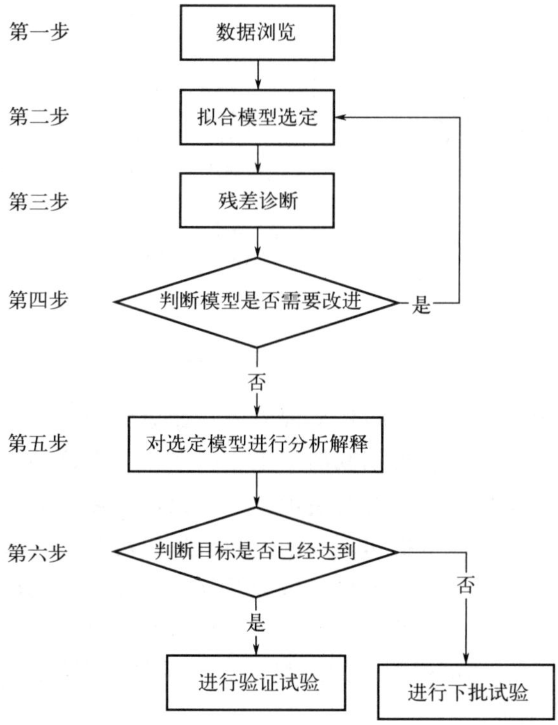

图 4-5　试验设计六步法

（1）数据浏览

数据浏览是指浏览数据的基本情况，观察是否有异常数据存在，是否是数据传输过程中或手工输入的错误。通过散点图来观察响应随试验顺序的变化趋势。通常通过观察安排在三四个

中心点的响应值是否大致相同来判定是否有异常数据。

（2）拟合模型选定

第二步拟合模型主要任务是根据整个试验目的选定一个数学模型。由于三阶及三阶以上的交互作用通常都可以忽略不计，因此，在析因设计中首选的模型是包含了全部因子的主效应及全部因子的二阶交互作用的模型。在经过仔细分析后，如果可以断定某些主效应及某些因子的二阶交互作用是不显著的，则在下次选定模型时，只保留那些效应显著的项。

应用假设检验方法，借助计算软件（通常 MINITAB）对试验数据的运算结果进行分析，分析内容如下。

① 观察方差分析（ANOVA）表中的总效果——如果对应回归项 $p < 0.05$（如图 4-6 所示），则表明选择的模型总体是有效的；如果对应回归项 $p > 0.05$，则可以判定选择的模型总体是无效的。一般模型无效的原因包括试验误差太大、试验设计中漏掉了重要因子模型本身存在的问题。

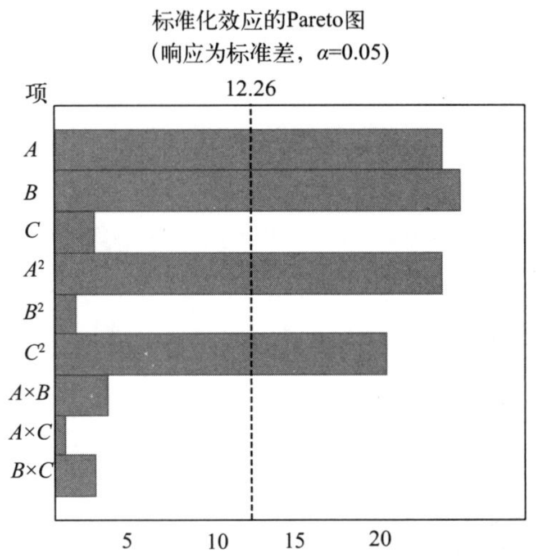

变异来源	总方差	自由度	均方差	F值	P值
模型	0.041	9	0.004	12.26	0.0016
A	0.009	1	0.009	24.54	0.0014
B	0.009	1	0.009	26.02	0.0016
C	0.0009	1	0.0009	2.51	0.1572
A^2	0.009	1	0.009	24.57	0.0016
B^2	0.0004	1	0.0004	1.11	0.3263
C^2	0.0076	1	0.0076	20.76	0.0026
$A\times B$	0.001	1	0.001	3.23	0.1154
$A\times C$	0.004	1	0.0002	0.69	0.4321
$B\times C$	0.001	1	0.001	2.95	0.1293
残差	0.004	7	6.29×10^{-4}	—	—
失拟	0.001	3	3.60×10^{-4}	0.43	0.742
弯曲项	0.009	3	5.40×10^{-4}	0.5	0.654
净残差	0.003	4	8.32×10^{-4}	—	—

注:R^2=0.9288

图 4-6　试验设计方差运行结果分析

② 观察方差分析（ANOVA）表中的失拟现象——如果失拟项的 $p > 0.05$（图 4-6），则可以判定模型没有失拟现象；反之，就说明漏掉了重要因子项，应该补上。

③ 观察方差分析（ANOVA）表中的弯曲项——如果弯曲项的 $p > 0.05$（图 4-6），则表明模型没有弯曲现象；反之，就说明数据呈现弯曲，而模型中没有平方项，应该补上。

④ 拟合总效果多元全相系数 R^2 及调整多元全相关系数 R^2_{adj}——R^2 和 R^2_{adj} 越接近于 1 越好，R 与 R_{adj} 的接近程度可以判定两个模型的优劣。通常比较包含所有自变量的有关项的全模型与删去所有影响不显著的项后的缩减模型，如果将影响不显著的项删除后，二者更接近，则说明删去的项确实使模型得到改进。

⑤ 对于 s 值或均方误差的分析——考虑到所有的观测值与理论模型之间可以有误差，但总是假定，这个误差应该是以 0 为均值，以 σ^2 为方差的正态分布。在 ANOVA 表中，平均离差平方和的数值恰好是 σ^2 的无偏估计量，将其记为均方误差（MSE），有些软件会将其平方根 s 一并输出。s 或 MSE 越小说明模型越好。

⑥ 各项效应的显著性——在计算结果中，给出了各项的效应、回归系数的估计值及检验结

果。对各项进行分别检验，识别哪些项目是显著的，哪些项目是不显著的，将来修改模型时，应该将不显著的项删除。这里要注意的是：如果一个高阶项是显著的，则此高阶项所包含的低阶项也必须包含在模型中。例如，二阶交互作用 $B\times C$ 显著，则 B 及 C 这两个主效应项也一定要包含在模型中，即使表面上看，这两个主效应项本身并不显著。

经过以上各项的分析，完成对数据的初步分析，即第二步拟合设定模型的任务，如图 4-6 所示。

（3）残差诊断

第三步是进行残差诊断。主要目的是基于残差的状况来诊断模型是否合适。单纯从 ANOVA 表及回归系数的估计与检验两方面结果来分析整个结果是远远不够的。为了弥补第二步所得结果的不足，要进行残差诊断。残差是观测道德响应变量数据与代入到回归模型后的预测值之差，这个差值服从正态分布。残差诊断通常使用软件计算输出的图形来进行。

① 观察残差对于以观测值顺序为横轴的散点图时，重点考察此散点图中各点是否随机在水平轴上下无规则波动。

② 观察残差对于以响应变量拟合预测值为横轴的散点图时，重点考察此散点图中是否有漏斗形或喇叭形分布。如有，则需要对响应变量 Y 做某种变换后才会与模型拟合更好，例如取 $y^{*}=\sqrt{y}$、y^2、$\frac{1}{y}$、$\ln y$ 等作为新响应变量。

③ 观察残差的正态性检验图，判断残差是否服从正态分布。

④ 观察残差对于以各自变量为横轴的散点图时，重点考察此散点图中是否有弯曲趋势，即出现 U 形或反 U 形，这说明对该自变量 X 仅取线性项已经不够了，增加 X 的平方项或立方项将会使模型拟合得更好。

图 4-7 试验设计残差结果分析图中，残差正态分布，且随机分布在水平轴两边，散点图无特殊的 U 形和反 U 形，则诊断得出模型是合适可行的。

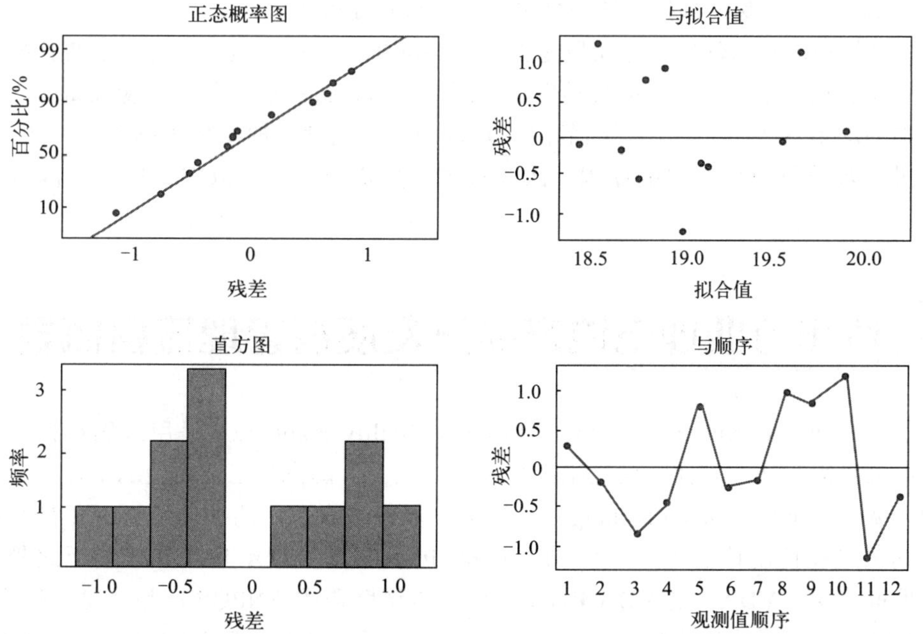

图 4-7 试验设计残差结果分析图

（4）判断模型是否需要改进

考虑采取措施的主要依据是基于数据计算及残差诊断两方面的结果。如果残差诊断的四个图都正常，则说明模型是正常的。因此，如果残差诊断提示要对响应变量Y做某种变换后才行，或要增加X的平方项或立方项才会使模型拟合更好，那就一定要修改模型。另外，基于各项效应及回归系数计算的显著性分析中可以发现，有些主效应项或交互效应项并不显著，这些项应该从模型中删除，模型要重新拟合。总之，只要发现模型需要修改时，就要返回第二步，重新建立模型，再重复前面所有步骤。

（5）对选定模型进行分析解释

经过二至四步的多次反复，可以获得一个最满意的方程，将它定为选定的模型。DOE 分析六步法里所说的第五步是对选定的模型进行分析解释，主要是在拟合选定模型后输出更多的图形和信息，并做出有意义的解释。主要有下列三方面。

① 输出各因子的主效应和交互效应图。使用 MINITAB 软件可以得到它们。从主效应图、交互效应图的图形上进一步确认选中的主因子和交互作用项是否真的很显著，以及未选中的主因子和交互作用项是否真的不显著，从而更具体、更直观地确认选定模型。

② 输出等高线、响应曲面图等。从等高线图、响应曲面图上进一步确认，响应变量是如何受所选中的主因子和交互作用项影响的，其变化规律如何。如果目标是望大，那么自变量在什么设置时，将会达到响应变量最大。我们要从直观上看到整个试验范围内最佳值的位置。

③ 实现最优化。按照具体问题的望大、望小或望目，在数值上求出在整个试验范围内的最佳值。计算机提供的响应优化器是个功能强大的工具，它可以自动给出最优设置。

（6）判断目标是否已经达到

第六步判断目标是否已经达到主要是将预计的最佳值与原试验目标相比较。如果离目标尚远，则应考虑安排新一轮试验，通常是在本次获得的或预计的最佳点附近，重新选定试验的各因子及其水平，继续做析因设计 DOE 或回归设计，以获得更好的结果。如果已基本达到目标，只要做验证试验，以确保将来按最佳条件生产能获得预期效果。

根据试验数据建立的任何统计模型是否符合实际规律，在未验证前都是没有把握的。通常的做法是先算出在最佳点的预测值及其变动范围，然后在最佳点做若干次验证试验，如果验证试验的结果平均值落入事先计算好的范围，则说明一切正常，模型是正确的，预测结果可信；否则就要进一步分析发生错误的原因，改进模型，再重新验证，以求得符合实际数据的统计模型。

4.3 汽车行业锂电池产品开发质量管理流程概要

产品质量先期策划 APQP（Advanced Product Quality Planning）是用来确定和制定确保产品使顾客满意所需步骤的一种结构化和系统化的方法。美国汽车工业联盟 AIAG 在福特汽车公司的 AQP（Advanced Quality Planning）基础上，参考各汽车厂的特色和要求，撰写编制了产品质量先期策划和控制计划（APQP and Control Plan）；除 APQP 应用比较广泛之外，还有德国汽车工业联合会（VDA）的 VDA-RGA 和日产雷诺联盟的 ANPQP 产品质量先期策划流程。APQP 促进项目组与所涉及的每一个人联系，以确保所要求的步骤能按时完成，并引导资源、预防缺陷、降低成本、持续不断地改进，以最低成本及时提供优质产品，使顾客满意。APQP

五大阶段概要如图 4-8 所示，分为项目策划、产品开发 / 设计、过程开发 / 设计、产品 / 过程确认和量产。

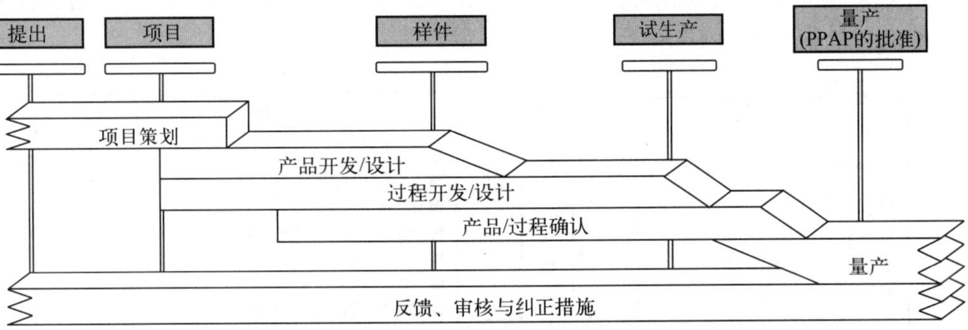

图 4-8　汽车行业锂电池产品开发质量管理流程

4.3.1　项目策划阶段

本阶段描述了怎样确定顾客的需求和期望，以计划和规定质量项目，所有工作需以顾客需求为核心，以提供比竞争者更好的产品和服务。产品质量策划过程的早期阶段就要确保对顾客的需求和期望深入了解。

对于本阶段过程的输入和输出，组织可以根据产品过程和顾客的需求和期望而变化。图 4-9 是项目策划阶段的主要输入和输出。

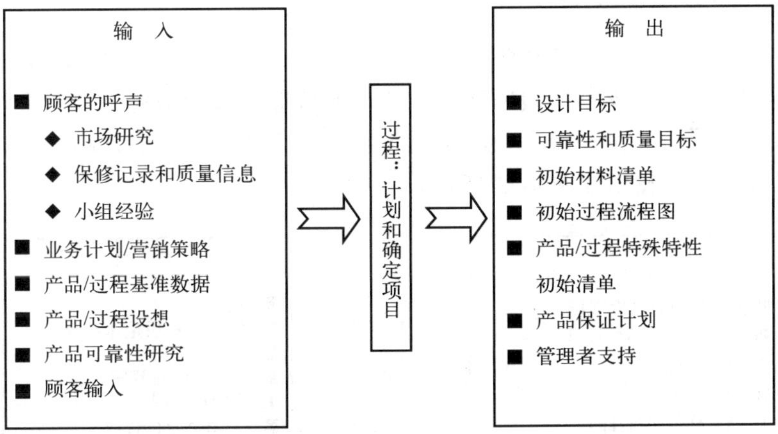

图 4-9　项目策划阶段的主要输入和输出

4.3.2　产品开发 / 设计阶段

产品开发 / 设计阶段讨论的是策划过程中设计特征和特性发展到接近最终形式时的要素。即使在设计由客户进行或部分由客户进行的情况下，产品质量策划小组也应考虑策划过程中的所有设计要素，包括从样件制造到验证产品和有关服务满足顾客呼声目标的所有环节。

一个可行的设计应能满足生产量、工期和工程要求，同时满足质量、可靠性、成本和进度目标等。尽管可行性研究和控制计划主要是基于技术图样和规范要求，但从本阶段的质量活动中也能获取有价值的信息，以进一步确定和优先考虑可能需要特殊产品和过程控制的特性。本阶段中产品质量策划过程用来保证对工程要求和其他有关技术信息的全面和严格的评审。本阶段的主要输入和输出如图 4-10 所示。

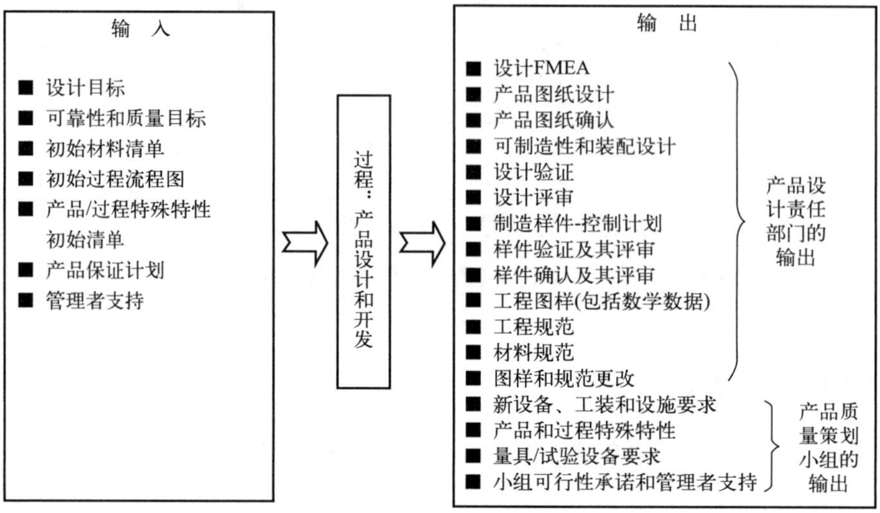

图 4-10　产品开发 / 设计阶段的主要输入和输出

4.3.3 过程开发 / 设计阶段

过程开发 / 设计阶段讨论为获得高质量产品开发一个制造系统和与其相关的控制计划。在产品质量先期策划过程中，这一阶段所要完成的任务依赖于成功地完成前两个阶段的任务。这一阶段的任务是为了保证开发一个高效的制造系统，这个系统旨在满足顾客的要求、需要和期望。本阶段的主要输入、输出如图 4-11 所示。

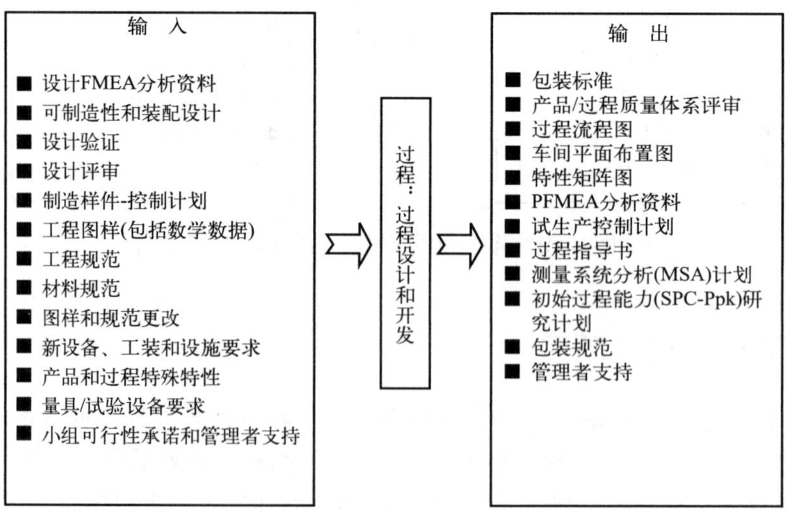

图 4-11　过程开发 / 设计阶段的主要输入和输出

4.3.4 产品/过程确认阶段

产品 / 过程确认阶段的主要任务是通过有效生产运行的评价来确认制造过程的有效性。产品质量策划小组应确认是否遵循控制计划和过程流程图，产品是否满足顾客的要求，过程制造问题应受到调查分析并得到解决。本阶段的主要输入和输出如图 4-12 所示。

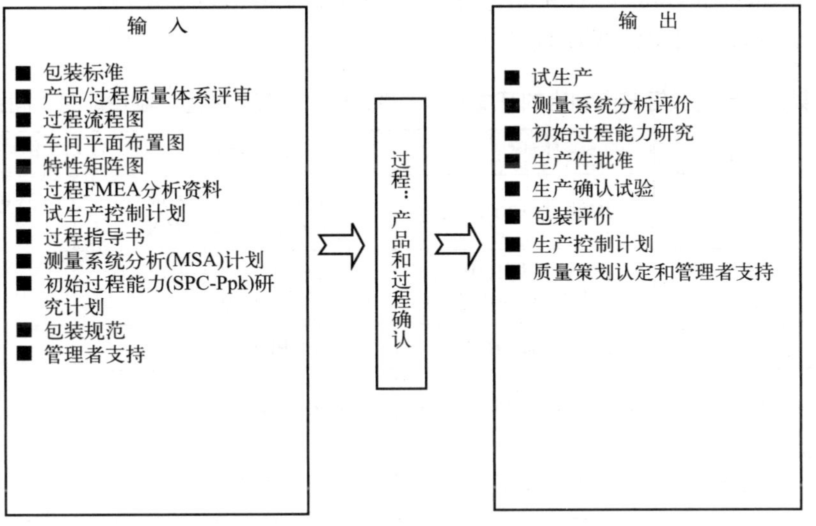

图 4–12　产品 / 过程确认阶段的主要输入和输出

4.3.5 量产阶段

产品质量策划不随过程确认和就绪而终止。量产阶段，生产控制计划是评价产品和服务的基础。量产阶段应对计量型和计数型数据进行评价，应采用统计过程控制（SPC）进行过程质量管理。组织有义务使所有特性满足顾客的要求。特殊特性应符合顾客规定的指标。本阶段的主要输入和输出如图 4-13 所示。

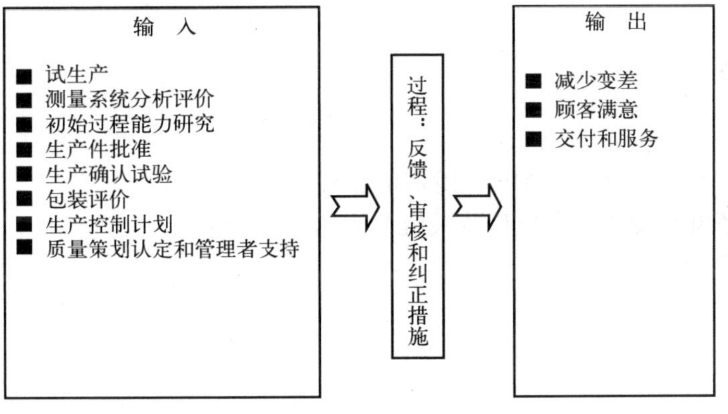

图 4–13　量产阶段的主要输入和输出

4.3.6 APQP阶段管理

APQP每个阶段开始前，项目组均需要从产品开发能力、供方原材料开发能力、制造能力、问题管理4个维度制定阶段目标。阶段完成时，收集整理以上信息，汇总形成阶段总结报告。由项目经理组织项目组成员及职能部门领导参加评审，决策能否进入下一阶段活动——阶段评审（门径评审，Gate Review）。表4-13是某公司电池各关键节点制定的开发能力、供方原材料开发能力、制造能力、问题管理方面的目标。

表4-13　某公司电池关键节点制定的开发能力、供方原材料开发能力、制造能力、问题管理目标

编号	类别	内容	B样件节点	C样件节点	PPAP阶段
1	产品开发能力	DV&PV	DV测试≥90%完成	DV测试100%完成 PV测试≥90%完成	DV&PV测试100%完成
2		特殊特性传递率	产品特殊特性100%传递至供应链+内部文件	内部过程特性识别完成率100%	
3	供方原材料开发能力	零件开发	零件OTS100%完成	零件PPAP100%完成	
4		初始过程能力	*S&R*≥1.67，其他≥1.33	*S&R*≥2.0，其他≥1.67	*S&R*≥2.0，其他≥1.67
5		来料批次合格率	≥80%或按客户要求	≥97%或按客户要求	≥97%或按客户要求
6		质量问题管理	问题关闭率≥80%	问题关闭率≥90%	问题关闭率达100%
7	制造能力	初始过程能力	*S&R*≥1.67，其他≥1.33	*S&R*≥2.0，其他≥1.67	*S&R*≥2.0，其他≥1.67
8		一次良率	合格率≥70%或按客户要求	合格率≥85%或按客户要求	合格率≥90%或按客户要求
9		产能/节拍	NA	70%达标客户要求	100%达标客户要求
10	问题管理	项目质量问题管理	产品设计问题90%关闭	产品设计问题100%关闭 过程设计问题80%关闭	产品及过程设计问题100%关闭
项目阶段质量目标达成作为跨阶段必需条件					

练习与思考

1．简述EVT、DVT、PVT、MP各阶段的主要目的和特点。

2．简述锂离子电池设计开发流程及关键节点的输入和输出。

第 5 章

供应商质量管理

随着新能源电池企业质量管理的不断变革，由单一公司的质量管理面向全集团（含供应商）质量管理的转变，供应商质量已成为全集团公司质量中的重要模块，完善的质量管理体系是保证产品质量的基础，只有加强供应商质量体系、过程、产品质量的管理，才能为企业内部质量提供根本的保障。如何加强对供应商的质量管控，建立互利共赢的合作关系，已经成为企业亟待解决的问题。

5.1 供应商开发的基本原则

供应商开发的基本准则是“Q.C.D.S”原则，即质量、成本、交付与服务并重的原则。在这四者中，质量因素是最重要的。首先要确认供应商是否建立了一套稳定有效的质量保障体系，然后确认供应商是否具有生产所需特定产品的设备和工艺能力。其次是成本与价格，要运用价值工程的方法对所涉及的产品进行成本分析，并通过双赢的价格谈判实现成本优化。在交付方面，要确定供应商是否拥有足够的生产能力，人力资源是否充足，有没有扩大产能的潜力。最后，也非常重要的是供应商的售前、售后服务记录。具体原则如下。

① 全面、具体、客观原则——建立一个全面的供应商综合评价指标体系，对供应商做出全面、具体、客观的评价。综合考虑供应商的业绩、设备管理、人力资源开发、质量控制、成本控制、技术开发、用户满意度、交货协议等可能影响供应链合作关系的因素。

② 系统全面性原则——全面系统评价体系的建立和使用。

③ 简明科学性原则——供应商评价和选择步骤、选择过程透明化、制度化和科学化。

④ 稳定可比性原则——评估体系应该稳定运作，标准统一，减少主观因素。

⑤ 灵活可操作性原则——不同行业、企业、产品需求，不同环境下的供应商评价应保持一定的灵活操作性。

⑥ 门当户对原则——供应商的规模和层次应与采购商相当。

⑦ 半数比例原则——关键物料购买数量不应超过供应商产能的 50%，避免选择全额供货的供应商。如果仅由一家供应商负责 100% 的供货和 100% 成本分摊，则采购商风险较大。一旦该供应商出现问题，按照“蝴蝶效应”，势必影响整个供应链的正常运行。不仅如此，采购商在对某些供应材料或产品有依赖性时，还要考虑地域风险。

⑧ 供应源数量控制原则——同类物料的供应商数量约 2 ～ 3 家，有主次供应商之分。这样可以降低管理成本和提高管理效果，保证供应的稳定性。

⑨ 供应链战略原则——与重要供应商发展供应链战略合作关系。

⑩ 学习更新原则——评估的指针、标杆对比的对象以及评估的工具与技术都需要不断地更新。

5.2 供应商开发管理

5.2.1 新供应商资质调查

① 企业采购根据供应商开发需求，通过展会、推荐、网络、同行交流等渠道对供应商咨询进行收集，寻找供应商资源，优先选择行业内 Top5 供应商。供应商资质基本要求参照关键物料供应商准入门槛（资质门槛主要从供应商是否为合法注册企业，注册资金、成立年限、知识产权、资产规模、财务状况、人员规模、行业经营、行业地位、主要客户群体、产品质量体系、环保产品管理体系、社会责任管理体系、双碳管理体系、信息安全管理体系等）是否满足企业要求。

② 采购应根据候选名单，组织供应商资料调查。a. 供应商需提供的基本资料：RMB 交易，最新的营业执照、税务登记证、组织机构代码证、开户许可证、一般纳税人认定通知书、开票资料等完整的一套复印件加盖公章资料；USD 交易，其他外币及海外供应商 RMB 交易的，需提交商业登记证、银行开票资料等完整的一套复印件加盖公章资料；b.《供应商调查表》设计内容及格式：适用于生产厂家同时也适用于代理商、经销商。采购员依据供应商性质，发出《供应商调查表》，要求供应商详细填写，并规定提交的期限。

③ 供应商提供资料后，由采购业务主管组织相关部门（建议是高工以上的成员参与），对备选供应商进行第一次的现场调查走访。国内关键主材供应商必须进行现场调查走访，海外供应商和一般材料供应商可根据实际情况进行调查。

④ 组织供应商评审——通过资料和现场调查的结果，由 SQE 组织相关部门进行评审，若评审通过则进入提出开发申请的步骤，评审不通过则继续寻找供应商资源。评审要求如下：a. 供应商提交资料的完整性；b.《供应商调查表》与现场走访调查结果的符合程度；c.《供应商调查表》与供应商资质基本要求匹配的结果（适用于关键材料）。

⑤ 提出开发申请——采购业务主管根据评审结果，发起《供应商开发申请表》审批流程，评审的要求如下：a. 采购业务主管负责填写《供应商开发申请表》的开发信息，包括开发的供应商名称、物料名称、型号、开发目的和原因等；b.SQE 按照采购业务主管提交的《供应商开发申请表》的开发信息，给出产品品质方面的要求；c. 先进技术部、电芯工序部、Pack 开发部按照采购业务主管提交的《供应商开发申请表》相关的开发信息，给出产品技术方面的要求。

⑥ 审批——a.《供应商开发申请表》评审通过后，提交给采购经理、品质副总审核，总经理审批；b. 如审批通过，则进行签订协议 /FAE 认证，若审批不通过，则重新寻找合适的供应商；c. 供应商开发申请审批通过后，由采购 /SQE 分别与供应商签订协议。

5.2.2 供应商体系的制程审核与物料认证

5.2.2.1 新供应商体系的制程审核

采购确认即将导入的新供应商的样品是否需要进行物料认证，若不需要则直接组织进行现场审核，现场审核包含供应商 QSA 质量体系审核及 QPA 制程审核（各企业对物料的要求不同，不限于 QSA 及 QPA 审核）；若需要则同时进行现场审核和物料认证。

（1）组织现场审核

现场审核模块一般包括：研发、HSF（有害物质管控）、采购、CSR（社会责任）、QSA（体系审核）、QPA（过程审核）。具体评分规则及注意事项如以下案例。

a. SQE 组织相关部门对即将导入的供应商进行现场审核，审核成员不能与走访调查的人员重复；

b. 审核工作依照《供应商现场评估表》执行，并输出相应的审核结果，原则上所有供应商都要组织现场审核；非现场审核的供应商，需完成《供应商口碑调查表》及《供应商质量事件诚信调查》，且结果合格后方可纳入合格供应商备选名单；

c. 如现场审核结果不通过，按照表 5-1 供应商评鉴检查表的审核结果进行处理。

表5-1 供应商评鉴检查表

<table>
<tr><td colspan="10">供应商评鉴检查表</td></tr>
<tr><td colspan="2">厂商名称</td><td colspan="3"></td><td colspan="3">联络人</td><td colspan="2"></td></tr>
<tr><td colspan="2">主要产品</td><td colspan="3"></td><td colspan="3">评鉴日期</td><td colspan="2"></td></tr>
<tr><td colspan="2">联络电话</td><td colspan="3"></td><td colspan="3">厂商确认</td><td colspan="2"></td></tr>
<tr><td colspan="2">厂商地址</td><td colspan="3"></td><td colspan="3">审核类型</td><td colspan="2">□初审　□复审</td></tr>
<tr><td colspan="10">评分标准</td></tr>
<tr><td>等级</td><td>综合得分</td><td colspan="6">说明</td><td colspan="2">判定</td></tr>
<tr><td>A</td><td>≥90</td><td>优秀</td><td colspan="5">所有规定均能符合要求，履行成绩超出所预定标准</td><td colspan="2">优秀</td></tr>
<tr><td>B</td><td>≥80，＜90</td><td>良好</td><td colspan="5">所有规定均能符合要求，履行成绩符合所预定标准</td><td colspan="2">良好</td></tr>
<tr><td>C</td><td>≥70，＜80</td><td>合格</td><td colspan="5">所有规定均能符合要求，履行成绩符合所预定标准，有时会低于需求指标</td><td colspan="2">合格</td></tr>
<tr><td>D</td><td>≥60，＜70</td><td>不合格</td><td colspan="5">所有规定基本能符合要求，履行成绩基本符合所预定标准，有些会低于需求指标</td><td colspan="2">限期整改，三月后复核评C级可导入</td></tr>
<tr><td>E</td><td>＜60</td><td>不合格</td><td colspan="5">履行成绩没有符合所预定标准，经常低于标准</td><td colspan="2">不合格，淘汰</td></tr>
<tr><td colspan="3">评分注意事项</td><td colspan="7">总分及单项均为 100 分制：研发、HSF、采购、CSR、QSA、QPA 各评鉴表的得分不得低于 70 分，各评鉴表中 CR 项不得失分，否则为审核不合格，一票否决。
研发管理 40% 权重（研发 30%+HSF10%）；采购管理 30% 权重；质量管理 30% 权重（QSA10%+QPA10%+CSR10%）。</td></tr>
<tr><td rowspan="4">评分标准</td><td>单位</td><td colspan="2">研发管理</td><td>采购管理</td><td colspan="3">供应商质量管理</td><td rowspan="2">总得分</td><td rowspan="2">结果判定</td></tr>
<tr><td>评鉴表</td><td>研发</td><td>HSF</td><td>采购</td><td>CSR</td><td>QSA</td><td>其他</td></tr>
<tr><td>结论</td><td>一票否决</td><td>一票否决</td><td>一票否决</td><td>一票否决</td><td>一票否决</td><td>一票否决</td><td rowspan="2"></td><td rowspan="2"></td></tr>
<tr><td>评分</td><td></td><td></td><td></td><td></td><td></td><td></td></tr>
</table>

（2）资格评审

a. 完成现场审核、物料认证以及签订协议后，SQE 启动供应商资格评审，SQE 和 ATD（先进技术开发部）/PPD（Pack 开发部）/CPE（电芯工序部）工程师分别提供评审意见。由 SQE、先进技术开发部、电芯工序部、Pack 开发部会签《供应商资格评审表》并由采购经理确认，品质副总进行审核。

b. 会签完成后的《供应商资格评审表》需要上报总经理进行最终审批。如审批不通过，根据实际情况选择重新开发新供应商或者结束供应商开发流程。

（3）列出合格供应商

a. SQE 根据审批生效的《供应商资格评审表》，更新《合格供应商清单》（AVL）。对于无法签署协议而必须使用的供应商，由 SQE 通过内部联络单申请成为特殊合格供应商并更新至 AVL《合格供应商清单》中。内部联络单需提交至总经理级别审批。如果为贸易商，须在清单中备注。

b. 已经加入 AVL 的供应商提供的物料，如需导入量产使用，按“新材料开发流程”要求导入。

【审核不符合案例】

2022 年 6 月 28 日，** 公司品质部组织研发、采购对现有 AVL 供应商 *** 进行现场审核，最终审核得分：67.83 分，审核不通过，需进行整改。现场审核检查表、审核问题点见表 5-2 和表 5-3。

表5-2 供应商评鉴检查表（示例）

<table>
<tr><td colspan="10">供应商评鉴检查表</td></tr>
<tr><td colspan="2">厂商名称</td><td colspan="3">×××新材料科技有限公司</td><td colspan="3">联络人</td><td colspan="2">吴××</td></tr>
<tr><td colspan="2">主要产品</td><td colspan="3">终止胶带</td><td colspan="3">评鉴日期</td><td colspan="2">2022/6/28</td></tr>
<tr><td colspan="2">联络电话</td><td colspan="3">×××××××××××</td><td colspan="3">厂商确认</td><td colspan="2"></td></tr>
<tr><td colspan="2">厂商地址</td><td colspan="3">×××××工业大道12号</td><td colspan="3">审核类型</td><td colspan="2">■初审 □复审</td></tr>
<tr><td colspan="10">评分标准</td></tr>
<tr><td>等级</td><td>综合得分</td><td colspan="6">说明</td><td colspan="2">判定</td></tr>
<tr><td>A</td><td>≥90</td><td>优秀</td><td colspan="5">所有规定均能符合要求，履行成绩超出所预定标准</td><td colspan="2">优秀</td></tr>
<tr><td>B</td><td>≥80，<90</td><td>良好</td><td colspan="5">所有规定均能符合要求，履行成绩符合所预定标准</td><td colspan="2">良好</td></tr>
<tr><td>C</td><td>≥70，<80</td><td>合格</td><td colspan="5">所有规定均能符合要求，履行成绩符合所预定标准，有时会低于需求指标</td><td colspan="2">合格</td></tr>
<tr><td>D</td><td>≥60，<70</td><td>不合格</td><td colspan="5">基本能符合要求，履行成绩基本符合所预定标准，有些会低于需求指标</td><td colspan="2">限期三个月整改</td></tr>
<tr><td>E</td><td><60</td><td>不合格</td><td colspan="5">履行成绩没有符合所预定标准，经常低于标准</td><td colspan="2">不合格，淘汰</td></tr>
<tr><td colspan="3">评分注意事项</td><td colspan="7">总分及单项均为 100 分制：研发、HSF、采购、CSR、QSA、QPA 各评鉴表的得分不得低于 70 分，各评鉴表中 CR 项不得失分，否则为审核不合格，一票否决。
研发管理 40% 权重（研发 30%+HSF10%）；采购管理 30% 权重；质量管理 30% 权重（QSA10%+QPA10%+CSR10%）。</td></tr>
<tr><td rowspan="4">评分标准</td><td>单位</td><td colspan="2">研发管理</td><td>采购管理</td><td colspan="3">供应商质量管理</td><td rowspan="2">总得分</td><td rowspan="2">结果判定</td></tr>
<tr><td>评鉴表</td><td>研发</td><td>HSF</td><td>采购</td><td>CSR</td><td>QSA</td><td>QPA</td></tr>
<tr><td>结论</td><td>一票否决</td><td>一票否决</td><td>一票否决</td><td>通过</td><td>通过</td><td>一票否决</td><td rowspan="2">67.83</td><td rowspan="2">不合格</td></tr>
<tr><td>评分</td><td>65.38</td><td>67.54</td><td>60.64</td><td>92.55</td><td>72.73</td><td>67.44</td></tr>
</table>

续表

审核组	签名	日期	意见
审核认证组长	张三	6月28日	不通过，需限期整改
研发	李四	6月28日	不通过，需限期整改
采购	赵六	6月28日	不通过，需限期整改
质量	张三	6月28日	不通过，需限期整改
总体评述	公司整体规模满足我司要求，现场体系运行、现场品质管控较差。		
一、优点	1. 该供应商体系完善，有导入ISO9001、ISO14001、IATF16949等体系认证。 2. 有自己的原膜生产线，建立了专业的实验室。 3. 内部有XRF环保测试仪，能对原材料环保程度进行监测。		
二、缺点及建议	1. 体系运行较差，现场执行与文件要求不一致。 2. 配料、涂覆等关键工序，关键控制点现场无管控记录，无人监督和确认。 3. 现场5S较差，配料、涂覆、分切工序粉尘管控、现场区域划分、物料标识等不足。 4. 无在线CCD检测仪器，针对外观缺陷（气泡、漏涂、划线等）不能有效拦截。		

表5-3 审核问题点改善报告表

审核问题点改善报告												
供应商名称（全称）									评鉴日期		评鉴人	
序号	评审单位	问题点描述	根本原因分析	改善措施	问题缺陷等级	责任人	完成时间	目前状态	证据	××公司复核结果	复核人	问题点
1												
2												
…												

5.2.2.2 物料认证

（1）物料认证团队职责

a. 先进技术开发部和电芯工序部工程师负责对材料进行物化性能等相关测试；b. Pack（组装）开发部工程师负责对Pack物料进行测试确认；c. 电芯工序部和Pack（组装）开发部工程师负责新材料评估过程中工艺问题的解决；d. 先进技术开发部和电芯工序部工程师按照《新材料开发管理程序》及《Pack新产品开发管理程序》进行物料认证；e. SQE（供应商质量工程师）负责按照《供应商管理程序》对认证阶段认证团队提出的问题组织推动供应商解决闭环，监控物料认证团队的输出质量。

（2）PPAP（生产件批准程序）

PPAP：顾客对供应商的产品、生产条件、生产过程等方面的书面约定与认可。

① 条件评估。发起PPAP前，要求申请人进行条件评估，条件评估通过，方可进入正式的PPAP程序，否则不予启动。条件评估包括以下4个方面。a. 完善图纸：须为正式生产图纸并经工程部下发受控，包括设计图纸或客户、供方设计图纸。b. 充分的设计验证：由设计方向PPAP授权代表提交完整的设计验证报告，主要包括但不限于设计评审，替代计算书，尺寸、材料、功能性能试验报告，可靠性试验报告等。由项目小组技术成员在PPAP申请表上签字确认。c. 供应商资质：由采购部主导完成供应商资质审查，内容包括供应商资金能力、供货能力、

品质保证能力、主要客户群等。输出审查报告，评定供应商登记并取得合格供方证书，具体按供应商资格审查规范操作。由采购员在PPAP申请表上签字确认。d. 生产设备工装模具：申请方向PPAP批准部门提交《设备工装模具清单》《量检具清单》，内容必须涵盖申请表中涉及的工装、设备、检具等。由工程人员和质量人员在提交的清单上签字确认。

② 发起PPAP。a. 申请人提交PPAP申请表给SQE工程师。SQE由项目组成员担任，非项目阶段由质量部领导指派。确认通过条件评估后，会同项目小组或技术人员确定PPAP内容及进度安排；b. SQE将PPAP申请表结果告知申请人。供需双方达成的协议包含PPAP的主要内容及进度安排，是实施PPAP的主要依据，需双方以书面形式签字确认。生产件批准前，供需双方应进行充分的沟通，确保双方理解一致，并承诺严格履行双方的约定。PPAP申请表的填写和签署按QMS要求进行。

③ PPAP项目及要求。对供方PPAP的内容须经PPAP小组成员充分讨论后以书面形式确立，并经各方签字后生效。a. PPAP项目的要求参见提交等级，如表5-4所示。组织未作任何规定时，按等级3提交。确定提交等级的依据如下：供方设计开发程序的符合性；以往提交的经历；以往零件PPAP质量状况；零件的重要程度，关键件、重要件按等级3提交。b. 提交等级。等级1：只向客户提交保证书（若指定为外观项目，还应提交外观批准报告）。等级2：向顾客提交保证书及产品样品以及有限的支持数据。等级3：提交保证书、产品样品以及全部的支持数据。等级4：保证书及客户规定的其他要求。等级5：保留在供方制造场所供评审时使用的保证书、产品样品及全部的支持数据。

④ PPAP的状态。a. 批准：该产品或零部件满足客户或组织所有的要求和规范，可以正式批量供货或生产，经批准后提交成品检验报告。b. 临时批准：在限定的时间或零件数量前提下，已明确了导致不合格的根本原因，且已经准备了临时批准的纠正措施计划，如需要获得完全批准，则需再次提交。c. 不批准／拒收：不满足要求，不能批量供货或生产。

表5-4　等级对应表

要求		提交等级				
序号	内容	等级1	等级2	等级3	等级4	等级5
1	设计记录	R	S	S	*	R
1.1	有专利权的子零件/详细数据	R	R	R	*	R
1.2	所有其他子零件/详细数据	R	S	S	*	R
2	工程变更文件	R	S	S	*	R
3	顾客工程批准	R	R	S	*	R
4	设计失效模式和影响分析DFMEA（供方设计）	R	R	S	*	R
5	过程流程图	R	R	S	*	R
6	工序失效模式和影响分析PFMEA	R	R	S	*	R
7	控制计划	R	R	S	*	R
8	量具的重复性和再现性（做C_{PK}的尺寸）	R	R	S	*	R
9	首件/首批样品检验记录	R	S	S	*	R
10	材料、性能测试结果	R	S	S	*	R

续表

要求		提交等级				
序号	内容	等级1	等级2	等级3	等级4	等级5
11	初始过程能力研究（计量型尺寸）	R	R	S	*	R
12	合格实验室文件	S	S	S	*	R
13	外观分析报告	R	S	S	*	R
14	生产件样品	R	S	S	*	R
15	标准样品	R	R	R	*	R
16	检查辅具	R	R	R	*	R
17	特殊要求	R	R	S	*	R
18	零件提交保证书	S	S	S	S	R

注：S 表示组织必须提交给客户，并在适当的场所保留一份记录或文件的副本。
R 表示组织在适当的场所保存，并在客户代表有要求时应易于得到。
* 表示组织必须在适当场所保存，并在有要求时向客户提交。

5.2.3 综合评价

① SQE 负责对合作的供应商进行监控与评估，具体为：a. 定期评价分为年度复审和日常供货评价（月度评估）两种方式。b. 原则上品质部每年初根据上一年的供应商复审结果和所供物料的重要程度等制定《供应商年度审核计划》，由品质部主导，采购部、先进技术开发部、电芯工序部、Pack 开发部按照审核计划对供应商开展现场审核。c. 采购部需对供应商代理证的有效性进行确认。

② 品质部根据对供应商定期评价的结果，对供应商进行综合排名。排名达标的供应商维持供货资格；排名不达标的供应商要求其限期改善。

③ SQE 召集内部相关人员对供应商的改善结果进行评审，对多次改善评审不合格的供应商，申请暂停或者取消其供应资格。

5.2.4 供应商名单管理（AVL）

AVL 即合格供应商名单。新开发供应商通过体系、制程及产品认证，综合多维度评价通过后方可纳入合格供应商名单，名录包含供应商代码、供应商名称、供应物料类型、导入日期、联系人、联系方式、联系电话、联系邮箱及供应商地址信息等。合格供应商根据企业内部业务流程要求，可每季度或每半年更新一次。

5.3 供应商协议管理

为保障双方合作权益，SQE 负责与供应商签订采购物料框架协议，各企业协议条款要求不同，如《×× 质量保证协议》《环境有害物质管理标准》《防假冒材料协议》等。

当物料为客供或客户指定时，SQE 将协议发给对应的销售窗口，通过销售与客户或客户指定的供应商签订相关质量协议。

供应商管理采购主管与供应商达成《基本采购合同》《合作商反贿赂 / 反腐败 / 反雇佣童工承诺书》等相关协议。

5.4 供应商质量管理基本原则

传统的来料质量管理主要是针对 IQC（来料质量控制，也称来料质量管理）内部管理，对外则为一种被动式的关系。伴随追求质量的提升及双赢的局面，IQC 将转变为供应商的源头质量管理。企业不是被动地与供应商打交道，而是要主动地引导、改变、管理、维护它们之间的质量体系。a. 对重要的供应商可派遣专职驻厂员，或经常对供应商进行质量检查。b. 定期或不定期地对供应商品进行质量检测或现场检查。c. 减少对个别供应商大户的过分依赖，分散采购风险。d. 制定各采购件的验收标准以及与供应商的验收交接规程。e. 对选定的供应商，公司与之签订长期供应合作协议，在该协议中具体规定双方的权利与义务及双方互惠条件。f. 在供应商处设立 SJQE（供应商联合质量工程师）。SJQE 通过扮演客户的角色，从而推动供应商的质量提升。g. 定期或不定期地对供应商进行等级评比，制定和落实执行奖惩措施。h. 每年对供应商予以重新评估，不符合要求的予以淘汰，从候选队伍中补充供应商。i. 采购合格商对重点材料的供应商上游厂商进行质量监控管理。j. 管控供应商材料的制程参数变更或设计变更时均需采购商的确认和批准。

5.5 合格供应商品质管理

5.5.1 年度审核

SQE 每年年初，依据上一年供应商质量表现状况制定供应商质量、环境、健康安全、社会责任、双碳、环保等体系的年度审核计划，计划制定后同步提供给采购和开发部评审，三方确认后，SQE 依计划组织相关人员对供应商实施现场审核。

当供应商上年度被评为“红灯”供应商时，一年应不少于 2 次现场审核。当供应商在 3 个月内无交易且无新项目导入时，可暂停实施现场审核，供货恢复时调整审核计划。

5.5.1.1 审核前准备

审核组长负责策划审核相关事项并主导落地执行，包括但不限于以下方面。①组建审核小组，小组成员需要包含采购、研发、品质等部门专职人员。②审核小组沟通，明确审核分工、范围、重点，检查是否需要增加项目。③审核时间安排，与供应商确定参加的高层领导（QSA/CSR 要求总经理或企业负责人，QPA 要求副总或厂长及相关业务总监，如质量则需要质量总监参与）。④准备好审核工具，包括但不限于 QSA 清单、制程 / 工艺审核清单，供应商的品质管控图、品质目标达成情况（如合格率、C_{PK} 等），新产品导入要求和管理手法要求，供应商内部年审资料汇总。⑤上期审核未关闭的问题点。⑥发放审核通知给供应商，内容包括：a. 审核时间安排；b. 供应商高层参加首次会议及末次会议；c. 供应商需要准备的资料（电子文档及纸质文档)；d. 需要供应商提供的资源。⑦准备首次会议的 PPT 或交流的内容，重点要明确传递供应商高层的信息。⑧需供方做好自查评价，公司有自评表的，要向供应商发布自评表供其自查自纠。公司没有相应自评表的，让供应商根据其自身的体系运行检查工具进行自评。

5.5.1.2 开好首次会议

审核组长策划好审核相关事项，与供应商负责审核对接人做好充分沟通，包括但不限于以下内容。①介绍首次会议双方出席人员、审查背景、相关审查的要求、明确供应商的信息等，需要由高层做好此次审核过程中的资源协调与安排。②审核时间安排，并与审核小组沟通，明确实施审查双方审核对接人员的分工、审核范围、重点审查的项目。③准备好自评价审核工具，包括但不限于 QSA 清单、制程 / 工艺审核清单，供应商的品质管控图、品质目标达成情况报告资料，要求(如合格率、C_{PK} 等)，新产品导入要求和管理手法要求，供应商问题资料汇总。④准备上期审核未关闭问题点改善材料。

5.5.1.3 根据分工开展现场审核

现场审核方法要关注以下内容。

（1）QSA 审核依据

包括公司的质量体系审查清单 /ISO9001 等相关质量体系标准 / 供方制定的体系 / 制程程序文件 / 流程文件及相关标准等；汽车产品供应商还应参照 IATF16949 标准条款 / 有害物料管理体系审查条款 /IECQ QC 080000：2017；社会责任管理体系审查条款 /SA8000；信息安全管理体系审查条款 / IEC27001；产品碳足迹体系审查 / ISO14067；EHS 审查（环境、职业健康与安全管理体系）等。

（2）制程 QPA 审核的依据

包括①生产工艺流程（Process Flow Chart）——规定了产品的生产工艺、机器配置、人员配置、工装夹具、辅助材料；②控制计划（Control Plan）——规定了各工序控制要点、控制方法、检查频率、相关记录、参考文件；③产品资料——BOM、ECN、客户通知、图纸及表面处理规范；④制程巡检、首件确认执行文件；⑤制程异常执行文件；⑥不合格品控制文件；⑦物料管理规定——物料预处理、物料正确摆放、标识、正确投入；⑧部门相关规定——5S 等内容；⑨要求跟进事项（决议事项)；⑩ 工艺、技术及质量要求。

（3）审核常用手法

①按 5M1E(人员、机器、材料、方法、测量、环境) 方法展开，关注关键工序、关键设备、关键岗位的执行是否与审核依据文件保持一致；②审核现场记录的完整性，验证供应商管理的可持续性；③审核异常问题的处理及闭环管理，把控是否重复出现的风险；④现场人员提问或访谈、现场实测数据；⑤开展全流程梳理；⑥汽车产品供应商采用过程方法审核，如客户有特殊要求则按客户特殊要求进行审核，如 VDA6.3。

（4）审核要点

①按 5M1E（人员、机器、材料、方法、测量、环境）方法展开，查看关键工序、关键设备、关键岗位的操作步骤、参数设置、数据记录是否与审核依据文件保持一致；②审核现场生产数据记录的完整性、正确性及合规性；③现场操作员提问或访谈；④产品数据及制程参数；⑤流程梳理；⑥文件是否存在漏洞；⑦风险思维。

（5）现场审核相关原则

①审核人员应保持客观公正的立场，通过现场审核把主观判断变为客观认知。把控独

立、客观、系统的现场审核行为。②审核是发现改善的机会，不是挑刺；是以第二方的角度帮供应商找出质量管理中存在的问题，并提出相关改善建议，提高产品的质量，达到客供双方互利的目的。③所有审核小组成员都应严格遵守相关规定。如尊重供方知识产权、善待供应商等。

（6）审核时应注意的问题

①了解被审对象，确认自己的需求；②有条理地记录信息；③把握审核时间；④仔细聆听；⑤不要强求去发现问题；⑥提问要清晰；⑦不要存在偏见；⑧问题点要和被审核部门、团队沟通；⑨向被审核部门、团队清晰地解释审核发现；⑩ 善于处理人际关系；⑪ 注意查证，亲眼见到客观证据。

5.5.1.4 末次会议

现场审核结束后，双方要召开末次会议。小组组长对审核发现的严重缺陷进行总结，双方进行问题沟通和澄清。并注意以下环节：①会议前审核组内部统一；②指出厂商的强项和弱项，包括管理、业务、质量系统等；③明确严重（系统的、关键的、普遍的、重复的问题，需及时纠正）、一般（孤立的、非关键的、暂时的、非重复的问题，也需制定纠正措施）、观察（厂商内部的、单独的、现场不便取样的问题）、建议等发现项；④确认，让供方有质疑或表述的机会；⑤供应商需提供改进计划反馈时间及改进期限；⑥供应商需提供有助问题闭环的文档和记录；⑦会议需供应商质量管理人员、相关人员和高层领导参加；⑧明确提供给供应商审核报告或跟踪表发出时间；⑨再次审核的要求（如果需要）；⑩ 感谢环节。

5.5.1.5 审核报告

① 按照审核情况，审核组长汇总小组各成员的审核发现，对发现进行归类、分级，并形成审核报告或“清单评分及雷达图”等，并内部归档。

② 审核报告应在审核后两周内通过 SCAR（供应商纠正措施要求）或固定模板发给供应商，并要求供应商给出改善计划并签返。

③ 审核报告应包括但不限于以下内容：a. 审核日期、厂商地址、联系方式；b. 行程安排；c. 审核内容安排；d. 审核问题发现项列表；e. 审核结论或评分；f. 对于没有采购陪同的审核，由审核组织者汇总发现，并在审核后一周之内提交相应的采购模块责任人，双方协商确认后发布审核报告，并由采购责任人发放 SCAR 或固定模板给供应商要求改善。

5.5.1.6 改善不符合项

① 要求供方改善不符合项，具体操作按《供应商 SCAR 操作指导书》进行。

② 审核问题升级：对于通过审核发现的供应商端重大问题，审核组长应考虑问题升级措施，向供应链管理中心最高主管汇报，通过商务等途径推动供应商及时改善。

5.5.1.7 跟进不符合项闭环

① 问题的闭环管理按《供应商 SCAR 操作指导书》进行。

② 同时措施有效性验证要按以下方法进行：a. 审核组长应及时跟进供应商的改善计划实施情况，督促供应商按照计划完成改善措施，并验证措施有效性。必要时可以现场确认。b. 审核组长可从以下几个方面确认供应商对不合格项做出的改善措施，并判定其是否合适（Suitability）、足够（Adequacy）、及时（Timeliness）和有效（Effectiveness）（SATE）地纠正

了不合格项，并在双方达成共识的情况下将不合格项关闭。c. 现场审核组应鼓励供应商通过多种形式提供改善后问题闭环情况，如供应商专题汇报、建立定期例会或交流制度，以加强问题改善后的再交流。d. 审核组长应每月上报改善计划实施情况。对于长期无法改善的问题，需要及时上报部门负责人，由部门负责人推动。

③ 针对不配合改善和已达到退出要求的供应商，则对其执行退出管理流程。

④ 对参与审核的部门和人员逐步实行审核绩效考核（例如有效问题发现数、问题落实情况等）。在审核活动不久（一般为 3 个月）即出现审核范围内的质量事故，责任审核组长应主动组织相应的工作质量回溯，以检讨审核活动的不足。如因审核不力或重大问题报告不及时而发生重大质量损失的相关审核人员，供应链管理中心将按问责制度做相应处罚。

5.5.2 月度KPI考核

SQE 每个月初，根据与各供应商签订的月度质量目标，组织采购及研发部对供应商的上月生产原材料 KPI 进行评价。SQE 评价项目包括 LAR（来料合格率）、RIDPPM（来料抽检不良率）、FDPPM（制程使用中的不良率）、重复问题发生次数、环保、批量隔离及停线次数、红线管理、QSA&QPA 审核。采购负责交货准交率、价格行动力及配合度。研发负责产品承认。

5.5.3 日常处理

为保证供应商选择、评价和再评价的客观性、公正性、科学性，加强对供应商的日常管理和质量考核，促进其推动质量改进，确保提供产品的质量、交货期以及配套的服务符合要求，建立了供应商考核项目（见表 5-5）。

表5-5 供应商考核项目

项目	权重	评比单位	评分标准	备注
LAR	15%	IQC	15-max［O,（目标LAR-实际LAR）×200］	参考年度供应商质量目标
RIDPPM	5%	IQC	1. CELL 计算公式：轻微缺陷每次扣 1 分，重要缺陷每次扣 2 分，致命缺陷直接 0 分，扣完为止； 2. Pack 计算公式：5-5×（实际 RIDPPM-目标 RIDPPM）/目标 RIDPPM×100%	参考年度供应商质量目标
FDPPM	15%	制程品质	1. CELL 计算公式：制程每投诉 1 次扣 5 分，扣完为止，造成产线停线直接 0 分； 2. Pack 计算公式：15-15×（实际 FDPPM- 目标 FDPPM）/目标 FDPPM×100%	参考年度供应商质量目标
交货准交率	15%	采购	1. 准交率 100%，得分 20 分； 2. 99% ＞准交率≥ 98%，得分 15 分； 3. 98% ＞准交率≥ 97%，得分 10 分； 4. 准交率＜ 97%，得分 0 分	
需求满足率	10%	采购	报价及时性：采购询价发出后，供应商 4 小时内回复正式报价单得 5 分，1 天内回复正式报价单得 4 分，2 天内回复正式报价得 3 分，超过两天不得分	

续表

项目	权重	评比单位	评分标准	备注
价格服务	10%	采购	成本降低：市场价格无波动时主材和辅材的降幅； 主材：降幅在 1% 得 1 分，降幅在 2% 得 2 分，降幅在 3% 得 3 分，降幅在 4% 得 4 分，降幅在 5% 以上得 5 分； 辅材：降幅比例在 2% 得 1 分，降幅在 3% 得 2 分，降幅在 4% 得 3 分，降幅在 5% 得 4 分，降幅在 6% 以上得 5 分	
产品开发	5%	研发	采用扣分方式，扣完为止（包含但不限于如下）： 1. 样品或承认书提供不符或不及时，每次扣 5 分； 2. 试产阶段供应商主动变更未通知 XX 公司研发部，每发生一起，扣 5 分； 3. 样品连续送样测试不合格，每次扣 5 分	
重复问题发生次数	15%	IQC/制程品质	目标为 0 起，每有 1 起扣 5 分，扣完为止	参考年度供应商质量目标
配合度	10%	IQC	采用扣分方式，扣完为止（包含但不限于如下情况）： 1. 不配合我司进行质量改善活动，每次扣 5 分； 2. 供应商现场返工，被 IQC 抽检不合格，返工第二次开始扣 5 分，每增加一次，扣 5 分 / 次； 3. 报告未及时回复，每发生一次，扣 5 分	
环保	倒扣分	制程品质	采用扣分方式，最多扣 20 分，扣完为止： 每出现一起按以下方式扣分（具体看本书 5.5.4） 1. 一级环保事故扣 20 分 / 起； 2. 二级环保事故扣 10 分 / 起	参考年度供应商质量目标
批量隔离及停线次数	倒扣分	品质部	Pack：当连续投入数 ≥ 1000，功能性或结构性不良 ≥ 2% 或停线超过 30min，供应商未给临时对策，扣 10 分 / 次； Cell：当连续投入数 ≥ 1000，功能性或结构性不良 ≥ 2% 或停线超过 2h，供应商未给临时对策，扣 10 分 / 次	参考年度供应商质量目标
红线管理	倒扣分	品质部	采用扣分方式，100 分，扣完为止： 错料、漏工序、混料，每发生一起，扣 5 分； 标签错误、内外箱标签信息不一致、少装，每发生一起，扣 2 分； 违反 PCN 一次扣 10 分； 客户端投诉批量物料异常一次扣 10 分	参考年度供应商质量目标
QSA&QPA 审核	倒扣分	品质部	QSA&QPA 均合格、优良或优秀的，不扣分； QSA 或 QPA 条件合格的，每个扣 2.5 分； QSA 或 QPA 不合格的，每个扣 5 分	参考最近一次的审核结果
QCC、6Sigma项目、合理化建议	加分项	品质部/采购部	1. 有开展 QCC 或 6Sigma 活动，加 10 分（注：QCC/6Sigma 项目自开始开展月份起可连续 3 个月加分）； 2. 对于采购物料给出有效建议，能降低成本，经 ×× 公司内部评审合格后加 5 ～ 10 分； 3. 供应商内部有组织改善项目，且三个月内改善有结果的，经公司内部评审合格后加 5 ～ 10 分	

注：1. LAR= 供应商来料合格批 / 来料总批数 ×100%；

2. RIDPPM（Pack）= 供应商来料抽检（主要缺陷不良数 + 次要缺陷不良数 ×0.3）×1000000/ 来料抽检数量；

3. FDPPM（Pack）= 供应商上线不良总数 ×1000000/ 投入总数；

5.5.4 环保管理

（1）采用扣分方式，最多扣 20 分，扣完为止。每出现一起按以下方式扣分：①一级环保事故扣 20 分 / 起；②二级环保事故扣 10 分 / 起。

（2）事故等级定义：①一级事故——产品有害物质超标，包括供应商制程中有意 / 无意添加有害物质（红线问题）。②二级事故——环保资料问题，a. 及时提供，但不完整或无效（漏子部件、均质物质等、第三方报告问题、MSDS（材料安全数据表）不全或篡改等），多次反复修改；b. 提供不及时，或及时提供但环保资料问题影响项目进度。

5.5.5 变更管理

供应商变更管理是企业对供应商质量管理中最重要的一项质量管理要求，甚至可以纳入质量红线管控。供应商向企业申请变更，企业接收供应商的 PCN（Process Changing Notice，过程变更通知）申请，组织内部相关部门评审，经总监级或以上领导层批准后，同意供应商变更申请。供应商方可按内部流程执行变更动作，涉及企业量产项目产品，变更涉及关键 4M 的还需报备请示企业客户，经企业客户评估后按客户意见执行。

5.5.5.1 变更过程涉及术语

工程变更：涉及物料、设备、工艺、测试、品质标准、生产场地、流程变更等有关的任何变化。过程变更通知 /PCN：用于对外部的工程变更通知。4M 变更：造成产品质量波动的，如人员变更（工人和管理人员）、机器变更（设备、工具）、材料变更（原材料）、方法变更（加工方法、操作规程）。

5.5.5.2 4M 变更

（1）人员变更

公司重要技术及管理核心人员、生产制造关键岗位操作员工因缺勤、调动、离职时，由新操作员工代替进行作业所产生的变更。①一般工序的操作者必须熟悉本岗位的操作要求和质量要求。而重要工序的操作者除熟悉本岗位的操作要求和质量要求外，必须了解设备性能及相关工序之间的影响（重要工序根据生产状况由品质和工艺或技术部门进行确定）。②重要工序人员必须定人定岗，不许随意调换人员，确需调换时，必须填写申请单并会签工艺品管部审批。③车间工艺员根据作业指导书对新变更的员工进行培训考评，班组长每 2 小时对新员工加工的产品品质进行检查确认，品管员对此员工的作业质量重点检验，直到新员工培训合格为止。

（2）设备工装、夹具、模具的变更

① 设备工装、夹具、模具因临时替用、增加而对产品品质可能造成影响时的变更。

② 在实施过程中，动力人员专人负责工装设备的调试工作，工艺人员专人负责对变更后的工装、夹具、模具生产的首检进行确认。首检合格的，则由品管员进行确认，并在品管员监控下进行小批量生产，确认无误后方可大批量生产。

（3）材料、辅料的变更——生产用材料和装配用的辅料无标准用料时的变更

① 生产过程中若发生主料参数的变更，使用部门必须向工艺技术部门提出申请，工程技术和品质部门确认后，由工艺部门向技术委员会提出试验申请，技术委员会批准后方可向客户或供应厂家申购物料进行试验。工艺、技术、生产等部门不允许私自从供应厂家采购原材料，任

何部门包括技术、工艺、仓管、内外检等未经技术委员会批准都不允许私自更改生产用料。

② 变更原材物料的试验要求如下。

a. 工艺要对申请变更的原材料进行充分的试验（包括性能方面的试验），试验过程必须有详细的试验报告，参与试验的相关人员必须签字确认，对试验结果负责；委托检测中心和技术部实验室进行的性能方面的试验，要求实验室必须出具试验报告。b. 试验结束。参与试验的相关部门均确认材料变更后，对产品性能无任何影响的情况下，工艺部门重新提报变更申请，经质量部门确认，报技术委员会批准后，变更材料允许投入小批生产使用。c. 变更材料经技术委员会批准后，前期试验合格的产品可直接用于生产发货。d. 申请变更的或正在试验期间的原材物料不允许直接用于正常生产，也不允许直接用正常生产的产品进行试验。e. 投入小批生产的新材料在使用期间，工艺品质必须专人跟踪，并分别做详细的跟踪记录；跟踪无异常后允许投入大批量生产。在试产爬坡期间的产品生产、工艺、品管必须做好跟踪记录。f. 原材料变更使用前必须会知销售、客服部门，由销售部安排限制区域进行销售，客服对新物料使用的效果进行跟踪，发现异常，客服部应及时反馈生产及技术委员会采取有效的措施。变更材料在市场跟踪 3 个月内无异常，销售部可转入正常销售。

③ 生产过程中，原材料若发生以下变更，使用部门须提出申请，报工艺品管进行确认后方可投入生产使用。a. 原材料板宽发生变更。b. 变更后的材料性能高于变更前的材料。c. 不影响产品性能的生产用辅料的变更，如包装箱的临时替代、配件盒的临时替代等。

（4）作业方法的变更

① 加工工艺包括工艺参数、工艺流程、加工方法等的改变，对产品品质可能造成影响的变更。

② 生产过程中若有工艺变更，提出部门必须向工艺提出变更申请，经工艺品管审核后由工艺组织相关人员进行试验（包括性能方面的试验），验证过程中工艺必须知会品管人员进行品质方面的确认跟踪：a. 试验过程必须有详细的试验报告，参与试验的相关人必须签字确认，对试验结果负责；委托检测中心或技术部实验室进行性能试验，实验室需出具实验报告。b. 试验结束。参与试验的相关部门均确认工艺变更后，对产品性能无任何影响的情况下，工艺部门提报变更申请，经质量部门确认（包括内外检），报技术委员会批准后，变更工艺允许投入小批生产使用。报批时试验资料必须附带齐全。c. 变更工艺经技术委员会批准后，前期试验合格的产品可直接用于生产发货。d. 申请变更的或正在试验期间的新工艺不允许直接用于正常生产，也不允许直接用正常生产的产品进行试验。e. 新工艺批准后，工艺部门必须及时修改作业指导书并现场对员工进行操作培训。投入小批（100 台以内）使用的新工艺在使用期间，工艺品管必须专人跟踪，并分别做详细的跟踪记录；跟踪无异常后允许投入大批量生产。

5.5.5.3 原材料供应商的变更管理

（1）所有原材料的供应商，在发生变更时，包括二级供应商更换零部件、原材料及辅料，必须在变更实施前向企业接口人员提出 PCN 变更申请，提交申请时需注意变更的类型、变更的时效及需要提交的资料。表 5-6 为变更涉及的范畴，表 5-7 为供应商变更时效管控及需求资料的提供。

表5-6 变更涉及的范畴

序号	变更类型	主导部门	参与评审部门	变更场景
1	人员变更	SQE	销售/项目经理/采购/品质	1. 项目组主要成员变动（以当初双方约定的主要人员为准） 2. 关键操作岗位人员变动

续表

序号	变更类型	主导部门	参与评审部门	变更场景
2	设备、环境、工艺变更	SQE	品质/销售/研发/设备/工艺	1. 主要生产工序、测试工序的增加、减少和顺序调换 2. 主要生产工序 / 测试工艺的优化或变更 3. 产品尺寸、性能、外观、包装、可靠性的变更 4. 生产场地和生产环境的变更 5. 主要生产、测试设备的变更，包括设备的新增、大修、搬运等
3	物料变更	采购	品质/采购/研发/工艺	1. BOM 更改、原材料及辅料更换供应商 2. 物料的供应商生产场地、生产工艺、原材料、关键辅料变更 3. 物料的外观、性能、尺寸、可靠性的变更
4	IT系统变更	SQE	品质/工艺/IT	1. 因需进行检测或生产软件升级、增加或减少 2. 追溯系统的变更
5	其他变更	采购	品质/采购/研发	物料的料号变更 \ 产地变更

表5-7　供应商变更时效管控及需求资料的提供

序号	更改项目	通知时限	通知形式	提交资料
1	人员变更	更改正式生效前1个月	邮件或者书面	人员交接清单 新负责人工作经历简介（针对项目组人员） 人员变动的风险评估结果
2	设备、工艺、环境变更	更改正式生效前2个月	PCN申请	设备变更原因、更改前后的对比清单及风险评估 小批量验证报告及风险管控措施
3	物料变更	更改正式生效前3个月	PCN申请	物料变更原因及更改前后的风险评估 如物料供应商变更，应提交供应商的资质、审核记录及物料的验证报告，包括有害物质的检测报告 物料的切换方案，如涉及保护板等需要提供图纸及元器件的厂家 需要时重新送样
4	IT系统变更	更改正式生效前1个月	PCN申请	变更的原因及风险评估，如果是检测系统变更，需要提供检验系统的有效性证明 追溯系统变更必须写明追溯的方法及流程
5	其他变更	更改正式生效前1个月	邮件或者书面	变更原因及说明 相关文件的修订

企业接收到原材料供应商的 PCN 变更申请后，根据变更类型组织内部评审并进行变更，具体可参照 5.5.5.2 小节 4M 变更条款，必要时企业需向企业客户提出相关申请，经企业客户批准后方可通知原材料供应商进行变更。

（2）原材料供应商未经企业内部同意私自变更，被企业发现后造成企业生产异常（生产停线，含因材料质量确认而造成的时间延误或其他困扰）及产品品质不合格等情况，由原材料供应商赔偿企业所造成的损失，具体按照双方签订的 PCN 协议要求进行处理。

5.6 供应商退出管理

为加强质量管理，对供应商交付质量进行日、周、月评价，对每月评价结果进行监督，月度评价不合格供应商实行红黄灯标记以及黑名单处理，其退出管理参考红黄灯管理机制（如表 5-8）。

表5-8 红黄灯管理机制案例

<table>
<tr><th>类别</th><th>触发时机</th><th>改进机制</th><th>应用管理</th></tr>
<tr><td rowspan="5">黄灯供应商</td><td>违反PCN（工序改动通知）</td><td rowspan="11">1. 黄灯启动后第一个季度质量绩效为合格或优良，或异常已有改善方案且方案有效，可取消黄灯；如仍不合格或问题无法改善，则继续整改一个季度，合格后取消，否则转红灯管理；
2. 红灯启动后第一个季度改善有效且达标时，可转黄灯管理，否则继续整改一个季度；继续整改一个季度仍不达标时停止交货，淘汰处理；
3.SQE 每季度第一个月的 15 日前发出《供应商红黄灯通知函》；
4. 供应商收到红黄灯通知后半个月内输出完整的改善方案（措施具体，责任人明确，完成时间清晰，输出件及效果可衡量），并由供应商总经理以上级别人员汇报改善方案；
5.SQE 组织供应商双周例会，由供应商总监级以上人员参会并汇报改善进度及改善效果；
6. 依供应商回复的改善时间（3 个月内）组织现场验收，输出验收报告。当验收发现改善对策已落实，无重复异常发生，可降级管理（红灯转黄灯，或取消黄灯），当验收时发现改善措施无效，继续整改一个季度；继续整改一个季度仍不达标时停止交货，淘汰处理；
7. 海外供应商由供应商按整改计划进行自检，并将整改措施关闭情况提交报告给 SQE（提供相应整改证据如文档、图片等），SQE 确认后结案</td><td rowspan="5">1. 所有老项目采购份额降低到 30% 以下，当目前采购份额已为 30% 以下的，在此基础上再降 10%；采购接 SQE 通知 2 周内实施，1 个月内落实调整；
2. 所有新项目限制导入，供应商需提供专项控制计划，经 SQE 及项目组评审后方可导入，且黄灯期间采购份额不能高于 30%；
3. 当不能满足以上要求或需要延迟执行的资源开发需提交申请到品质副总审批同意；
4. 不能被评为年度优秀供应商</td></tr>
<tr><td>季度质量绩效考评不合格</td></tr>
<tr><td>违反质量红线</td></tr>
<tr><td>发生一次B/C级属供应商责任的质量事故</td></tr>
<tr><td>一个季度内发生2起及以上的错混料异常，或2个季度内发生3起及以上错混料异常</td></tr>
<tr><td rowspan="6">红灯供应商</td><td>2个季度连续被评为黄灯供应商</td><td rowspan="6">1. 所有老项目采购份额降低到 10% 以下；资源开发接到 SQE 通知 2 周内实施，1 个月内落实调整；
2. 所有新项目禁止导入；
3. 当不能满足以上要求或需要延迟执行的需提交申请到品质副总审批同意；
4. 不能被评为年度优秀供应商</td></tr>
<tr><td>一年内有3个季度被评为黄灯供应商</td></tr>
<tr><td>2年内连续发生2起及以上PCN违规</td></tr>
<tr><td>市场端出现质量事故，已证明是供应商问题，而供应商拒不承担责任时</td></tr>
<tr><td>发生一次重大客诉/A级属供应商责任的质量事故</td></tr>
<tr><td>黑名单供应商</td><td>一年内有2个季度被评为红灯供应商</td><td>停产整改</td><td>1. 所有老项目订单立即开始转移，资源开发接到 SQE 通知后 2 周内实施，1 个月内落实调整；
2. 3 年内不得再次引入；
3. 当不能满足以上要求或需要延迟的资源开发需提交申请到品质副总审批同意</td></tr>
</table>

5.7 来料质量管理（IQC）

5.7.1 材料检验

（1）供应商交付物料时

来料检验人员收到《入库验收单》后，对以下事项进行确认：a. 送货供应商是否在公司合格供应商名录内，如未在合格供应商名录内，则判定不合格；b. 产品内、外包装上是否贴有“RoHS”“HF”等环保属性标识，如无则直接判定不合格；c. 确认是否内附来料检验合格报告，如无则直接判定不合格；d. 确认检验使用的标准或工程图纸以及检验设备等是否齐备。

（2）基本信息确认后

检验人员依据抽样计划实施取样，按照物料检验规范、工程图纸、样品、ECN（工程变更通知书）、承认书等进行检验，检验项目包括产品包装方式、产品结构、外观、尺寸、功能、可靠性、环保等，同步将每项检验结果记录于《IQC 检验报告》中，或将检验记录如实上传到电子化系统内，根据各项检验结果判断来料是否合格。

（3）检验标识

a. 每批物料检验完成后，检验人员按照检验结果对物料进行检验标识 [合格（蓝色章或绿色标签）、不合格（红色标签）]，仓管人员根据标识办理入库、隔离或退货处理，以防不合格品混入。b. 特采物料放行则在物料外箱上加盖特采章或贴黄色标签予以区分。c. 所有物料无 IQC 标识的生产现场一概不能使用。

5.7.2 抽样方案

锂电池公司一般采用 GB/T 2828.1—2012 正常检验一次抽样方案（如果客户有特殊要求的，以客户要求为准），现参考来料取样规则（见表 5-9、表 5-10、表 5-11）。

表5-9 样本量字码表

批量	特殊检验水平				一般检验水平		
	S-1	S-2	S-3	S-4	Ⅰ	Ⅱ	Ⅲ
2～8	A	A	A	A	A	A	B
9～15	A	A	A	A	A	B	C
16～25	A	A	B	B	B	C	D
26～50	A	B	B	C	C	D	E
51～90	B	B	C	C	C	E	F
91～150	B	B	C	D	D	F	G
151～280	B	C	D	E	E	G	H
281～500	B	C	D	E	F	H	J
501～1200	C	C	E	F	G	J	K
1201～3200	C	D	E	G	H	K	L
3201～10000	C	D	F	G	J	L	M
10001～35000	C	D	F	H	K	M	N
35001～150000	D	E	G	J	L	N	P
150001～500000	D	E	G	J	M	P	Q
500001以上	D	E	H	K	N	Q	R

表5-10　计数型正常检验单次抽样计划

批量	样本量字码	样本量	接收质量限（AQL）																									
			0.01	0.015	0.025	0.040	0.065	0.10	0.15	0.25	0.40	0.65	1.0	1.5	2.5	4.0	6.5	10	15	25	40	65	100	150	250	400	650	1000
			Ac Re	Ac Re	Ac Re	Ac Re	Ac Re	Ac Re	Ac Re	Ac Re	Ac Re	Ac Re	Ac Re	Ac Re	Ac Re	Ac Re	Ac Re	Ac Re	Ac Re	Ac Re	Ac Re	Ac Re	Ac Re	Ac Re	Ac Re	Ac Re	Ac Re	Ac Re
2～8	A	2	↓	↓	↓	↓	↓	↓	↓	↓	↓	↓	↓	↓	↓	⇩	0 1	↓	⇩	1 2	2 3	3 4	5 6	7 8	10 11	14 15	21 22	30 31
9～15	B	3	↓	↓	↓	↓	↓	↓	↓	↓	↓	↓	↓	↓	↓	0 1	⇧	↓	1 2	2 3	3 4	5 6	7 8	10 11	14 15	21 22	30 31	44 45
16～25	C	5	↓	↓	↓	↓	↓	↓	↓	↓	↓	↓	↓	↓	0 1	⇧	⇩	1 2	2 3	3 4	5 6	7 8	10 11	14 15	21 22	30 31	44 45	↑
26～50	D	8	↓	↓	↓	↓	↓	↓	↓	↓	↓	↓	↓	0 1	⇧	⇩	1 2	2 3	3 4	5 6	7 8	10 11	14 15	21 22	30 31	44 45	↑	↑
51～90	E	13	↓	↓	↓	↓	↓	↓	↓	↓	↓	↓	0 1	⇧	⇩	1 2	2 3	3 4	5 6	7 8	10 11	14 15	21 22	30 31	44 45	↑	↑	↑
91～150	F	20	↓	↓	↓	↓	↓	↓	↓	↓	↓	0 1	⇧	⇩	1 2	2 3	3 4	5 6	7 8	10 11	14 15	21 22	↑	↑	↑	↑	↑	↑
151～280	G	32	↓	↓	↓	↓	↓	↓	↓	↓	0 1	⇧	⇩	1 2	2 3	3 4	5 6	7 8	10 11	14 15	21 22	↑	↑	↑	↑	↑	↑	↑
281～500	H	50	↓	↓	↓	↓	↓	↓	↓	0 1	⇧	⇩	1 2	2 3	3 4	5 6	7 8	10 11	14 15	21 22	↑	↑	↑	↑	↑	↑	↑	↑
501～1200	J	80	↓	↓	↓	↓	↓	↓	0 1	⇧	⇩	1 2	2 3	3 4	5 6	7 8	10 11	14 15	21 22	↑	↑	↑	↑	↑	↑	↑	↑	↑
1201～3200	K	125	↓	↓	↓	↓	↓	0 1	⇧	⇩	1 2	2 3	3 4	5 6	7 8	10 11	14 15	21 22	↑	↑	↑	↑	↑	↑	↑	↑	↑	↑
3201～10000	L	200	↓	↓	↓	↓	0 1	⇧	⇩	1 2	2 3	3 4	5 6	7 8	10 11	14 15	21 22	↑	↑	↑	↑	↑	↑	↑	↑	↑	↑	↑
10001～35000	M	315	↓	↓	↓	0 1	⇧	⇩	1 2	2 3	3 4	5 6	7 8	10 11	14 15	21 22	↑	↑	↑	↑	↑	↑	↑	↑	↑	↑	↑	↑
35001～150000	N	500	↓	↓	0 1	⇧	⇩	1 2	2 3	3 4	5 6	7 8	10 11	14 15	21 22	↑	↑	↑	↑	↑	↑	↑	↑	↑	↑	↑	↑	↑
150001～500000	P	800	↓	0 1	⇧	⇩	1 2	2 3	3 4	5 6	7 8	10 11	14 15	21 22	↑	↑	↑	↑	↑	↑	↑	↑	↑	↑	↑	↑	↑	↑
500001及其以上	Q	1250	0 1	↑	⇩	1 2	2 3	3 4	5 6	7 8	10 11	14 15	21 22	↑	↑	↑	↑	↑	↑	↑	↑	↑	↑	↑	↑	↑	↑	↑
	R	2000	⇧	↑	1 2	2 3	3 4	5 6	7 8	10 11	14 15	21 22	⇧	↑	↑	↑	↑	↑	↑	↑	↑	↑	↑	↑	↑	↑	↑	↑

表5-11　IQC来料取样规则

序号	材料类别	计量/计数方式	取样规则	
			正常检验取样	加严检验取样
1	保护膜、胶带类、极耳、吸塑盒、塑胶壳、保护板、端子线等	以个或者卷为计数单位	GB/T 2828.1—2012 正常抽样方案一般Ⅱ级抽验水平（尾数箱必须取样）	按照《加严检验一次抽样方案》执行
2	隔膜、铝塑膜等	以面积为计量单位	$N \leqslant 10000m^2$，随机抽取（1±0.5）m^2 的样品1个	$N \leqslant 10000m^2$，随机抽取（2±0.5）m^2 的样品2个。2个样品必须分2箱取样
			$N > 10000m^2$，随机抽取（1±0.5）m^2的样品2个，合计 $2m^2$。2个样品必须分两箱取样	$N > 10000m^2$，随机抽取（2±0.5）m^2 的样品4个，合计 $8m^2$。4个样品必须分4箱取样
3	铜箔、铝箔等	以重量为计量单位	$N \leqslant 16000kg$，随机抽取（1±0.5）m^2 的样品1个	$N \leqslant 16000kg$，随机抽取（2±0.5）m^2 的样品2个。2个样品必须分2箱取样
			$N > 16000kg$，随机抽取（1±0.5）m^2 的样品2个，合计 $2m^2$。2个样品必须分两箱取样	$N > 16000kg$，随机抽取（2±0.5）m^2 的样品4个，合计 $8m^2$。4个样品必须分4箱取样
4	正负极材料、PVDF、CMC、S-0等CELL固体材料	以重量为计量单位	$N \leqslant 16000kg$，随机抽取（50±10）g 的样品1个	$N \leqslant 16000kg$，随机抽取（50±10）g 的样品2个，合计100 g。2个样品必须分2箱取样
			$N > 16000kg$，随机抽取（50±10）g 的样品2个，合计100g。2个样品必须分两箱取样	$N > 16000kg$，随机抽取（50±10）g 的样品4个，合计200 g。4个样品必须分4箱取样
5	NMP、SBR、电解液、导电浆料等液体材料	以重量为计量单位	$N \leqslant 16000kg$，随机抽取（250±10）mL 的样品1个	$N \leqslant 16000kg$，随机抽取（500±10）mL 的样品2个，合计1000mL。2个样品必须分2箱取样
			$N > 16000kg$，随机抽取（250±10）mL 的样品2个，合计500mL。2个样品必须分两箱取样	$N > 16000kg$，随机抽取（500±10）mL 的样品4个，合计2000mL。4个样品必须分4箱取样

① 正常交货的合格供应商，采用正常检验单次抽样计划。

② 来料检验时，IQC 抽样检验同一个月同一家供应商的同一规格、型号产品，连续 3 批不合格或 5 批中有 2 批不合格时（不包括判退返工后返检的产品），此产品从下一批交货开始采用加严抽样计划进行抽样检验。

③ 从 IQC 抽样检验执行加严抽样计划开始，连续 5 批产品都合格，从第 6 批开始恢复到正常检验抽样计划。

④ IQC 抽样检验同一家供应商的同一规格、型号产品，在采用加严抽样计划，连续 5 批不合格时（不包括判退返工后复检的产品），立即通知采购暂停该供应商交货（特殊情况除外，如非常紧急的物料或该产品只有一家供应商）。由采购部、品质部和工程部通过电话或到供应商工厂将不合格品处理好，制程重新调整改良直到能生产出符合要求的产品，才可以恢复交货。

⑤ IQC 抽样检验的严格度及转移规则流程如图 5-1 所示。

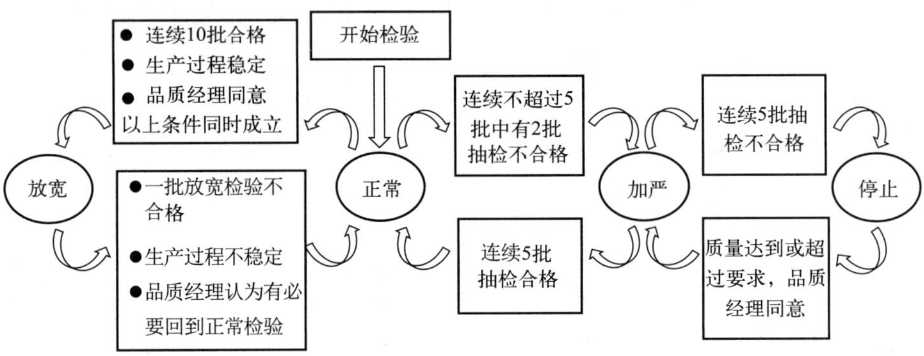

图 5-1 IQC 抽样检验的严格度及转移规则流程图

5.7.3 检测记录

IQC 原材料检验数量与数据记录要求，按表 5-12 执行。

表5-12 原材料抽样及记录表

<table>
<tr><th colspan="5">表5-12-1 电芯原材料抽样及记录</th></tr>
<tr><th>项目</th><th colspan="2">抽样数</th><th>数据记录</th><th>备注</th></tr>
<tr><td>标识</td><td colspan="2">100%</td><td>记录判定结果</td><td></td></tr>
<tr><td>包装</td><td colspan="2">100%</td><td>记录判定结果</td><td></td></tr>
<tr><td>资料核对</td><td colspan="2">1次/批</td><td>按照检验结果记录</td><td></td></tr>
<tr><td>化学性能</td><td colspan="2">1个/批</td><td>按测试结果记录</td><td></td></tr>
<tr><td>物料破坏性测试</td><td colspan="2">5个</td><td>按测试结果记录</td><td></td></tr>
<tr><td rowspan="3">尺寸</td><td>保护膜、胶纸、极耳等</td><td>S-4
（样本数不随箭头转移）</td><td rowspan="3">1. 记录小于或等于 5 个按实际记录数据，大于 5 个记录 5 个数据；
2. 不合格数据必须记录</td><td></td></tr>
<tr><td>隔膜</td><td>宽度：5个/批
厚度：S-4（样本数不随箭头转移）</td><td></td></tr>
<tr><td>铜铝箔、铝塑膜</td><td>依照来料取样规则执行</td><td></td></tr>
</table>

续表

项目	抽样数	数据记录	备注
外观	依照来料取样规则执行	记录判定结果	
其他	特殊检验水平S-1（样本数不随剪头转移）	根据需求进行检验判定	

表5-12-2 Pack原材料抽样及记录

项目	抽样数	数据记录	备注
标识	100%	记录判定结果	
包装	100%	记录判定结果	
资料核对	1次/批	按照检验结果记录	
可靠性验证	依据《保护板来料检验通用规范》执行	按照测试结果记录	例如：盐雾、ESD等
条码扫码确认	S-1（样本数不随剪头转移）	按照判定结果记录	
结构	1次/批	按照判定结果记录	
性能	依据《保护板来料检验通用规范》执行	1. 记录小于或等于5个按实际记录数据，大于5个记录5个数据； 2. 不合格数据必须记录。	
破坏性试验	3个/批	按照测试结果记录	
尺寸	S-4（样本数不随剪头转移）	1. 记录小于或等于5个按实际记录数据，大于5个记录5个数据； 2. 不合格数据必须记录。	
外观	GB/T 2828.1—2012正常抽样方案一般II级检验水平	记录判定结果	线材类、保护板CCD、X-RAY抽样检查20个
其他	特殊检验水平S-1（样本数不随剪头转移）	根据需求进行检验判定	

5.8 检验不合格品处理

若检验结果显示不合格，为确保其结果的正确性，检验员可对检测材料再次检测，确认不合格后，应立即对不合格品进行标识隔离，将不合格品放置在不合格区，SQE 或品质组长做初步判定。如该异常为公司内部问题导致，则通知相关人员现场处理（如检验发现来料与样品不一致，查实为承认书未及时更新导致，采购找相关人员签核最新承认书，品质组长将文件问题记录在周报中）；如为供应商来料问题，则在 OA 系统（各企业使用的管理系统会有差异，以企业自身运行系统为准）开出《来料异常 MRB 处理流程》（MRB，Material Review Board，材料评审会议）给相关人员评审，并开出《供应商品质异常反馈报告》给供应商，要求其回复改善报告。①《来料异常 MRB 处理流程》由 PMC（计划）、品质、研发、PE 等部门针对物料的不合格性质，结合公司的产品结构、性能、过程品质要求、需求时间等因素进行评审并给出评审意见；②由企业授权的负责人作出最终裁决，并记录在《来料异常 MRB 处理流程》中；裁决结果选择 4 种处理方式中的一种：特采，退货，加工或挑选，报废。③ IQC 根据最终评审结果对不合格物料进行标识，加盖特采章（黄色标签）或红色标签，所有特采或不合格均应备注不良项目。④仓库收料人员根据标识将物料移入不合格品放置区，以避免混料或误用，待接到采购处理通知后办理退货等手续。

若是物料环境有害物质限值超标时，立即对不合格品封存隔离，并至少准备 2 份样品（样品量需满足检测需求，一份送第三方检测机构进行检验，一份 IQC 留存）。经第三方检测机构确认物料环境有害物质限值超标时，需立即将不合格物料退货或者销毁，同时协助供应商查找污染源或有害物质来源，必要时对供应商实施罚款处理。

IQC（Incoming Quality Control 来料质量控制）抽检判定合格的物料，上线使用时经 IPQC（In Put Process Quality Control 制程控制）、生产人员发现物料不良比例超出正常抽样检验标准时，应立即反馈 IQC，经 IQC 确认不良后，立即对物料标示、区分、隔离，并按照《不合格控制程序》要求处理。

所有来料、制程、客户正常使用的不合格品责任属于厂商时，由采购依据相关合约规定提出赔偿要求。

练习与思考

1. 供应商质量管理新导入供应商需要具备哪些条件？对供应商导入认证需要做哪三项认证？主要有哪些单位参与？

2. 供需关系中如何保证合作双方的正当权益，需要签订哪些协议？

3. 针对代理商和海外供应商如何进行认证和评审？如何保障代理商或海外供应商交付的产品满足公司要求？

4. 供应商交付的品质可以从哪些方面进行评价，评价不合格需要采取哪些措施？

5. 简述来料检验的依据，列举一款物料检验前需要做哪些准备，检验结果如何判断，检验不合格后需要如何处理？

第 6 章

锂离子电池制造质量管理

锂离子电池制造质量管理是一种组织管理方法，旨在促进产品或服务达到预期的质量要求，并满足客户的需求和期望。

6.1 锂离子电池生产过程质量管理

过程质量管理是指为了实现质量目标而开展的系统性管理活动。在过程质量管理方面的控制活动，通常包括制定质量目标、质量策划、质量控制、质量保证和质量改进。质量管理更侧重于确保产品质量满足相关方的要求，它站在合规、满足各方面要求的基础上开展工作，类似于政府监管部门和客户，代表他们对生产过程的品质进行监督。质量管理需要充分利用数据，通过产品生产过程各工序的质量数据、设备数据、检测装置数据、测量工具数据等，构建产品质量影响因素分析模型，以实现质量问题影响因素的追溯。

6.1.1 制造过程质量控制的方式及基本要求

生产过程质量控制通过系统流程、规范、工具对生产要素进行资源分配使用，确保生产过程处于受控状态，同时对直接或间接影响产品质量的生产过程采取监控、审核、检测等方式实现产品质量的控制，并通过质量工具进行持续改进。

质量问题的表象千差万别，但追究其原因，不外乎以下几个要因：一是权责界定不明确，业务环节出现多头管理、无人负责的情况，其原因是管理规范未体现“谁主管，谁负责”的管理原则。二是标准执行不到位，对生产过程缺乏有效的管控措施，导致标准，特别是管理标准对现场作业缺乏应有的约束力。三是由于对基础信息缺乏系统的统计、分析和传递规范，导致信息失真、传递不及时等现象，不能准确及时地判断生产过程质量运行状态。所以在过程质量管控中需要做到权责明确、有效执行、信息传递准确。

6.1.2 制造过程质量体系流程控制

过程质量体系流程控制是质量管理体系中的核心要素之一，对于确保产品和服务的稳定性和一致性至关重要。通过合理的产品检验、不合格品控制、过程品质异常管理、审核管理，使企业能够提高生产效率、降低成本、改善产品质量、增强市场竞争力。

6.1.2.1 产品检验

（1）产品检验的目的

通过制程检验、加强不合格品控制等措施确保产品符合预定的质量标准和要求，保障产品质量、安全性和可靠性。

（2）产品检验的形式

a. 自检：操作员对自己生产的半成品或成品按照标准或规定要求进行的检验；

b. 互检：同工序或者上下道工序的操作员相互之间对产出的成品或半成品进行的检验；

c. 首检：在生产前针对首件（通常是 3～5 件）进行的检验；

d. 巡检：在产品首检合格后定时按指定的项目进行轮流检查。

（3）产品检验流程

检验流程见表 6-1。

表6-1 产品检验流程（企业案例）

活动编号	活动	质检员	生产操作员	生产组长	品质工程师	工艺工程师	输入	输出
001	准备生产	I	R	S			《日生产计划》	《库存材料出库单》
002	审核物料	A	S	I			—	—
003	改善	I	R	S	S	S	《制程异常回馈单》	《制程异常回馈单》
004	首件制作		R	S			—	《首检记录表》
005	首件确认	R	S		S	S	—	—
006	自检		R	S			—	《生产日报表》
007	过程巡检	R	S				《IPQC过程检查记录表》	《IPQC过程检查记录表》/《巡检记录表》
008	标示隔离	I	S	R	I	I	—	《生产日报表》
009	物料投拉	I	R	S	I	I	《库存材料出库单》	—

注：R 为责任（Responsible），A 为批准（Accountable），S 为支持（Support），I 为通报（Inform）。

6.1.2.2 不合格品控制

（1）不合格品控制的目的

规范不合格品的处理过程，提高处理不合格品的效率，降低质量风险。

（2）不合格品的管理理念

不合格品的管理是企业质量管理体系的一个要素。不合格品管理的目的是对不合格品做出及时的处置，如返工、返修、降级或报废，更重要的是及时了解制造过程中产生不合格品的系统因素，“对症下药”，使制造过程恢复受控状态。

因此，不合格品管理工作要做到三个“不放过”，即没查明责任和原因“不放过”，没找到防患措施“不放过”，当事人没受到教育“不放过”。

细节决定成败，生产质量运行的各个环节都应参与到持续改进活动中来，提升生产运行效率，改善生产运行结果。过程质量管控结果需日清日结，就是要工序、班组、车间和工厂各层级，对生产现场每天的生产数据进行及时有效地整理、分析和总结，让生产、工艺和质量管理人员可以实时跟踪生产运行状态、掌握各个指标变化趋势等信息，同时可清晰生产过程数据的追溯路径，确认责任人履职情况，对于识别出的问题在第一时间给予反馈，相关人员根据反馈信息，可及时发现过程隐患，进而触发整改流程，积极采取措施消除隐患。

在生产过程中凡不符合产品图样、技术条件、检验标准及订货合同等要求的零部件、半成品及成品统称为不合格品。

（3）不合格品的控制

a. 要制定不合格品的控制程序，明确有关部门和人员的职责，对检验不合格的工序产品明确不合格品种类的划分、标识、隔离及处理的有关规范要求。b. 对过程中产生的不合格品，要根据不合格品的种类由检验、技术、质量管理部门和技术负责人，按照程序文件和有关规定，做出处理。c. 不合格品要做好标识和隔离。d. 按程序文件和有关规定进行不合格品的处理。e. 查找并分析不合格品产生的原因并进行纠正和采取预防措施。

（4）制程不合格品控制流程

制程不合格品控制流程如图 6-1 所示。

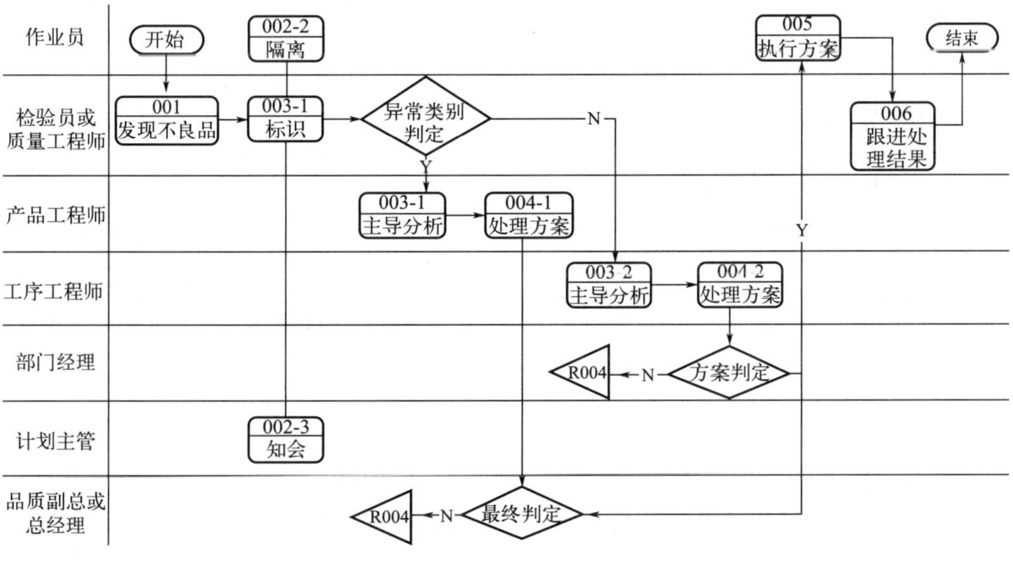

图 6-1　制程不合格品控制流程图（企业案例）

6.1.2.3　过程品质异常管理

（1）过程品质异常管理的目的

对制程中的品质异常及时处理，确保制程中的产品品质得到有效控制，满足客户要求。

（2）过程品质异常处理流程

过程品质异常处理流程包括发现异常、确认异常、改善、发出《品质异常处理单》、通知生产主管、制定应急措施、分析原因、制定改善措施、执行改善措施、确认改善效果 9 步活动，活动参与人及输入、输出，具体如表 6-2 所示。

表6-2 过程品质异常处理流程（企业案例）

活动编号	活动	质检员	生产操作员	质检组长	生产主管	生产组长	品质工程师	责任工程师	输入	输出
001	发现异常	R	R	I		I			品质异常（5W2H）	不良样品
002-1	确认异常	S	S	S		R	C	I	—	—
002-2	改善	I				I	S	R	—	—
003	发出《品质异常处理单》			R		I			附录1《品质异常发出标准及品质异常停线标准》	《品质异常处理单》《停线/复产通知单》
004	通知生产主管/PRJ			R	I	I	I		—	—
005	制定应急措施	I	I	I	S	I	R		《品质异常处理单》《不合格品控制程》	《品质异常处理单》《不合格品处理报告》《冻结通知单》
006	分析原因	S	S	S	S		S	I	—	《品质异常处理单》
007	制定改善措施			I	S	I	A	R	—	《品质异常处理单》
008	执行改善措施	S	S	S		S		R	《品质异常处理单》	《解冻通知单》
009	确认改善效果	R	S	S		S	C	S	《品质异常处理单》	《品质异常处理单》

注：R 表示责任（Responsible），A 表示批准（Accountable），S 表示支持（Support），I 表示通报（Inform），C 表示咨询（Consult）。

6.1.2.4 审核管理

（1）审核管理的目的

通过审核来验证各项活动和相关结果是否符合要求及质量管理体系的符合性和有效性，为质量管理体系的改进提供依据。

（2）审核类别

a. 体系审核：主要是指以体系标准条款（ISO9001 和 IATF16949 等）及法律法规为审核依据，对体系范围内各个过程运行的符合性和有效性进行验证，以达到持续改进的活动。体系审核需覆盖所有与质量体系相关的过程、活动和班次。

b. 过程审核：按照策划的过程审核范围，验证产品制造过程中影响质量的人、机、料、法、环境和测量等因素的控制有效性，确保制造过程处于稳定受控状态的活动。

c. 产品审核：按照产品审核规范，在生产和交付的适当阶段对产品进行审核，以验证所有规定的要求，如制品尺寸、功能、性能、包装、标识等应符合标准。

d. 分层审核：由管理高层到基层管理者按照标准化、常态化、高频化的方式对生产过程进行符合性检查。

（3）审核策划及实施

一般在企业当中每年度由公司的体系专员根据上年度的内审计划实施效果、体系的运行状况、问题多少、重要程度，以及公司管理发展方向等，编制《体系审核计划》《产品审核计划》《过程审核计划》和《分层审核计划》。例如，分层审核通常按照5个层级，包含班组长、主管/工程师、部门经理、总经理和副总裁5个级别，按照分层审核计划表进行审核。质量体系审核每年至少进行一次，也可按照需求进行，如组织机构、管理系统发生重大变化；顾客抱怨，特别是外部不符合发生较多时，或出现质量事故；内部不符合，特别是产品不符合发生较多时；法律、法规及其他外部要求的变更；在接受第二、第三方审核前；质量认证证书到期换证前。过程审核每年至少覆盖所有产品制造过程一次，也可根据需求进行，如第二方制造审核前；新产品的制造过程或者产品制造过程发生更改；内部/外部不符合发生较多时；顾客有特殊要求时。产品审核每年至少覆盖所有产品类别一次，也可根据需求进行，如第二方产品审核前；内部外部不符合或顾客投诉发生较多时；顾客有特殊要求时。

在企业内，各项审核工作通常由公司内部确定的审核小组按照各类审核计划实施。审核小组由专业的审核员组成，针对审核员的要求，体系审核（审核员接受过内部或者外部的体系审核培训并且考试合格，有内外部培训的内审员证书）、过程审核（审核员必须接受过程方法的培训，熟悉流程与工艺，有过程审核内审员证书）、产品审核（审核员熟悉被审核产品相关的图纸与技术规范，有产品审核内审员证书）。各类审核计划的制定和实施，要从审核的目的、方式、范围、准则以及审核的产品、计划过程、地点及日期等维度向被审核方提前说明，并且在开始审核前组织被审核方召开会议说明。通常每类审核均会按照既定的审核检查表进行，如《体系审核检查表》可参照体系标准要求，企业体系手册、流程、规定，客户审核清单要求，其他法律法规文件等拟定执行检查；《过程审核检查表》可参照需要审核的过程（每个制造过程），产品图样、工艺文件、检验文件、控制计划、作业指导书等是否完整、统一，是否为现行有效版本，设备、工装、检测器具维护保养、管理是否符合要求、使用是否正常，操作者对文件的理解及执行情况，是否按规定正确进行质量检验，操作者的技能是否符合岗位要求、是否经过岗位培训，原材料、配件是否符合规定要求等拟定《过程审核检查表》；《产品审核检查表》要确定库存产品，确定工序或者库存产品的质量特性，准备产品图纸、国家标准、相关技术规范及检验试验标准和抽样方案，确定对产品的品质、性能、尺寸、适当的包装方式及安全、环境、法律法规的符合性等拟定执行检查；《分层审核检查表》按照不同层级进行制定，班组长级主要关注工序上基本的检查项目，如员工遵守安全规定，佩戴个人防护装置，员工使用正确的工装、量具和零件，员工遵守并执行现场标准化操作管理和目视化管理要求，符合物料管理规定，员工理解并遵守标准化操作要求和质量控制要求，防错系统、防呆系统是否正常工作等。每种类型的审核结束后均需进行审核总结，通过审核末次会议的方式将审核问题点向被审核部门进行说明，并形成书面的审核总结报告，以便有效跟踪审核问题的改善关闭验证。

（4）体系审核的步骤及要求

规划：确定内部审核的目的、范围和时间表。制定内部审核计划，包括确定待审核的程序、文件和部门等。准备：收集和准备审核所需的信息、文件和记录。审核小组应研究相关文件，了解质量管理体系的运作方式。执行：审核小组按照事先确定的计划和程序进行现场审核。与相关人员面谈，检查文件和记录，并观察过程执行情况。记录：审核小组应详细记录其发现和意见。记录应包括问题、改进建议以及正面的实践和成功案例。分析：审核小组对收集的数据和信息进行分析和评估，比较实际运作情况与质量管理体系要求的一致性，并识别任何不符合或改进的领域。报告：审核小组应编写内部审核报告，总结审核中的问题和意见。报告应包括对质量管理体系的整体评估和改进建议。跟踪：组织应根据内部审核报告中的建议和问题，制定行动计划并跟踪执行情况，确保质量管理体系的改进措施得到适当的关注和处理。

（5）产品审核的步骤及要求

按照产品审核计划通常要求到成品仓审核产品的包装及标识，并随机抽取审核所需数量的样件；对抽样的产品依据产品检验要求检查产品的质量符合性，包含外观、功能、尺寸、安全性及包装质量等进行测试和检验，产品检测可以由审核员自己进行，也可以在审核员在场的情况下，由质量部其他检验员进行，当现场无检测能力或者不具备检测条件及环境时，立刻送至实验室进行检测，审核员将检测结果记录于检查表中（在检测前检查产品的测量系统，确保产品测量值的正确性）；审核员在《产品审核检查表》中需记录如下内容：审核时所抽取的产品数量、检验不合格的数量；根据不符合的数量值计算每次产品审核的 QKZ=（1- 所有项目缺陷分数之和 / 所有项目加权的抽样数之和）×100%。依据不符合情况划分缺陷类别，并依据缺陷类别造成的后果进行评价，一般情况下分为 3 类。

a. 关键缺陷（A 类）：预计会对人身造成危险和不安全的缺陷。

b. 主要缺陷（B 类）：非关键缺陷，预计会导致发生事故或影响可使用性，不能完全按照规定用途使用。

c. 次要缺陷（C 类）：预计按照规定的用途使用不会受到大的影响，或者与适用的标准有偏差，但对设备、装置的使用与操作、运行有轻微影响的缺陷。

说明：每个产品的所有项目缺陷分数之和 =A 类缺陷个数 ×10+B 类缺陷个数 ×5+C 类缺陷个数 ×1

每个产品的所有抽样数之和 =A 类项目总数 ×10+B 类项目总数 ×5+C 类项目总数 ×1

（6）过程审核的步骤及要求

审核需在被审核单位指定人员的陪同下进行，审核员依据《过程审核检查表》的内容，应对每个工序流程进行核查，并依据实际状况随机抽查审核，现场增加的审核项目应列入审核检查表中，并及时将符合或者不符合的客观证据记录下来。审核员在审核时若发现过程中存在严重缺陷时，应立即与被审核部门负责人共同制定采取紧急措施。过程审核完成后需要对审核的过程进行评分及定级；具体可参照 VDA6.3 中评分准则进行，最终形成审核总结报告，进行审核改善跟踪。

（7）分层审核的步骤及要求

由分层审核组织者按月度的方式发布审核计划，并按审核计划进度组织各层级审核员按时参加现场分层审核，班组级审核由现场班组长自行组织进行。在审核过程中发现的问题由审核组织者统一记录并进行统计汇总发给相关方进行改善，并且每月进行一次分层审核总结，获取资源进行问题改善。

6.1.3 产品控制计划

质量管理的重心就是如何通过事前的有效控制达到对结果的控制过程，编制和执行专门的质量控制程序，更有利于实行全面的质量管理。

制造过程各工序是产品质量形成的最基本环节，要保证产品质量，预防不合格品的发生，必须搞好工序质量控制。质量管理就是将事后的处理变为事前的预防，让企业在实际的运营中、具体的工作上提前做好计划，按时完成工作任务。这样则可以避免因事前的准备不足而造成各类质量问题发生，进而造成重大的经济损失。也就是说，在质量管理的过程中，事后的检验把关是“基础”，事中的过程控制是“关键”，事前的预防控制是“必然”，因此提出了质量控制计划这一要求。控制计划是汽车行业基于 IATF16949 要求衍生出的质量控制策划文件。

6.1.3.1　控制计划简介

产品控制计划——Control Plan（CP），是先期产品质量策划的一个输出，为满足顾客要求，对材料、过程进行有效管控的策划，如图 6-2 所示。

<table>
<tr><td colspan="14" align="right">保密等级(一般)</td></tr>
<tr><td colspan="3">□样件□试产■量产</td><td colspan="5">主要联系人/电话：</td><td colspan="4">日期(编制)：</td><td colspan="2">日期(修订)：</td></tr>
<tr><td colspan="3">控制计划编号/版次：</td><td colspan="5">核心小组：</td><td colspan="6">顾客工程批准/日期(如需要)：</td></tr>
<tr><td colspan="3">产品名称/描述：</td><td colspan="5">供方/工厂批准/日期：</td><td colspan="6">顾客品质批准/日期(如需要)：</td></tr>
<tr><td>供方/工厂：</td><td colspan="2">供方代号：/</td><td colspan="5">其他批准/日期(如需要)：</td><td colspan="4">其他批准/日期(如需要)：</td><td colspan="2">页次：</td></tr>
<tr><td colspan="14"></td></tr>
<tr><td rowspan="3">过程编号</td><td rowspan="3">生产设备/夹具/工具</td><td rowspan="3">过程名称/操作描述</td><td colspan="3">特性</td><td rowspan="3">特殊特性</td><td colspan="6">方法</td><td rowspan="3">反应计划</td></tr>
<tr><td rowspan="2">编号</td><td rowspan="2">产品</td><td rowspan="2">过程</td><td rowspan="2">产品/过程/规范/公差</td><td rowspan="2">评价/测量技术</td><td colspan="2">样本</td><td rowspan="2">实施岗位</td><td rowspan="2">控制方法</td></tr>
<tr><td>容量</td><td>频率</td></tr>
<tr><td rowspan="8">1</td><td rowspan="8">正极粉料自动上料系统</td><td rowspan="8">正极粉料上料</td><td>1</td><td></td><td>环境温度</td><td></td><td>参考生产环境控制</td><td>大屏温湿度计</td><td>1次</td><td>每班</td><td rowspan="2">生产</td><td>湿、温度管控记录表</td><td rowspan="3">超规格报警通知FE处理</td></tr>
<tr><td>2</td><td></td><td>环境湿度</td><td></td><td>参考生产环境控制</td><td>大屏温湿度计</td><td>1次</td><td>每班</td><td>湿、温度管控记录表</td></tr>
<tr><td>3</td><td></td><td>环境洁净度</td><td>•</td><td>10万级</td><td>空气粒子计数器</td><td>1次</td><td>每班</td><td>品质</td><td>洁净室空气洁净度管控记录表</td></tr>
<tr><td>4</td><td></td><td>原材料状态确认</td><td></td><td>原材料物料核验</td><td>目视/MES扫码</td><td>1次</td><td>每次上料</td><td rowspan="6">生产品质</td><td>正极打胶操作指示单
正极搅拌操作指示单</td><td rowspan="6">按《制程异常处理作业管理办法》</td></tr>
<tr><td>5</td><td>正极材料上料重量</td><td></td><td></td><td>参考搅拌操作指示单</td><td>电子秤(自动上料系统称重)</td><td>1次</td><td>每次上料</td><td>上料系统加料记录表、录入MES</td></tr>
<tr><td>11</td><td></td><td>电子秤传感器点检</td><td></td><td>参考WI</td><td>砝码</td><td>1次</td><td>每月</td><td>自动上料系统电子秤检验记录表</td></tr>
<tr><td>12</td><td></td><td>磁棒磁力强度</td><td>•</td><td>参考WI</td><td>高斯计</td><td>1次</td><td>每月</td><td>主料辅料磁棒磁力检查记录表</td></tr>
<tr><td>13</td><td></td><td>罐料存放时间</td><td></td><td>参考WI</td><td>目视</td><td>1次</td><td>每次上料</td><td>自动上料系统加料记录表、计量储存罐物料标识卡</td></tr>
<tr><td>14</td><td></td><td>罐料存放状态</td><td></td><td>参考WI</td><td>设备数显</td><td>1次</td><td>每次上料</td><td>自动上料系统加料记录表、计量储存罐物料标识卡</td></tr>
</table>

图 6-2　控制计划（企业案例）

控制计划本身是一个过程控制的纲，是管理和审核的清单，是一个管理和控制规划，便于对过程识别和改善。日本企业有类似作用的文件叫 QC 工程图，从内容上看差别不大，但是一定要有工艺流程图。控制计划是 APQP 的输出，依据工艺流程、PFMEA、特殊特性表等形成。

6.1.3.2　控制计划的输入与输出

控制计划作为质量控制的一份重要技术文件，对过程控制起着非常重要的作用，它将技术文件系统地贯穿起来，通过 FMEA 分析出的高风险特性与要求、客户要求以及本公司识别出的特殊特性作为控制计划的输入，由控制计划制定准确的控制方法与反应计划，同时为制定作业文件和检验文件提供重点控制的依据，也是过程审核的先决条件和重要依据，具体如图 6-3 所示。

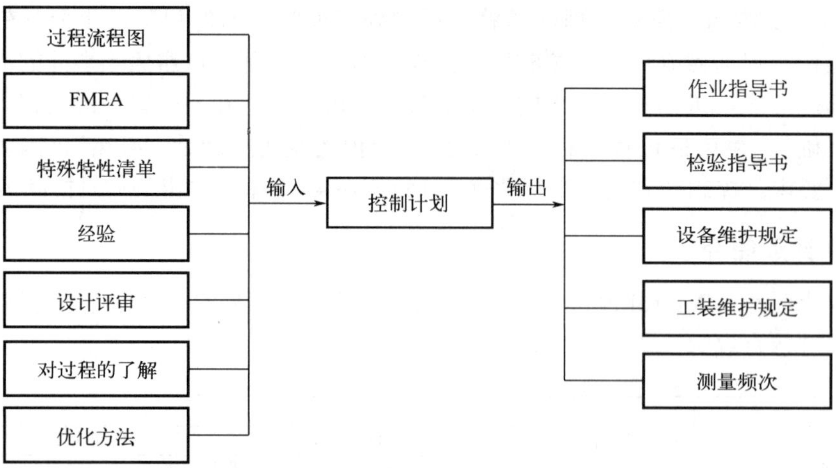

图 6-3　控制计划的输入与输出

6.1.3.3　控制计划的特点

（1）是书面的过程描述，如图 6-4 所示。用于控制并减小零件及生产过程的变差。

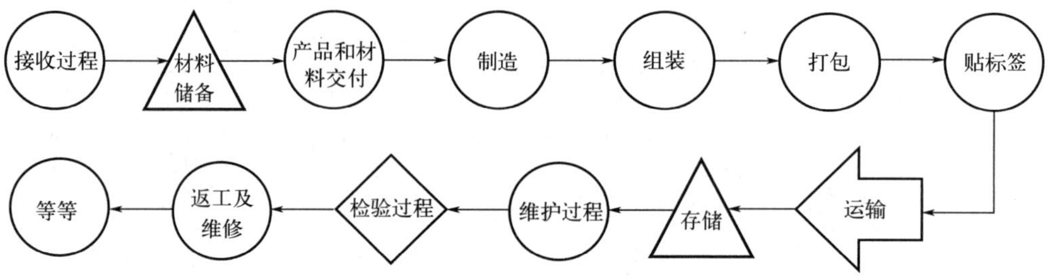

图 6-4　控制计划的过程描述（参考）

（2）描述了生产过程的每个阶段所需的控制措施。

（3）详细列出控制特殊特性的过程监测及控制方法。

（4）描述了制造商的质量控制系统，包括针对特殊产品和过程的反应计划。

6.1.3.4　控制计划的作用

如图 6-5 所示，控制计划描述了生产过程每个阶段所需的控制措施，用来控制特性的过程监测和控制方法。

控制计划控制的是产品特性和过程特性以及特殊要求，但过程特性会影响产品特性。因此，需要明确每个工序中的产品特性并识别影响这些产品特性的过程特性，如图 6-6 所示。

6.1.3.5　控制计划实施的时机和范围

公司内所有产品（包括新产品、常规产品、老产品），当任何影响产品、制造过程、测量、物流、供应来源或 FMEA 的更改发生时，多方认证小组必须重新评审和更新控制计划；产品更改、过程（工序）更改、过程（工序）不稳定、过程（工序）能力不足、检验方法和频次等修改、供应来源变更、FMEA 变更时也应重新评审并更新控制计划。

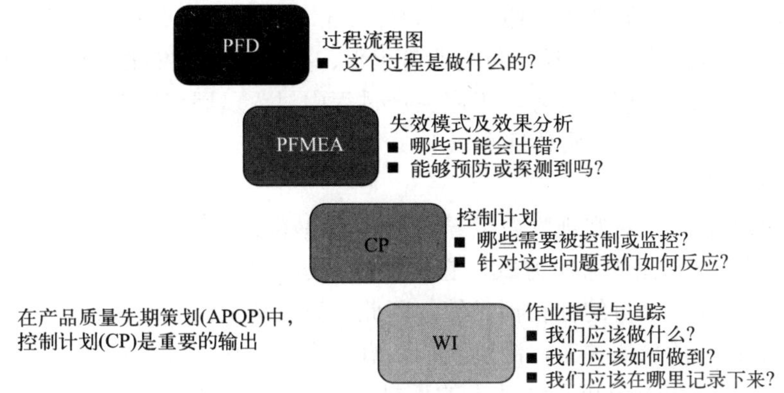

图 6-5　控制计划的作用

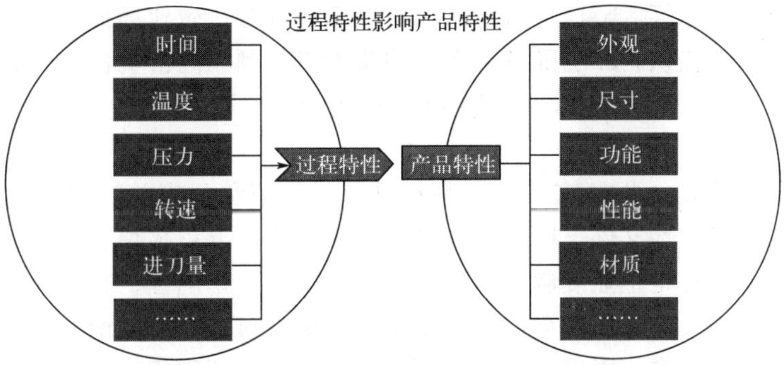

图 6-6　控制计划的特性（参考）

6.1.4　制造过程生产要素管理（5M1E）

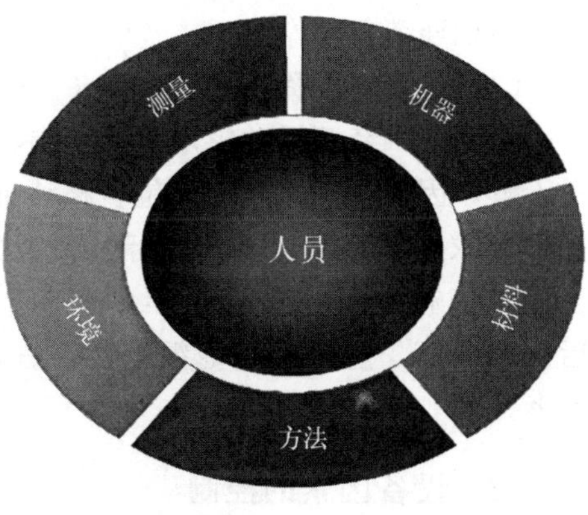

图 6-7　5M1E

工序是产品形成的基本环节，工序质量是保障产品质量的基础，工序质量对产品质量、生产成本、生产效率有着重要影响。工序标准化作业对工序质量的保证起着关键作用，工序标准化在工序质量改进中具有突出地位。如图 6-7 所示，工序质量受 5M1E 即人员、机器、材料、方法、测量、环境 6 个方面因素的影响，工序标准化就是要寻求 5M1E 的标准化。①人员（Man）：操作者对质量的认识、技术熟练程度、身体状况等；②机器（Machine）：机器设备、测量仪器的精度和维护保养状况等；③材料（Material）：材料的成分、物理性能和化学性能等；④方法（Method）：包括生产工艺、设备选择、操作规程等；⑤测量（Measurement）：主要指测量时采取的方法是否标准、正确；⑥环境（Environment）：工作地的温度、湿度、照明和清洁条件等。

6.1.4.1　人员因素的控制

在整个生产活动中，人是最重要、最关键和最活跃的因素，也是降低工序质量波动范围最主要的一个方面。人员的素质要求一般有 3 个方面：a. 思想素质。包括人的思想觉悟、责任感、职业道德、质量意识等；b. 技术素质。包括业务水平、技术能力、文化基础、专业知识等；c. 身体素质。包括健康状况、疲劳程度等。工序生产过程中对人员因素实施有效控制，对保证产品制造质量具有决定性的作用，通常体现在以下 3 个方面。

（1）强化质量意识

所谓意识是指人脑机能对客观物质世界的反映，是感觉、思维等各种心理活动的总和。意识往往表现为深刻的、牢固的思维方式，它能够使人运用概念、思想、计划指导自己的言行，使人们的言行具有方向性、目的性和预见性。因此，质量意识概念的提出，要求人们进一步认识自己所从事的工作与质量的关系，激发人们认真负责的工作态度来提高工作质量，从而保证产品质量。强化人的质量意识可以调动人的积极性、创造性，促使人们重视质量，不断进取，在质量控制中有目的地处理好各种质量问题。

强化质量意识的途径：a. 广泛宣传企业的法规以及企业员工与质量的关系，宣传质量重要性是企业赖以生存的命脉等。b. 广泛进行员工职业道德教育、敬业精神教育，激发员工的责任感，大力普及质量管理知识。c. 明确各类人员的质量责任制和经济责任制。d. 在管理上要制定一整套体现“质量为核心”的文件，用以指导各种质量活动。

（2）倡导依法生产意识

倡导企业的质量手册、程序文件、产品标准、质量记录及相关的规章制度是企业指导生产、经营活动的“法律”性文件，因此，在控制人员因素时要积极倡导依法生产意识。a. 倡导人员依法生产意识的前提是企业要制定一整套具有完整性、正确性、有效性、可操作性及接口性的质量体系文件及相关的规章制度，从技术上、组织上对人员的意识和行为进行规范。b. 加强生产过程中的标准化工作，以促进企业管理的科学化、系统化和效率化，减少非标准状态下的思维和行为。c. 指导人员的一切活动要追求形式上的符合规范、实事求是、注重客观事实。d. 人与人会相互影响，因此，要注重局部失控和偏离的现象，出现时要及时、有效地予以纠正，避免出现连锁负面作用。

（3）贯彻岗位资格认证制度（上岗培训）

在生产、经营活动中，新手上岗、应急顶岗等未经培训随意调配人员所造成的质量事故屡见不鲜。因此，严格实施岗位资格认证制度是控制人员因素的关键。a. 要根据人员不同岗位的技术要求，制定相应的岗位标准以及定级和升级的依据。b. 开展岗位达标的培训、考核，符合要求者颁发资格证书。未经培训、无岗位资格证书者不准上岗操作。c. 为了避免有人缺勤后影响生产，应有计划地组织员工进行一专多能的岗位培训，并建立培训档案供人员调配时查考。

6.1.4.2 设备因素的控制

在锂离子电池生产过程中使用的设备种类较多，其运行状态及精度状态直接影响工序产品质量的波动。因此，应进行有效控制。设备因素的控制通常要进行以下 6 个方面的工作。

（1）设备完好标准的制定

设备完好标准是判断设备是否处于完好状态的依据，也是开展设备因素控制的纲领性文件，企业根据工厂的设备状况制定每台设备的完好标准，并按完好标准定期对设备进行检查和考核以及维护保养。设备的完好标准一般是依据设备安装调试验收细则及设备的使用说明书来制定，设备完好标准的制定要求完整、正确、规范及可操作，设备的完好标准一旦制定，设备的检查、考核以及维护保养都将以此为依据。

（2）设备操作规程的制定

为使每一个操作者都能正确无误地操作设备进行生产，应对每台设备制定操作规程，设备的操作规程一般包含 3 部分内容：设备的技术参数、设备的操作程序和操作时的注意事项。设备的操作规程必须放置在现场，并将其上升为企业标准进行管理。图 6-8 为设备（分条机）操作指导文件。

文件类型	三阶文件	文件编号	EI-ME-H004
		版　　本	A1
文件名称	分条机安装、操作、维护工作指示	页　　次	9/27
		生效日期	2022/4/07

2)隔套每月要进行一次除锈清洁；

3)隔套安装之前需要检查隔套上有没有划痕、毛刺、凸点，如果有需要用1500目砂纸进行打磨处理，打磨后光滑无手感，打磨后需记录在《下隔套履历卡》上

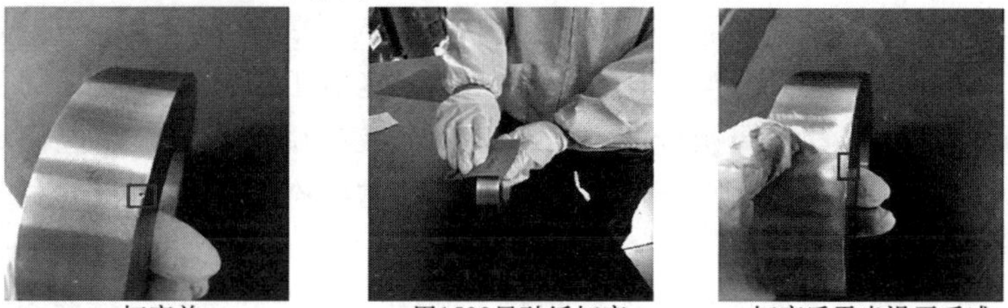

打磨前　　用1500目砂纸打磨　　打磨后需光滑无手感

7.6.5.3　刀架摆放

刀架推车的摆放及清洁要求

1)刀模架应全部摆放在刀架推车上，并插上插销，防止滑出掉落。

图 6-8　设备操作指导文件（企业案例）

（3）相关的设备因素控制程序

为确保设备经常处于完好状态，除设备完好标准、操作规程外，还应制定下述相关的控制程序：①设备购置、安装、调试、验收程序；②设备分级管理程序、特种设备管理程序；③重点设备的日常点检程序；④设备的“三级保养”及“润滑”程序；⑤设备能力验证程序；⑥设备的备品、配件管理程序；⑦设备运行程序；⑧设备定期检查、考核程序；⑨设备事故处理程序；⑩设备报废程序；⑪设备的档案管理程序。

（4）设备的维护保养

设备的维护保养是指为维持设备的完好及精度性能而进行的清理、润滑、紧固及调整工作。其原则是以预防为主，维护与计划检修并重，设备的合理使用一经明确，设备的维护保养就成为延长设备寿命最重要的手段。

设备保养的主要内容是“整齐、清洁、润滑、安全”，即通常所说的“四项要求”。保养工作依据其工作量的大小和难易程度可划分为三级，即日常保养、一级保养和二级保养，一般称为“三级保养”。①日常保养由操作人员承担，内容是清洁、润滑和紧固易松动的螺丝，检查零部件的完整性。②一级保养以操作人员为主，维修人员配合指导，内容包括：a. 根据设备的使用情况，进行部分零件的拆卸、清洗、修复。b. 对设备各个配合间隙进行适当调整。c. 清除设备表面的粉尘及油污。d. 检查、调整润滑油路。e. 清洗附件及清理装置。③二级保养以检修人员为主，操作人员配合，内容包括：a. 根据设备的使用情况，对设备进行部分解体检查、清洗。b. 对各过辊、轴承等进行清洗并换油。修复或更换易损件。c. 检修电气线路、传动线路。d. 检查、调整、修复精度。

（5）设备维修计划

企业应按设备的使用情况编制设备的维修计划，并组织实施。设备维修一般分为预防性维修、改善性维修和事后维修。预防性维修是根据设备维修计划和预防性检查发现问题或隐患而安排的计划。预防性维修是把故障消灭在萌芽状态，保证设备正常运转。改善性维修是根据生产过程中发现的设备缺陷和重复故障，结合维修计划改进设备的结构和零部件的性能，以提高设备的可靠性、维修性和安全性等。事后维修是指设备发生故障后进行的维修工作，一般为局部的小修理或排除小故障。各种设备的检查和修理均要做好记录，为设备的改进和更好地管理提供依据。

（6）工装因素的控制

工装的质量控制首先要围绕如何保持工装的完好和充分发挥工装效能的角度来制定相应的控制程序，一般应包括以下 3 个方面。

① 如何正确地使用工装：锂离子电池生产中使用的工装种类不多，主要是涂布用的挤压模头、模头垫片、分切刀、模切刀模、托盘、焊头等，这些工装夹具都有正确使用的要求、应用文件和操作图示，使操作者掌握操作要点及正确的安装和调试方法，掌握模具主要磨损的原因及磨损的极限情况，才能及时地判断模具是否处于正常状态及如何防止模具的意外损坏和过度磨损。

② 工装的检定：针对不同的使用条件制定工装的周期检定标准，标准的内容包括检定的项目、规格范围、检定周期等。锂离子电池生产主要使用的工装夹具，一般采用周期检定的方法进行检定，检定周期的长短要根据模具的磨损情况来确定。工装应制订工装卡并做好工装的使用、检定、修理及检验记录。

③ 工装的库存：工装应集中保管，采用借还制度。暂停使用的工装要及时入库，入库的工装必须整齐、清洁、完好，严防损坏变形和锈蚀；在库工装要进行定期管理并做好防尘防锈。工装出库要严格执行出库手续，仔细核对规格、数量，并检查其库存合格证明。

6.1.4.3 物料因素的控制

锂离子电池产品形成过程中使用的物料种类较多，其质量的优劣、加料的数量及方法都将对产品的性能、寿命及安全可靠性产生影响。因此，对物料因素的控制必须从物料的订购、进货检验、入库、保管、领料发料、标记移植、材料代用等各个方面以及零部件、半成品转序的各个环节加以严格控制。

一般有如下几方面的要求：①物料来料管控见本书第 5 章“供应商质量管理”。②物料进厂后必须经过检验合格后才允许入库。在领用出库时注意核对牌号、规格、标记和质量情况。③零部件和半成品必须经过工序检验合格或在工序提供质量保证前提下才允许转入下道工序或入库。④在库物料或转序零部件、半成品要按其性质和对产品质量影响的程度规定储存条件和方法，仓库及存放场所环境条件必须符合规定的要求，例如锂离子电池原材料、裸电芯、成品电芯等。⑤物料应按品种、来源、批号、进厂日期等分类妥善摆放，做到账、卡、物一致。并按先进先出的原则发放。⑥对容易变质、变性的物料及半成品应规定防变措施，并严格执行，在储存期应进行定期检查。例如，锂离子电池用的三元材料，在储存时要规定好防湿、防氧化措施，以防止材料吸潮变质。⑦对产品质量有重要影响的物料、半成品应做好标记，以保证质量的可追踪性及可传递性。例如，锂离子电池使用的隔膜、电解液等，需标注唯一批号，要保证组装成成品电池后，如果发现电性能不佳的质量事故时可以将其追回。⑧严格防止储、运、发等运转过程中的混料现象发生。例如锂离子电池生产使用的钴酸锂、石墨等工艺材料，如果发生混料将产生重大的质量事故。⑨严格贯彻不合格的物料不投产，不合格的零部件、半成品不转序的原则。⑩在不影响产品质量的前提下需采用代用材料时或超标的零部件、半成品需让步接收时，必须严格按照规定的程序办理审批程序。⑪在生产过程中，转序后的零部件、半成品在使用前应合理堆放、隔离、标记和保管。以保持其适用性，同时应特别注意其在储存期间的质量控制和储存期限，以防止变性。

6.1.4.4 方法因素的控制

作业方法是否科学、合理、准确，这对产品质量的优劣也是一个主要的影响因素。电池的生产过程，由于其重点工序、特殊工序较多，所以作业的程序、操作要领以及对制品的性能判断等对产品质量至关重要。一般情况下，工序作业方法有以下两方面内容。

（1）作业指导书

作业指导书是工序作业程序、操作要领、控制和检查及记录的指导性文件，也是工序质量控制必备的文件，它必须具有完整性、正确性、有效性、可操作性及接口性。

① 作业指导书的内容：a. 零件、半成品的图片或图示：锂离子电池生产过程中对于搅拌、涂布等工序或工位都应有明确的图片或图示。一方面要指示操作者本工序或工位所制产品的标准形态，另一方面要通过图示指示所制产品关键部位及易出质量隐患的部位。b. 操作程序：操作前应检查核对的内容，例如设备的完好状态，物料或上道工序产品的符合情况等；完整、正确、可操作地指示本工序或本工位的加工程序及方法；加工操作后的善后工作内容，例如清洗设备等。

② 作业指导书的控制要求：a. 影响工序质量的主要因素及过程、控制监视的内容及过程、监控的手段。b. 检查检验的内容、频次及检具要求。c. 工序产品所选择的工艺参数。d. 记录要求。

③ 制定作业指导书要注意的问题：a. 在操作程序中要注意加入生产工人在操作中所积累的经验和加工技巧，以利于指导工人正确地进行操作。b. 作业指导书所要求的内容要做到完整、正确。如工艺参数部分应尽可能地做到选择准确，定量表示。c. 操作程序要规定详细、具体，具有可操作性，不应出现诸如“见工艺卡片”或“见 ×× 文件”等现象，即工人操作的现场不能出现作业指导书、工艺卡和其他文件同时并存的现象。d. 作业指导书要注意接口性方面的问题，例如，搅拌工序作业指导书中应注明浆料在贮存过程中的有关环境要求及其他方面的监控方法，涂布工序使用前浆料合格性的确认方法等。图 6-9 为一份合格的作业指导书。

（2）检验指导书

检验指导书是用来指导操作者和工序检验人员正确实施检验作业的规范性文件，其目的是为工序作业活动中的检验提供具体的指导。检验指导书是产品检验规程（或规范）在作业检验环节的细化。

检验指导书的基本内容如下：a. 检验对象：监测的内容和受检物的名称。b. 质量特性：规定的监测内容及检验项目，需鉴别的质量特性，规范要求，质量特性的重要性级别，所涉及的质量缺陷严重性级别。c. 检验方法：检验基准、检测程序与方法，检测中的有关计算方法，检验频次，抽样检验的有关规定及数据。d. 检测手段：检验使用的计量器具、仪器仪表及设施，这些器物应处于的状态，使用中必须指明的注意事项。e. 检验判断：正确指明对判断标准的理解、判断比较的方法，判定的原则与注意事项，让步接收极限及不合格的处理程序和权限。f. 记录和报告：指明需要记录的事项、方法和记录表格，规定要求报告的内容与方式、程序与时间、报告人与确认人的责任。g. 对于复杂的检验项目，检验指导书应给出必要的示意图表及有关的说明资料。企业应从实际存在的客观需要出发，确定作业指导书及检验指导书的形式，以求既符合一般规范化的原则，又能满足不同的客观需要。作业指导书、检验指导书要制定得科学、合理、有效、可操作，如果不遵循就达不到预期的质量控制目标，因此，必须特别强调严格遵守工艺纪律，这是防止因作业方法不当而发生质量问题的重要措施。

<table>
<tr><td rowspan="2">文件类型</td><td colspan="3">三阶文件</td><td>文件编号</td><td>SOP-H073</td></tr>
<tr><td colspan="3">STANDARD OPERATING PROCESS</td><td>版本</td><td>A0</td></tr>
<tr><td rowspan="2">工序名称</td><td colspan="3" rowspan="2">电晕机使用规范操作</td><td>页码</td><td>2/2</td></tr>
<tr><td>生效日期</td><td>2022/9/23</td></tr>
<tr><td>1.检查</td><td>2.打开电晕机电源</td><td>3.调节功率</td><td colspan="2">4.打开电晕机</td><td>一、记录</td></tr>
<tr><td>操作步骤如下:
1.检查电晕机电源开关是否完好;
2.检查急停开关是否正常</td><td>操作步骤如下:
1.将开关往上提打开电晕机电源
2.按“启动”按钮打开运行状态</td><td>操作步骤如下：
走带状态下调节功率(停机状态调节无功率显示)</td><td colspan="2">操作步骤如下：
1.关闭电晕机电源
2.打开电晕机踏板护罩
3.翻开散热片</td><td></td></tr>
<tr><td>关键控制要点:
禁止开电检查，必须检查完才能开电源</td><td>关键控制要点:
无</td><td>关键控制要点:
功率过高，容易打皱，功率要求范围：0.5~1.5</td><td colspan="2">关键控制要点:
1.关闭电源后待电晕条冷却后再清洁;
2.打开踏板护罩时要两个人操作</td><td>二、停机报警线</td></tr>
<tr><td colspan="5">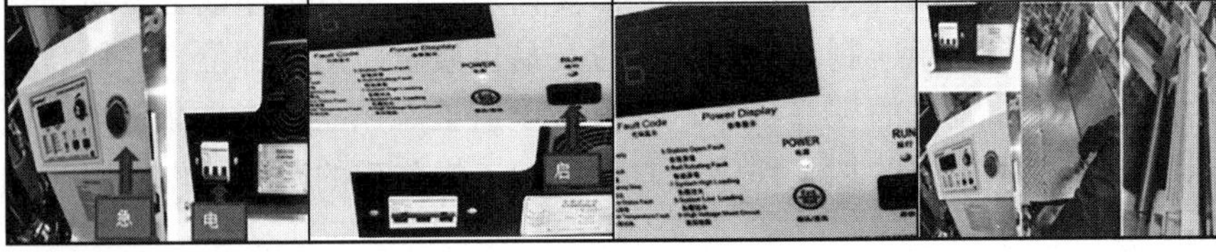</td><td></td></tr>
</table>

图 6-9　仪器作业指导书（企业案例）

6.1.4.5　环境因素的控制

锂离子电池的生产过程受环境参数的影响较大，因此要对环境参数实施有效控制。

（1）环境温湿度

对环境温度、相对湿度的控制要根据产品性能受影响程度制定明确的规定和控制实施方法，以保证原材料、半成品、成品性能指标的波动不受环境温、湿度的影响而出现偏差。

（2）颗粒粉尘管控

依据洁净室及相关控制环境国际标准ISO14644-21：2023及洁净室厂房设计规范GB 50073—2013，按洁净度等级建立洁净室。洁净度是以单位体积空气中大于等于某粒径粒子的数量来区分洁净程度，用个 /m³ 表示。洁净度的标准设定可参考表 6-3（a）和表 6-3（b）。

表6-3（a）　洁净室（区）空气洁净度级别表（企业案例）

洁净度级别	尘粒最大允许数（≥0.5 μm尘粒数）/（个/m^3）	尘粒最大允许数（≥5μm尘粒数）/（个/m^3）	微生物最大允许数（浮游菌）/（个/m^3）	沉降菌/个
100级	3500	0	5	1
10000级	350000	2000	100	3
100000级	3500000	20000	500	10
300000级	10500000	60000	1000	15

表6-3（b） 空气洁净度等级标准（国际标准ISO14644-1）

空气洁净度等级	大于或等于所标粒径的粒子最大浓度限值/（个/m^3）					
	0.1 μm	0.2 μm	0.3 μm	0.5 μm	1.0 μm	5.0 μm
ISO Class1	10	2	—	—	—	—
ISO Class2	100	24	10	4	—	—
ISO Class3	1000	237	102	35	8	—
ISO Class4	10000	2370	1020	352	83	—
ISO Class5	100000	23700	10200	3520	832	29
ISO Class6	1000000	237000	102000	35200	8320	293
ISO Class7	—	—	—	352000	83200	2930
ISO Class8	—	—	—	3520000	832000	29300
ISO Class9	—	—	—	35200000	8320000	293000

（3）洁净室正压

为保证洁净室空气洁净度符合要求，会为洁净室建立一个正压条件，即洁净室空间气压大于外部环境气压，具体正压标准目前行业内无统一或硬性标准，一般要求大于 3 ～ 5 Pa，也可由公司或企业内部验证确定。

6.1.4.6 测量仪器及测试方法的因素

（1）测量仪器管理

锂离子电池生产过程中必需的原材料、半成品电池、成品电池等是否符合要求，都需要依靠计量器具和测试仪器检验后，才能做出正确的判断。如果计量器具精度出现较大误差则会对产品质量产生较大的影响，因此，加强对计量器具和测试仪器的质量控制，保证其精度，使其示值准确和统一，并保持完好状态，对保证产品制造质量至关重要。一般对计量器具的质量控制有以下 3 个方面内容。

① 有效地控制量值传递的准确和统一。a. 建立标准的量值传递系统及传递程序。b. 各种计量标准器严格按量值传递程序进行传递。c. 严禁使用不合格或超期的标准器。d. 计量校准人员及基准检定人员须经国家有关计量管理部门培训、考核并取得合格证。

② 周期检定与定期或不定期校准。周期检定是一种对计量器具进行的强制性定期检定，而定期或不定期校准是对计量器具在两次周期检定之间进行的校验核准。周期检定及定期或不定期校准都是保证在用计量器具准确可靠的主要方法。

a. 执行检定周期：所有在用计量器具需根据使用的环境条件、测量的频次等情况来确定其检定周期，例如，测量尺寸的游标卡尺、称量重量的电子秤，由于其使用的环境条件较差，使用频次较高，因此其检定周期可适当的短一些，但要注意的是计量器具的检定周期不得超过国家计量管理部门颁发的计量器具检定规程规定的最长检定周期。确定检定周期后，形成在用计量器具周期检定表。

b. 按期送检：企业计量部门每年要制定“年度计量器具检定计划”，计量器具的使用部门或使用人员按计划把到检定期的计量器具送交计量部门进行检定，为了确保按期检定，分管检定的人员应在检定期前 10 天发出“计量器具周期检定通知单”，通知使用部门或使用人员按时送检。如果负责保管或使用人员因故不能按时送检，使用部门应向计量部门报告，调整检定日期。

c. 计量器具的检定：开展计量检定工作必须具备的条件：企业计量部门必须经国家有关计量管理部门审查、认可并授权；具有传递计量值的标准器（基准器）及有关设施；检定的环境（计量室）必须符合开展检定工作的要求；检定人员应是经上级计量部门培训考核并取得合格证的人员。

d. 周期检定的结果处理：周期检定的结果应填入“计量器具历史记录卡”。检定合格的应换新的合格证，并注明有效期，同时，在计量器具上粘贴统一的检定合格标识；检定不合格的由计量管理人员填写修理申请，并送至计量器具修理部门进行修理。

③ 计量器具的使用及管理。a. 制定“计量器具使用规范”，明确计量器具正确合理使用及维护保养计量器具。b. 计量器具最好做到专人使用、专人管理。c. 尽量控制好计量器具的使用环境条件，如温度、湿度及空气含尘量等。d. 严禁使用不合格或超检定周期的计量器具。

（2）测试与检验方法

在生产过程中，为了确定工序产品是否符合质量要求，需要用一定的方法和手段测定工序产品的质量特性，并将测得的结果同该特性的规定要求相比较，从而判断被检工序产品是否符合质量要求，决定接收还是拒收，进而判断工序的质量状况，尽快发现异常，消除异常，这个过程就是检验过程。企业所有的检验活动包括：理解和依据标准要求；检验质量特性、进行比较判断、做出判定、实施处理、报告等过程。因此，检验的职能是“鉴别、把关、报告”，对检验过程的质量控制内容如下。

① 检验方法选择是否适当对检验结果和评价产品质量特性的正确性有重大影响。若检验方法选择不当，往往严重影响检验结果的准确性和可信度，甚至会把合格品误判为不合格品，把不合格品判为合格品，导致不必要的损失。检验方法通常分为感官检验和器具检验两大类。a. 感官检验是指人依靠感觉器官对工序产品进行的质量评价和判定的检验，例如锂离子电池生产中对成品电池外观质量等的检验是通过人的感觉器官进行检验以判断其质量是否合格。由于感官检验带有主观性，所以必须将有关的检验条件标准化，这些工作包括制定标准和贯彻执行标准。b. 器具检验是指依靠仪器、量具或检测设备，应用物理和化学方法对工序产品进行检验，获得检验结果的方法。如锂离子电池生产中对极片重量、厚度、面密度、压实密度、水分等是通过量具、衡器、化验仪器等检验以判断其质量是否合格。用仪器检验时，检验规程和质量判定标准的制定以及检验人员业务素质、操作能力和所用器具的精度、量程等均是影响检验结果的因素。

② 检验方式对交验品进行质量检验，通常有全数检验和抽样检验两种方式。a. 全数检验又称普遍检验，百分之百检验，即对一批工序产品逐个进行检验，对每个产品做出是否合格的判定。b. 抽样检验是根据事先制定的抽样方案，对一批产品中的部分产品进行检验，并根据这部分产品的检验结果，对整批产品质量合格与否做出判定。

③ 锂离子电池生产过程中的检验，根据情况不同可分为全数检验和抽样检验两种方式，例如，电芯的电压、内阻、容量、外观检验均应采用全数检验法，而电芯的尺寸、极耳中心距等均应采用抽样检验法。

一般情况下，全数检验最好，但遇到破坏性试验及不经济的检验时，就不可能采用全数检验法，而只能采用抽样检验法。但是，抽样检验法存在一定的风险，即抽样检验得出的结论是否可靠，另外所取样本大小是否具有代表性等问题都是影响检验结果的因素。

④ 过程检验有 4 种形式：首件检验、巡回检验、完工检验、末件检验。

⑤ 检验基准一般有基准面、基准线、基准点、基准液等，它们与测量的结果有直接关系。

如果没有正确的检验指导书，检验人员的技术水准不一，往往会将检验基准找错或不一致，使测量误差变大。例如，裸电芯厚度测量时，要明确测量基准点并正确使用游标卡尺，否则就会出现误差。

⑥ 检验用量器具、计量器具的选择及其精度是影响检验结果的另一重要因素。根据产品或零部件的精度、性能、可靠性的要求，正确地选用计量器具十分重要。否则，将影响检验结果。

⑦ 检验状态的标识、工序产品检验的状态标识一般可分为：合格、不合格、待检和已检待判定 4 种。其标识方法可采用标记、标签、印章和划分区域来进行标识。

6.1.5 制造过程异物控制

6.1.5.1 锂电池制造过程异物控制重点

锂电池制造过程中的异物是指任何物质的微粒，引申指任何小的部分；包括人、机、料、法、环中引入电池风险的颗粒异物包含金属颗粒、粉末、纤维、杂屑等。

不同类型的异物对锂电池影响程度不同，如图 6-10 所示，越往右影响程度越大。超低量的金属异物都可能导致电池在使用过程中发生爆炸。因此，对于整个制造车间接触物及原材料中金属异物等管控分析尤为重要。

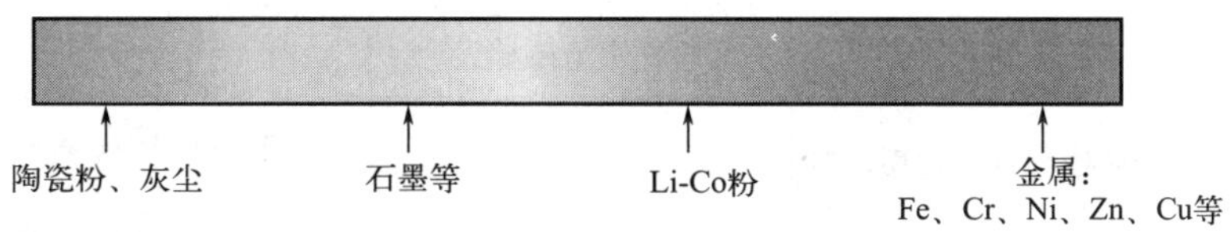

图 6-10　不同类型异物对锂电池影响程度图（从左往右影响程度增大）

锂电池异物影响电芯性能的机理：异物造成物理 / 化学短路引起自放电异常，电芯的自放电有可逆自放电和不可逆自放电。由物理短路造成的自放电通常为可逆自放电；由化学短路造成的自放电通常为不可逆自放电；自放电异常进而导致内部温度高，引发安全问题。因此，异物（粉尘、金属颗粒）管控是必要的。

物理短路：尺寸较大的颗粒异物直接刺穿隔膜，导致正负极之间短路。化学反应导致的短路：当金属颗粒混入正极后，充电之后正极电位升高，高电位下金属异物发生溶解，通过电解液扩散，然后负极低电位下溶解的金属再在负极表面析出堆积，最终刺穿隔膜，形成短路（如图 6-11）。

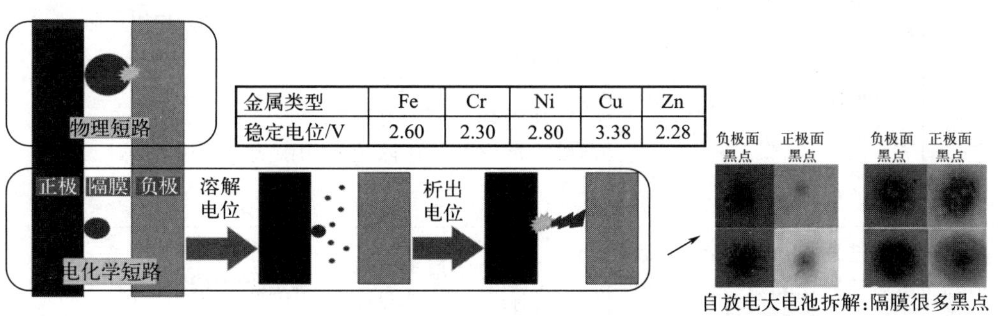

图 6-11　锂电池异物影响电芯性能机理解析图

6.1.5.2 锂电池制造过程中异物管控策略

锂电池生产过程中，异物是影响电池品质和性能的重要因素之一。造成异物的主要原因包括原材料、作业环境、制备工艺和人员操作等。本节将从人、机、料、法、测、环 6 个方面谈异物管控策略。异物管控体系如图 6-12（a）所示。

（1）异物管控策略——人员

人员着装的规范管理如图 6-12（b）所示：产线男女员工统一要求穿长裤，不允许着奇装异服。生产车间静电衣需进行分类管理（如生产部统一使用白色静电衣，用袖章区分职务；技术部统一使用蓝色静电衣；品质部统一使用粉色静电衣；袖章参照生产部执行，个别部门对着装有其他特殊要求的，由部门或车间进行统一规定）。

（2）异物管控策略——机器

设备开发时，异物管控统一标准如图 6-12（c）。

设备除尘设计见表 6-4。

表6-4　设备除尘设计（参考）

序号	工序	管控原因	管控方法	实施
1	上料	粉料含一定磁性物质，为减少粉料，磁性物质含量需进行管控	主料上料采用 9 根高强磁棒通过旋转方式进行除磁，增大接触面积；辅料蜂窝型磁棒设计	通过磁棒除铁器吸附情况定义清洁频（每周一次）
2	涂布	由于粉料残存磁性物质，浆料含有一定量磁性杂质，减少浆料磁性物质含量需进行管控	三道强力磁棒设计	1. 通过磁棒除铁器吸附情况定义清洁频次（每周一次） 2. 通过浆料磁性物质含量测试，确认磁性状态
3	辊压	预分切刀对极片进行裁切，产生异物，需进行消除	羊毛毡清洁刀口 + 负压吸尘	1. 通过羊毛毡吸附量及逃逸量确定清洁更换频次（每天一次）； 2. 确定除尘风速 8 m/s； 3. 确定预分切刀使用寿命
4	分条	分切刀对极片进行裁切，产生异物，需进行消除	羊毛毡清洁刀口 + 负压吸尘	1. 通过羊毛毡吸附量及逃逸量确定清洁更换频次（每天一次）； 2. 确定除尘风速 8 m/s； 3. 确定分切刀使用寿命
5	卷绕	卷绕存在对极片进行裁断的工步及设施，产生异物，需进行消除	1. 上下裁切刀采用新型斜刀设计； 2. 采用 3 个负压吸尘管道设计	1. 确定除尘风速 8 m/s； 2. 确定分切刀使用寿命
6	超声焊接	超焊通过高频振动使极片与连接片聚集热量从而连接在一起，振动产生微小颗粒或金属渣质，需进行消除	气动力学原理，采用同轴密闭空腔负压除尘设计	确定除尘风速 8 m/s
7	连接片激光焊接	通过激光产生高热使焊接区域熔融从而连接，易产生金属焊渣，需进行管控和消除	空气动力学原理，形成空气对流负压吸尘设计	确定除尘风速 8 m/s

续表

序号	工序	管控原因	管控方法	实施
8	入壳	来料铝壳残留异物需进行管控消除	壳体内腔正压吹+负压吸尘（2道除尘）	确定除尘风速 8 m/s
9	顶盖激光焊接	通过激光产生高热使焊接区域熔融从而连接，易产生金属焊渣，需进行管控进行消除	参照飞机发动机涡扇涡流 37° 偏角气动原理	确定除尘风速 8 m/s

（3）异物管控策略——材料

材料异物管控策略如图 6-12（d）。

（4）异物管控策略——方法

为了保持设备和工序清洁，制定了合理的体系文件管控（方法管控），做到合理监控体系，并促进清洁体系优化，如图 6-12（e）。

（5）异物管控策略——环境

洁净室要达到洁净等级，必须有综合措施，其中包括工艺布置、建筑平面、建筑构造、建筑装修、人员和物料净化、空气洁净等。空气洁净措施是实现洁净等级的根本保证。具体空气洁净的相关措施参见洁净室厂房设计规范（GB 50073—2013）。在锂电行业执行美国电器与电子工程师协会发布的标准 IEEE1725，该标准对粉尘、杂质及污染预防及控制提出了明确的要求。

（6）异物管控策略——检测

合理的检测仪器通过体系文件管控可以有效提高对材料异物的检出能力，进而提高异物管控能力。异物管控仪器、文件及检测图项目如图 6-12（f）所示。

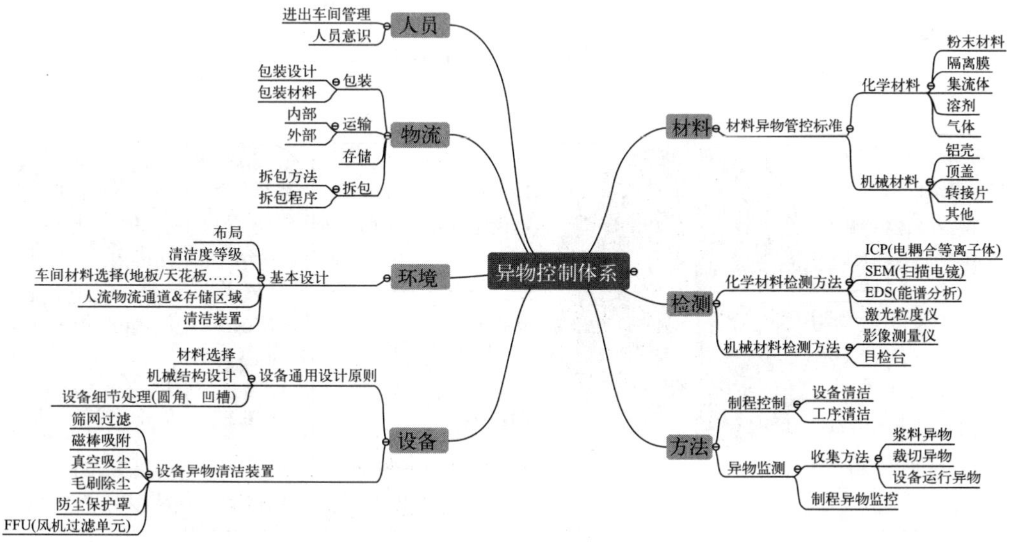

(a) 异物管控体系(企业案例)

图 6-12

E101 车间人员着装标准

目的	规范员工进车间着装标准，同时方便区分识别员工属性，提高沟通效率，营造安全的生产环境，使工厂人员管理规范化、高效化
对象	所有进入电芯和电池生产车间的内部员工
标准	1.电芯生产车间穿戴标准：工帽、口罩、连体衣帽、工裤、劳保鞋、手套 2.电池生产车间穿戴标准：工帽、工衣、工鞋 3.员工工衣工裤需穿戴整齐严实，工帽、口罩、手套需佩戴到位 4.工衣颜色标准： 设备人员—蓝色；品质人员—粉红色；其他人员—白色
备注	各部门各工序有特殊要求的，以其具体要求为准

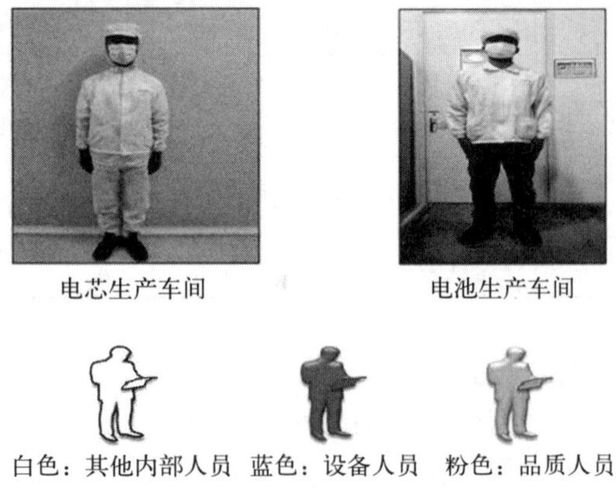

(b) 异物管控人员着装规范(企业案例)

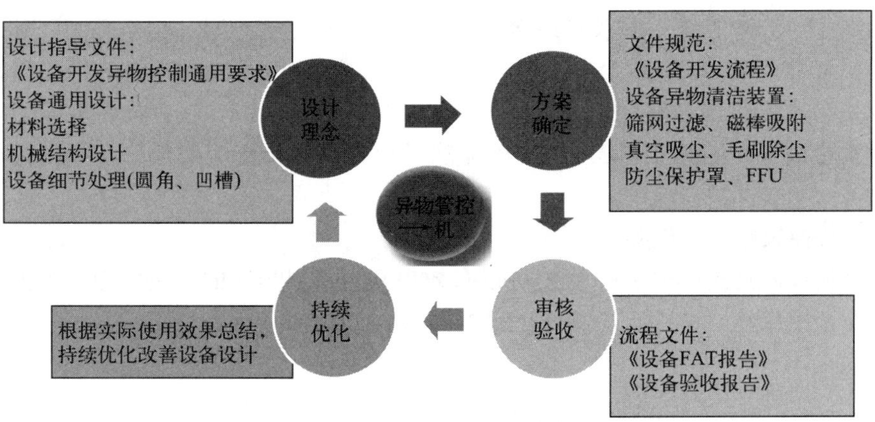

(c) 设备开发异物管控统一标准(企业案例)

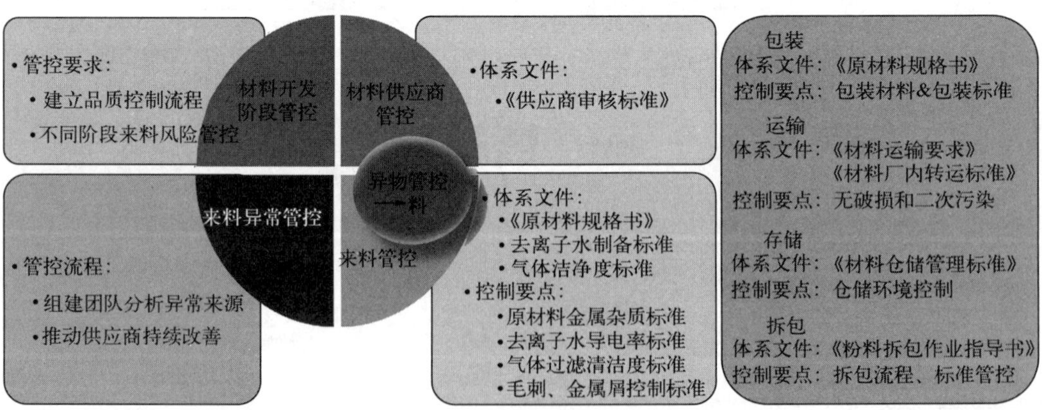

(d) 材料异物管控策略(企业案例)

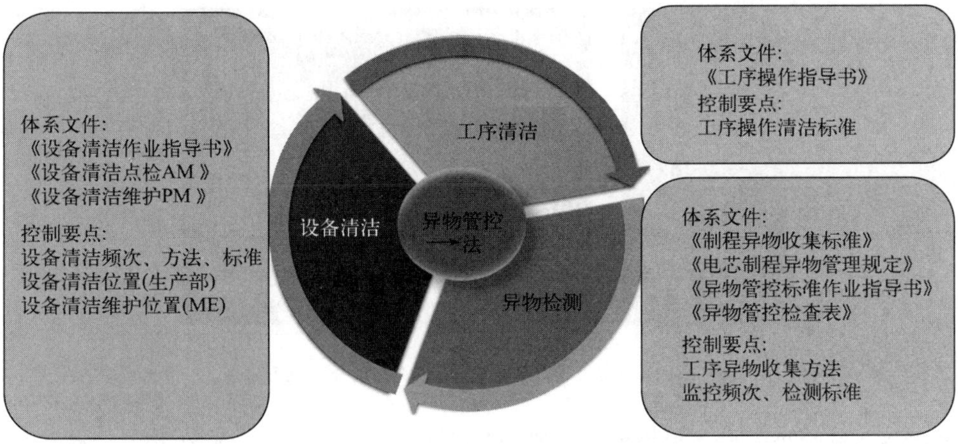

(e) 合理的体系文件管控(方法管控)(企业案例)

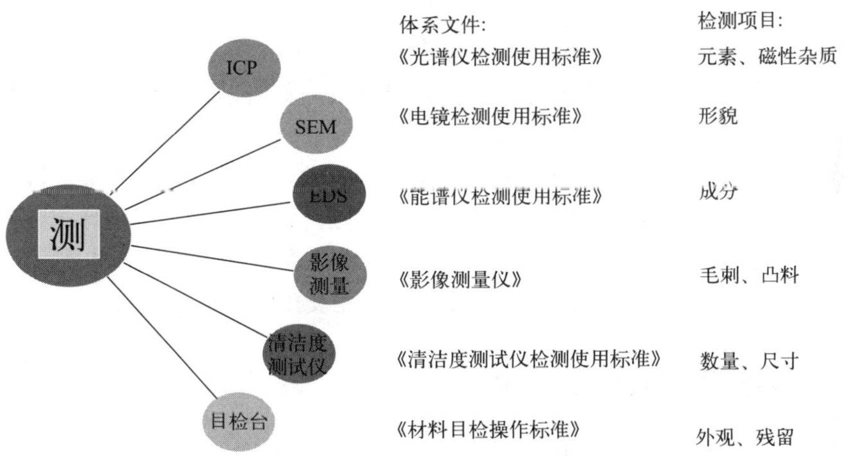

(f) 异物管控仪器、文件及检测项目(企业案例)

图 6-12　异物管控策略

6.1.5.3　锂电生产车间粉尘的预防和监控

① 制定出合理的粉尘控制标准及监测方法。依据洁净室面积大小及工艺路线选好粉尘监测点及其数量、监测频率。

② 配料、涂布、压切、卷绕、装配车间都应配备风淋室，员工进出都应穿防尘服，如图 6-13 所示；二次更换工鞋和进出车间门口增加粘尘垫。

③ 正负极粉料及浆料的除铁；分切、卷绕和滚槽设备要有强力吸尘装置（注：上述工序产生的金属颗粒 / 屑危害很大）；封口前相关车间安装高效送风过滤网。

④ 物料传输有专门的封闭式通道，或过渡窗、气闸室等。

⑤ 不同等级的洁净室、洁净室与非洁净室或洁净室与室外之间均应保持一定的正压值。

⑥ 车间机台定期维护保养、除尘；减少设备的故障率，减少管道泄漏 / 直排也对降低粉尘浓度有很大帮助；车间地面的定期清洁、吸尘。

⑦ 生产物料进入车间前，外包装需要经除尘处理，或在物料过渡间外除尘后拆除内包装再进入车间。

图 6-13　防尘服及风淋室（企业案例）

⑧ 有些公司针对少数易产生粉尘的机器设备或工序增加防尘罩或防尘帘，以防止粉尘扩散。

⑨ 车间使用的与电池物料、半成品及成品密切接触的容器、工装夹具等的制作材料应不吸湿、不锈蚀 / 不氧化、不扩散污染物等。

⑩ 垃圾桶及废料 / 边角料要及时放置于有盖子的容器中（如胶桶或胶框），防止粉尘扩散。

⑪ 材料的环境管理，无论在生产过程之前还是之后，都必须详细说明并实时监控。

⑫ 应当防止生产设备引入金属污染。

⑬ 生产过程产生的所有粉尘，可以采用吸尘器、磁铁，或其他有效方法进行收集处理。

质量是设计出来的。若要真正做好有效的粉尘管控，锂电企业工厂设计规划时，相关人员都要充分考虑防尘的因素，在厂房的规划及产品工艺路线设计阶段就预先考虑防尘因素。同时，电池制造过程中的粉尘、金属颗粒、杂质等的管控及预防也不能放松。

6.1.6　制造过程信息记录及追溯

工序质量记录是工序质量水平和工序质量活动的客观反映，它应当具有真实性、完整性、正确性、有效性及可传递性。各种质量记录包含的内容、格式、记录人员、确认人员、传递程序和归档要求应在记录控制程序中加以明确规定，并建立统一的质量记录的标记、收集、编目、归档、存贮、保管和处理程序。

6.1.6.1　工序质量记录要求

工序质量记录应字迹清晰、内容完整，并按所记录的内容和项目进行标识，并注明日期，经授权人签字、盖章或作其他鉴定后方能生效。一旦发生质量问题，应能通过记录查明情况，找出原因和责任者，有针对性地采取防止再次发生的有效措施。贮存和保管方式应便于存取，并提供适宜的环境以防止损坏、变质和丢失。应规定和记录质量记录的保存期限。

质量记录的目的有两个：一是工序操作者要通过记录对上级及下道工序证明工序过程是符合规定的要求及证明本工序生产的产品符合下道工序要求；二是作为查询、追溯质量问题的依据。

质量记录的种类：①质量检验记录包括工序过程对实物质量进行的检查记录，如：工艺参数检验记录，物料质量检验记录，设备、工装检查记录，计量器具检定记录，环境参数检验记录等。②活动记录包括工序过程监视记录，设备维修保养记录，设备工装使用记录，质量分析记录，质量指标统计数据记录，质量改进活动记录，质量成本数据记录，控制图表以及工艺纪律检查记录等。

6.1.6.2　基于IT系统产品追溯信息建立

① 建立标准的产品代码：原材料、半成品、成品。

② 建立产品信息要素点：生产过程中的人、机、料、法、环、测等信息。

③ 搭建 IT 系统完成追溯信息的保存，通常在企业的制造过程中会制定一套完整物料及产品追溯编码，从原材料、半成品、成品形成唯一的代码并在工厂的 MES 系统中形成关联关系。

④ 锂电池生产制造过程中，从每个环节制定产品追溯要求，为每种原材料建立唯一的物料编码。通过物料编码可追溯供应商信息、物料种类、物料生产信息、物料特性检测结果等。在原材料进入到锂电池制造现场时，企业通常使用 MES 系统建立追溯信息列表，将物料的信息、工艺信息、设备信息、加工过程检验信息、人员信息、环境信息等上传至系统，与半成品、成品代码信息链接起来，形成正反向的追溯控制，从而实现产品全生命周期可追溯。

⑤ 全流程追溯管理系统逻辑。正向追溯：正向追溯可以通过条码 SN 查询各个半成品 SN 的关联关系，如 SN 的过站信息、SN 的不良信息、SN 的上料信息及 SN 的返修信息。

如图 6-14 左侧为产品成品 / 半成品 SN 组成的检索树，用户可以输入 SN 快速、精准、全面地了解构成该 SN 的关键半成品。

参照如图 6-14 左侧树输入 SN 检索，进行条码关联，比如输入 Pack 条码，则展示电池包编码、模组条码、电芯条码、卷芯条码、分条出货牌……搅拌出货牌，按照输入的 SN 目前已经组装的状态进行不同层级展示。根据条码的“条码规则＋产品阶别 + 在制状态”动态展示需要的层级，比如 00PM+ 模组 + 模组未完工，则不展示电池包编码这一层；同理，00PC+ 电芯 + 电芯未完工，则不展示模组和电池包这一层；如果产品阶别为电芯 + 条码规则，不是 0000PC+SN 存在于追溯或者细节表，则不展示电芯层。点击左侧 SN 编码，带出该 SN 对应的属性，即过站信息、不良信息、上料信息、返修信息，具体每个信息点所体现的内容如下：a. 过站信息：显示该 SN 编码对应的所有工序流转信息；b. 不良信息：显示产品不良信息，比如电压或内阻不良；c. 上料信息：显示该 SN 所链接原材料信息（原材料物料名称，料号，批次等）；d. 返修信息：返修单据号、产品料号、制令单、单据状态、返修工序、返修原因、返修次数、返修部门、返修人员、抽检人员。

图 6–14　全流程追溯管理系统图（企业案例）

反向追溯：反向追溯可通过物料批次或物料料号加物料批次（N 个）的维度进行查询。

6.1.7 制造过程一致性控制

电池生产过程中的一致性控制主要基于过程能力（C_{PK}）和统计过程控制（Statistical Process Control，SPC）方式进行。

C_{PK} 主要针对产品特性进行统计分析，通常在电池新产品中导入，C_{PK} 导入过程中会进行初始过程能力统计分析，初始过程能力分析项目依据产品开发阶段通过 DFMEA 和 PFMEA 以及客户要求识别的产品特殊特性清单进行，进行过程能力数据收集必须满足各测量系统符合要求，以上条件都满足的情况下进行小批量的试生产，收集生产过程中产生的产品特性数据进行统计分析，通常情况下 C_{PK} 的判定标准，针对重要特性能力一般要大于 1.33，针对设计安全特性一般要大于 1.67 或者通过 100% 检验来保证有效的探测能力。

SPC 项目在制定产品生产控制计划时，在检测环节定义具体的控制方法，在初始能力满足要求的前提下，通过控制计划识别 SPC 项目形成 SPC 控制计划，定义 SPC 项目的控制方式、样本量、取样频次、判异准则等。通常针对 SPC 使用 IT 化的 SPC 系统进行分析，只需要在系统建立对应的项目和控制方式，自动或者手动录入需要的数据即可完成数据统计分析，系统会自动将统计分析结果进行整理汇总，如果统计结果不能满足要求，系统将自动发出预警，提示工程和质量人员，产品在生产过程中存在不稳定情况，需要采取分析改善，重新让过程稳定。SPC 8 大控制图的应用及要求如下。

① 均值 - 极差控制图（$\bar{X}$-R）：当子组内样本量比较小的时候（一般 n=2 ～ 7 个），选用均值极差控制图，$\bar{X}$ 图用于观察分布的均值变化，R 图用于观察数据波动的一致性变化，$\bar{X}$-R 联合运用，用于观察分布变化。

② 均值 - 标准差控制图（$\bar{X}$-S）：当子组内样本量比较大时（一般 $n \geqslant 8$ 个），选用均值 - 标准差控制体，$\bar{X}$ 图用于观察分布的均值变化，S 图用于观察分布的一致性变化，S 的计算比 R 更复杂，更能表征数据的波动状态，对生产过程不稳定检出力强，$\bar{X}$-S 联合运用，用于观察分布变化。

③ 中位数 - 极差控制图（$\tilde{X}$-R）：X 图用于观察分布的中位数变化，R 图用于观察分布的一致性变化，X-R 联合运用，用于观察分布变化。需要注意的是，由于计算中位数比计算平均值简单，中位数只涉及其中大小位于中间的一个或两个数据，并不能表征整体，计算极差比计算标准偏差简单，并不能表征数据整体的波动，因此在计算手段比较落后的时期，如“二战”期间以及 20 世纪 50 年代应用比较普遍，后来逐渐被淘汰，目前已基本不再使用。

④ 单值 - 移动极差控制图（X-MR）：当子组样本量为 1 时（n=1），选用单值 - 移动极差控制图，比如浆料黏度、固含量的测试，X 图用于观察分布的单值变化，MR 图用于观察不同批次下数据分布的一致性变化，X-MR 联合运用，用于观察分布变化，但灵敏度低。

⑤ 不合格品率控制图（P）：用于每批次检验的子组样本数 n 不相等的情况下，先计算出每批的不合格品率 P，然后便可采用 P 控制图检测工艺成品率的变化情况。

⑥ 不合格品数控制图（nP）：要求每批次检验的子组样本数量相等，监控工艺过程中不合格品数的起伏变化是否处于统计受控状态，需要注意的是：由于实际过程中，每批次物料来料数量并不恒定，因此根据抽样检验计划，子组样本量 n 也并不恒定。

⑦ 单位缺陷数控制图（U）：用于控制每单位缺陷数的情况，用于样本数量不相等的情况，例如监测涂膜表面缺陷时，由于加工对象及物料、过程随机因素的变化影响，并不能保证每次涂膜没有缺陷或缺陷数恒定，另外，CCD 识别缺陷数 100% 全检，而生产过程数量并不恒定，此时

便可换算为单位面积的缺陷数，称为单位缺陷数，然后采用控制图分析单位缺陷数的变化情况。

⑧ 缺陷数控制图（C）：用于控制一般缺陷数的变化，适用于子组样本量相等的情况。

控制图的计算公式如表 6-5 所示。

表6-5　控制图计算公式表

控制图名称	步骤	计算公式
$\bar{X}$-R均值和极差控制图	1. 计算各组均值 $\bar{X}$ 2. 计算各组极差 R	$\bar{X}=(X_1+X_2+\cdots+X_n)/n$ $R=X_{\max}-X_{\min}$
$\bar{X}$-S均值和标准差控制图	1. 计算各组均值 $\bar{X}$ 2. 计算各组标准差 S	$\bar{X}=(X_1+X_2+\cdots+X_n)/n$ $S=\sqrt{\sum_{i=1}^{n}(X_i-\bar{X})^2/(n-1)}$
$\tilde{X}$-R中位数和极差控制图	1. 找出各组中位数 $\tilde{X}$ 2. 计算各组极差 R	$R=X_{\max}-X_{\min}$
X-MR单值和移动极差控制图	计算移动极差	$\mathrm{MR}=\lvert X_i-X_{i-1}\rvert$ （当前值和前一个值之间的极差）
P不合格品率控制图	计算各组不合格品率 P_i	$P_i=d_i/n_i$
U单位缺陷数控制图	计算各组单位缺陷数 U_i	$U_i=C_i/n_i$（缺陷数/样本容量）

控制线的计算公式见表 6-6。

表6-6　控制线计算公式表

控制图名称		中心线	上、下控制线
$\bar{X}$-R均值和极差控制图	$\bar{X}$图	$\mathrm{CL}=\bar{X}$的平均值	$\mathrm{UCL}=\bar{X}$的平均值 $+A_2\bar{R}$ $\mathrm{LCL}=\bar{X}$的平均值 $-A_2\bar{R}$
	R图	$\mathrm{CL}=\bar{R}$	$\mathrm{UCL}=D_4\bar{R}$ $\mathrm{LCL}=D_3\bar{R}$
$\bar{X}$-S均值和标准差控制图	$\bar{X}$图	$\mathrm{CL}=\bar{X}$的平均值	$\mathrm{UCL}=\bar{X}$的平均值 $+A_3\bar{S}$ $\mathrm{LCL}=\bar{X}$的平均值 $-A_3\bar{S}$
	S图	$\mathrm{CL}=\bar{S}$	$\mathrm{UCL}=B_4\bar{S}$ $\mathrm{LCL}=B_3\bar{S}$
$\tilde{X}$-R中位数和极差控制图	X图	$\mathrm{CL}=\tilde{X}$（中位数）	$\mathrm{UCL}=\tilde{X}$（中位数）$+m_3\mathrm{A}_2\bar{R}$ $\mathrm{LCL}=\tilde{X}$（中位数）$-m_3\mathrm{A}_2\bar{R}$
	R图	$\mathrm{CL}=\bar{R}$	$\mathrm{UCL}=D_4\bar{S}$ $\mathrm{LCL}=D_3\bar{S}$
X-MR单值和移动极差控制图	X图	$\mathrm{CL}=\bar{X}$	$\mathrm{UCL}=\bar{X}+E_2\bar{R}$ $\mathrm{LCL}=\bar{X}-E_2\bar{R}$
	MR图	$\mathrm{CL}=\bar{R}$	$\mathrm{UCL}=D_4\bar{R}$ $\mathrm{LCL}=D_3\bar{R}$
nP不合格品数控制图		$\mathrm{CL}=\overline{np}$	$\mathrm{UCL}=\overline{np}+3\sqrt{\overline{np}(1-\bar{p})}$ $\mathrm{LCL}=\overline{np}-3\sqrt{\overline{np}(1-\bar{p})}$
P不合格品率控制图		$\mathrm{CL}=\bar{P}$	$\mathrm{UCL}=\bar{P}+3\sqrt{\bar{P}(1-\bar{P})/n}$ $\mathrm{LCL}=\bar{P}-3\sqrt{\bar{P}(1-\bar{P})/n}$

续表

控制图名称	中心线	上、下控制线
C缺陷数控制图	$CL = \bar{C}$	$UCL = \bar{C} + \sqrt[3]{\bar{C}}$ $LCL = \bar{C} - \sqrt[3]{\bar{C}}$
U单位缺陷数控制图	$CL = \bar{U}$	$UCL = \bar{U} + \sqrt[3]{\bar{U}/n_i}$ $LCL = \bar{U} - \sqrt[3]{\bar{U}/n_i}$

控制图系数如表 6-7 所示。

表6-7 控制图系数

子组容量n	控制图系数												中心线系数	
	A	A_2	A_3	m_3A_2 (A_4)	B_3	B_4	B_5	B_6	D_1	D_2	D_3	D_4	c_4	d_2
2	2.121	1.880	2.659	1.880	0.000	3.267	0.000	2.606	0.000	3.686	0.000	3.267	0.7979	1.128
3	1.732	1.023	1.954	1.187	0.000	2.568	0.000	2.276	0.000	4.358	0.000	2.574	0.8862	1.693
4	1.500	0.729	1.628	0.796	0.000	2.266	0.000	2.088	0.000	4.698	0.000	2.282	0.9213	2.059
5	1.342	0.577	1.427	0.691	0.000	2.089	0.000	1.964	0.000	4.918	0.000	2.114	0.9400	2.326
6	1.225	0.483	1.287	0.549	0.030	1.970	0.029	1.874	0.000	5.078	0.000	2.004	0.9515	2.534
7	1.134	0.419	1.182	0.509	0.118	1.882	0.113	1.806	0.205	5.204	0.076	1.924	0.9594	2.704
8	1.061	0.373	1.099	0.432	0.185	1.815	0.179	1.751	0.388	5.306	0.136	1.864	0.9650	2.847
9	1.000	0.337	1.032	0.412	0.239	1.761	0.232	1.707	0.547	5.393	0.184	1.816	0.9693	2.970
10	0.949	0.308	0.975	0.363	0.284	1.716	0.276	1.669	0.687	5.469	0.223	1.777	0.9727	3.078
备注	$A = A_2d_2 = A_3c_4$				$B_5 = B_3c_4$ $B_6 = B_4c_4$				$D_1 = D_3d_2$ $D_2 = D_4d_2$					

控制图的制作步骤如下。

上面 8 种控制图都属于休姆哈特控制图，其中 $\bar{X}$-R 控制图和 I-MR 控制图是比较常用的两种。但不管选择哪种图，都按以下步骤进行：（1）根据数据类型和抽样计划确定控制图类型。（2）使用收集的数据计算过程均值和控制限。（3）计算绘图比例并将数据点、过程均值和控制限绘制在控制图上。（4）查找不受控的点，确定为什么不受控，纠正过程的问题，例如抽样计划、数据收集方式等，如果已识别出特定原因，消除该不受控的点并且用增加的额外数据点代替，重新计算过程均值和控制限；重新计算比例并将修订后的数据点，过程均值和控制限绘制在图上；继续重复抽样过程直到所有必需的点都受控，这就建立起了正确的过程均值和控制限。

控制图制作案例——以电芯厚度作 SPC 监控，假如 466386 型号电芯厚度为 46.0mm，按下述 4 个步骤。

第 1 步首先确定控制图类型：变量数据，且容易获取，因此确定选取 $\bar{X}$-R 控制图；

第 2 步收集数据，计算初始的均值及控制限。如表 6-8 所示，采集了 m = 25 个子组，每个子组大小 n = 5，共计 125 个数据。

表6-8 基础数据表

466386电芯厚度（45.0～47.0mm）																									
序号	1月1日	1月2日	1月3日	1月4日	1月5日	1月6日	1月7日	1月8日	1月9日	1月10日	1月11日	1月12日	1月13日	1月14日	1月15日	1月16日	1月17日	1月18日	1月19日	1月20日	1月21日	1月22日	1月23日	1月24日	1月25日
1	45.75	45.75	45.69	45.78	45.86	45.75	45.67	45.82	45.77	45.78	45.65	45.70	45.85	45.74	45.76	45.80	45.77	45.76	45.84	45.88	45.74	45.76	45.75	45.62	45.79
2	45.78	45.71	45.74	45.75	45.74	45.84	45.71	45.75	45.74	45.79	45.63	45.81	45.83	45.73	45.80	45.82	45.86	45.77	45.78	45.67	45.85	45.76	45.74	45.72	45.72
3	45.72	45.81	45.69	45.76	45.81	45.69	45.66	45.73	45.77	45.77	45.66	45.71	45.64	45.70	45.73	45.75	45.68	45.68	45.77	45.72	45.86	45.79	45.67	45.71	45.73
4	45.79	45.79	45.80	45.80	45.79	45.87	45.74	45.70	45.79	45.78	45.64	45.67	45.82	45.75	45.78	45.83	45.88	45.71	45.70	45.66	45.81	45.71	45.65	45.75	45.77
5	45.73	45.77	45.72	45.74	45.76	45.76	45.74	45.73	45.77	45.75	45.63	45.76	45.74	45.70	45.78	45.80	45.79	45.74	45.73	45.73	45.69	45.73	45.79	45.73	45.77
$\bar{X}$	45.75	45.77	45.73	45.77	45.79	45.78	45.70	45.74	45.77	45.77	45.64	45.73	45.78	45.72	45.77	45.80	45.80	45.73	45.76	45.73	45.79	45.75	45.72	45.71	45.76
CL-$\bar{X}$	45.75																								
UCL-$\bar{X}$	45.81																								
LCL-$\bar{X}$	45.69																								
R	0.07	0.09	0.11	0.06	0.12	0.17	0.09	0.12	0.05	0.04	0.03	0.14	0.21	0.05	0.06	0.08	0.20	0.09	0.14	0.22	0.16	0.08	0.13	0.12	0.07
CL-R	0.11																								
UCL-R	0.23																								
LCL-R	0.00																								

第 3 步开始绘制图表，注意图表刻度比例要合适（见图 6-15）。

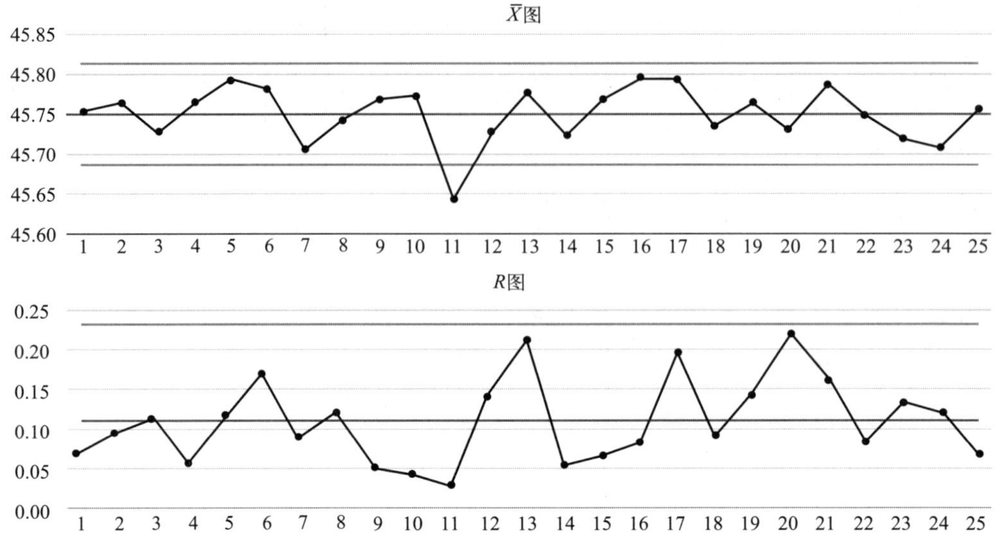

图 6-15 $\bar{X}$-R 绘制样图

第 4 步从控制图发现，第 11 个点超出了控制线，作为一个失控点，需要排查失控原因，进行分析改善。

很多情况下，第 4 步之前，即"分析阶段"会出现异常点，在后续的"控制阶段"也可能出现异常点，那么如何"判异"呢？

每个文献的判异准则会有差异，目前比较被大家认可的是 MINITAB 的 8 大判异准则，具体使用过程中也可参考实际需求进行选择和使用。实际生产过程中很难同时满足 8 大判异准则，所以普遍接受的是选择前 3 项判异准则，即最基本需满足的要求。

而对判异过程识别出来的异常点，需要进一步分析确认，出现异常点即代表生产过程受到特殊因素的影响，进而导致生产过程发生变化，导致不受控。既然是变化那就存在两种变化的结果或者说方向，通俗来讲便是朝不好的、不期望的方向变化发展，或者朝好的、期望的方向变化发展。

通常首先想到的是不好的变化，比如注入电池的电解液的注液量一直向上或下偏移，其结果便可能导致注液量过多或过少，注液量过多可能导致液失量过大，污染或二封封装问题，过少则可能会影响电芯的循环性能等。那什么是好的变化呢？比如其注液量均值稳定受控，但其标准差波动变化突然间变小，在上、下控制线内正常波动时，突然整体一直处于标准差均值与下控制线之间（图 6-16），这种情况即说明注液过程更加稳定，是我们所期望的，但是这种情况一般是在人为改善的情况下才会发生，如无人为特别地去改善，则需要保持这种状态，并排查是否实际真的有改善，找到改善的原因，这不失为一笔宝贵的经验。因此，对异常点也需识别哪些是好的变化，哪些是不好的变化。

6.1.8 制造过程工序控制

锂电池生产工序较多且工艺复杂，需要严格控制每一道工序，确保所制成的产品完全满足客户要求。锂电池生产工艺流程分为 3 大工段，一是极片制作（电极制备），二是电芯制作

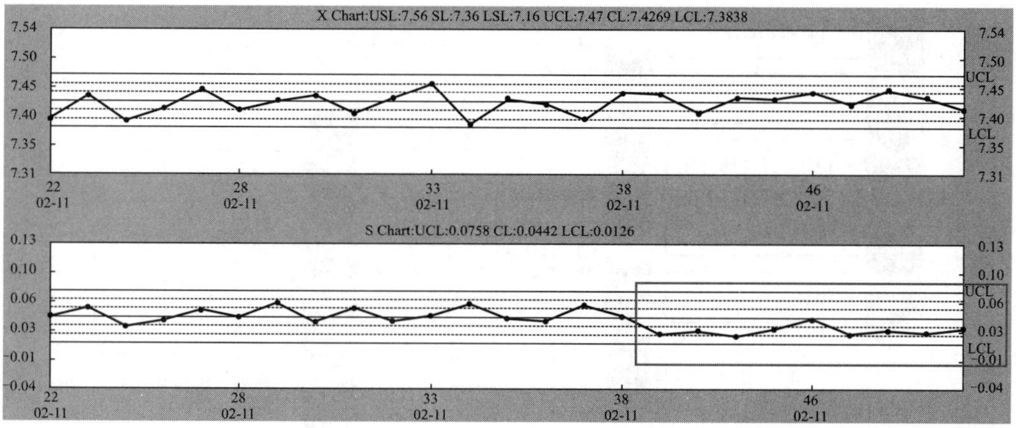

图 6–16 $\bar{X}$–S 控制图

（装配成型），三是电池检测。在锂电池生产工艺中，极片制作是基础、电芯制作是核心，电池检测关系到锂电池成品质量。锂电池生产工艺流程具体环节包含正极制浆、负极制浆、正极片、负极片、制片卷绕、膜壳装配、注液、检测及包装等。

6.1.8.1 锂电池制备流程

锂电池前段生产工艺：极片制造关系电池核心性能。

锂电池前端工艺的结果是将锂电池正负极片制备完成，其第一道工序是搅拌，即将正、负极固态电池材料混合均匀后加入溶剂，通过真空搅拌机搅拌成浆状。配料的搅拌是锂电后续工艺的基础，高质量搅拌是后续涂布、辊压工艺高质量完成的基础。

涂布和辊压工艺之后是分切，即对涂布进行分切工艺处理。若分切过程中产生毛刺，则可能在后续装配、注电解液等程序甚至是电池使用过程中出现安全隐患。因此锂电池生产过程中的前端设备，如搅拌机、涂布机、辊压机、分条机等是电池制造的核心机器，关乎整条生产线的质量。

锂电池中段工艺流程：锂电池制造过程中，中段工艺主要是完成电池的成型，工艺流程包括制片、极片卷绕、封装、注液、老化（活化）、化成、成型，是当前国内设备厂商竞争比较激烈的一个领域。

软包电芯就是使用铝塑包装膜作为包装材料的电芯。相对来说，锂电池的包装分为两大类，一类是软包电芯，一类是金属外壳电芯。金属外壳电芯又包括钢壳与铝壳等，近年来由于特殊需要，有的电芯采用塑料外壳，也可以划为此类。图 6-17（a）和图 6-17（b）分别为软包和铝壳锂电池工艺流程图。

外壳材料不同决定了其封装方式不同。软包电芯采用的是热封装，而金属外壳电芯一般采用焊接（激光焊）。软包电芯可以采用热封装的原因是其使用了铝塑包装膜材料。

软包结构形式主要面向中高端数码市场，单位产品的利润率较高，在同等产能条件下，相对利润高于铝壳电池。由于铝壳电池易形成规模效应，产品合格率及成本易于控制，目前二者在各自市场领域均有可观的利润，在可以预见的未来，二者都很难被彻底取代。

由于卷绕工艺可以通过转速实现电芯的高速生产，而叠片技术所能提高的速度有限，因此，目前国内动力锂电池主要采用卷绕工艺为主，卷绕机的出货量目前大于叠片机。

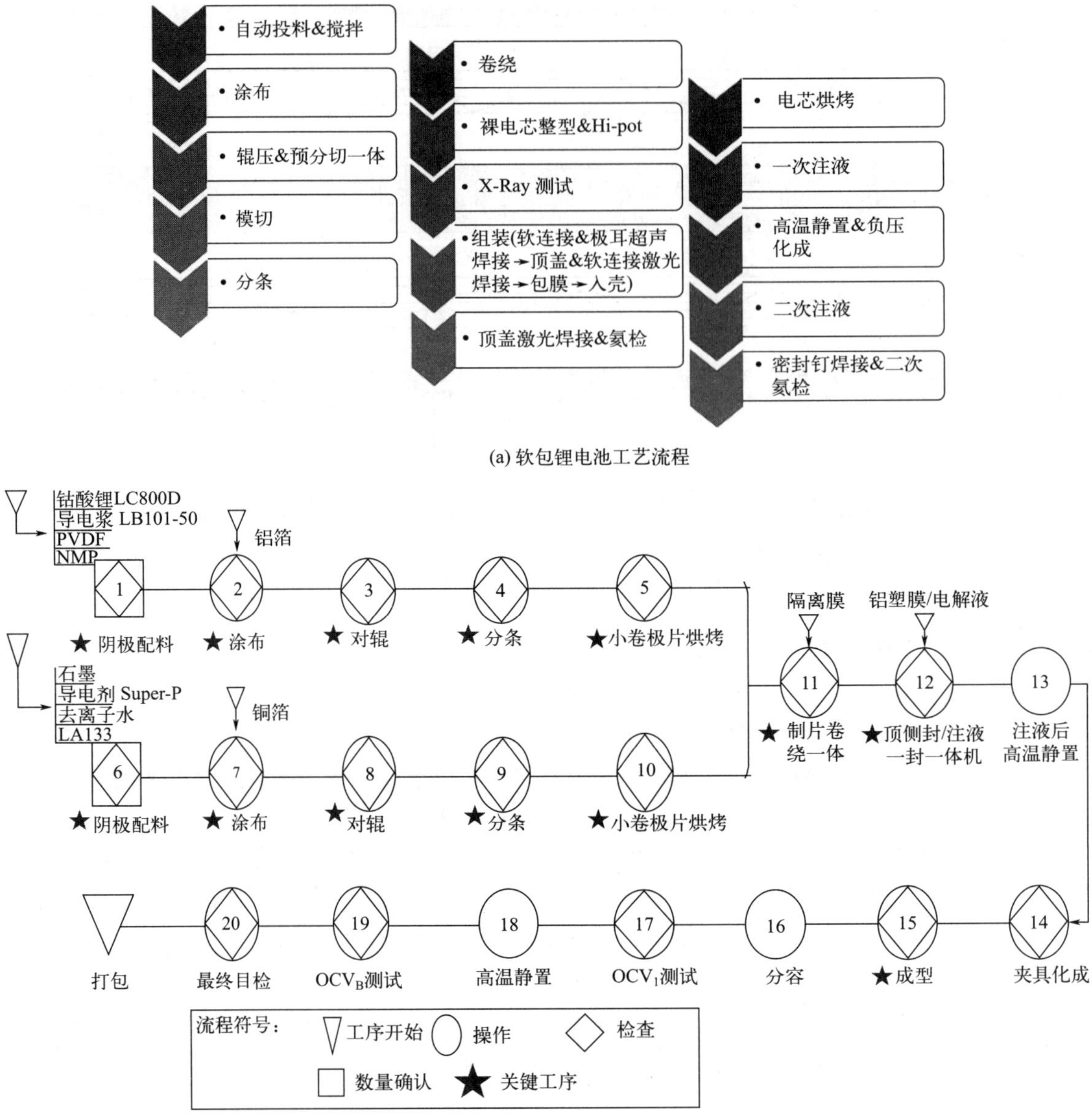

(a) 软包锂电池工艺流程

(b) 铝壳锂电池工艺流程

图 6-17　不同锂电池包装的工艺流程

锂电池后段生产工艺主要为分容、检测和包装入库。分容工艺则是在电池活化后测试电池容量及其他电性能参数并进行分级。OCV_1 与 OCV_B 主要是测试电池尺寸以及通过一定时间的静置测试电池电压的稳定性。测试合格后由生产人员全检外观，FQC 抽检合格后下仓出货。

6.1.8.2　锂离子电池浆料质量管控

（1）制胶及制浆

将原材料均匀搅拌，形成稳定的非牛顿型流体，对于搅拌后的浆料有三个指标：润湿、分散、稳定。一般采用行星式搅拌进行材料的捏合分散，搅拌量 1 ～ 600 L 不等，其搅拌装置包括公转和自转，公转（搅拌桨转动）负责大范围的浆料混匀，自转（分散盘）用来进行材料颗粒的有效分散。正负极原材料的主要成分如表 6-9 所示。

表6-9　正负极原材料

极性	材料名称	化学名称	作用
正极	NCM	三元材料	主材（正极活性物质）
	PVDF	聚偏二氟乙烯	正极黏结剂
	Super-P	导电炭黑	导电剂
	NMP	N-甲基吡咯烷酮	溶剂
负极	C	石墨	主材（负极活性物质）
	CMC	羧甲基纤维素钠	增稠剂
	SBR	丁苯橡胶	黏结剂
	Super-P	导电炭黑	导电剂
	DI水	去离子水	溶剂

高速分散过程会引入气体，由于摩擦生热产生高温，浆料中的气泡会导致涂布外观不良，进一步影响电芯性能，高温会破坏材料结构，导致聚合等异常现象，所以需要抽真空装置及循环水装置，如图 6-18 所示。

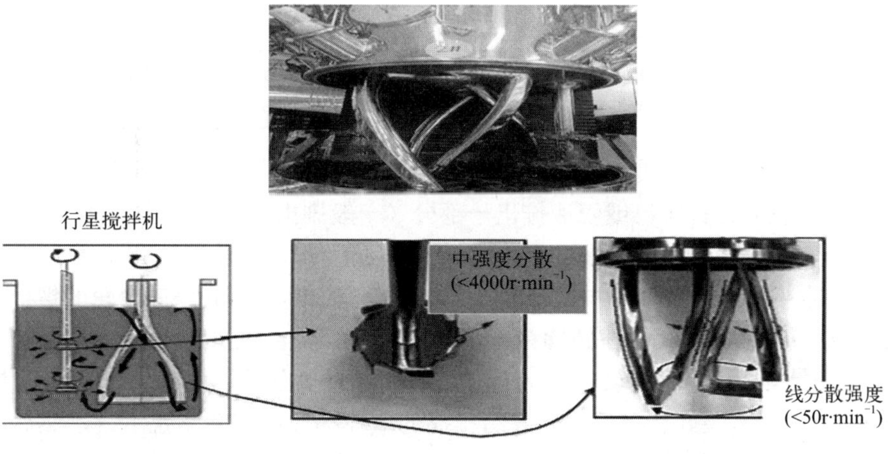

图 6-18　搅拌装置

（2）制胶及制浆的管控要点

① 正极原材料预处理：正极原材料在使用前需在一定温度下进行一定时间的烘烤，去除水分，避免因原材料长时间放置或运输途中受潮等情况影响电池性能，在烘烤后冷却再进行加料。

② 各原材料的确认：确认物料编码是否与工艺文件一致；检查原材料是否过期；原材料开封后，检查是否出现结块、变色等异常现象。

③ 胶液预制：由于 PVDF 与 CMC 较难溶解，所以需要提前搅拌预制胶液，正极加入 PVDF 与 NMP，负极加入 CMC 与去离子水。

④ 加料及搅拌过程确认：a. 电子秤状态：是否归零，称重应点检合格才可使用；b. 加料步骤与工艺一致；c. 在搅拌过程要进行刮边，确保分散均匀；d. 搅拌机参数设置（公转、自转、搅拌时间）；e. 真空、循环水的开关状态，搅拌过程中要实时关注搅拌机运行状态及搅拌料温。（备

注：为避免人员操作失误，如加错原材料、漏加料等现象，许多工厂引入了MES（制造执行系统），由工艺部门建立并维护好各生产电芯的物料清单、加料顺序、加料重量等项目，每个步骤所加入的原材料及其重量都会被详细记录，便于防呆及追溯。）

（3）胶液与浆料产品测试

对所制备的胶液及浆料进行合格性测试，见表6-10。

表6-10 胶液与浆料产品测试

测试项目	测试设备	测试意义
胶液黏度	黏度计	合适的黏度范围，便于控制浆料黏度的一致性
胶液固含量	分析天平、干燥箱	固体物质在胶液整体质量中的占比，一方面可以确认加料量是否异常，另一方面从不同位置取样测试可以判断分散效果
胶液均匀性	烧杯、激光笔	使用丁达尔效应判断胶液分散效果
胶液外观	目视	确保搅拌过程分散均匀无团聚，无变色等异常现象
浆料黏度	黏度计	黏度是流体内部阻碍其流动的程度大小，确保涂布效果
浆料固含量	分析天平、干燥箱	固体物质在胶液整体质量中的占比，测量固含量可以与投料理论固含量比较，评价投料称量精度；从搅拌锅内不同位置取样测量固含量可以表征浆料的均匀性；随着时间推移取样测量固含量可以表征浆料沉降稳定性
浆料外观	目视	目视判断无聚合等现象，初步判断分散效果
浆料细度	刮板细度计	检测浆料是否有大颗粒团聚，确认分散效果
浆料磁性物质含量	ICP	确认是否有外部金属掉落或出现刮缸现象，避免金属碎屑进入电池产生影响安全性能

黏度测试：胶液及浆料黏度测试需要用到黏度计［图6-19（a）］，为保证测试样品能代表浆料整体的黏度，一般会先将浆料或胶液排出一部分（一般排出管道内的物料即可），再进行取样测试。测试方法如下：①正式测试前，检查转子无弯折变形，无干料、水渍等；检查黏度测试仪水平表里面的水平气泡是否处于中间圆圈内，如果没有，则调节底座三个角的螺母，直到气泡处于中间圆圈内，确保水平气泡在圆圈内；打开黏度计开关，进行自动校零。②安装转子，用左手捏住黏度计上螺杆，右手将转子旋入连接螺杆，装卸转子时，必须用手将连接螺杆微微向上抬起［图6-19（b）］，装好转子后，将装有样品的取样杯放置在转子正下方，然后旋转升降旋钮，使转子缓慢地下降，使转子逐渐浸入取样杯中央，直到浆料液面至转子槽位上、下限之间，而后将温度探针夹插在烧杯浆料／胶液中即可［图6-19（c）］。③黏度计自动校零后，根据所选择的转子型号选择对应的转速，测试时间倒计时一般设置为1min，然后点击运行，倒计时完后方可记录数据。测量完成后，旋转升起转子，把浆料倒回罐内，拆下转子，清洁转子和取样杯。

固含量测试：固含量即胶液或浆料中固体物质的含量，用到的测试仪器为分析天平和烤箱，为保证测试样品能代表浆料整体的固含量，一般会先将浆料或胶液排出一部分（一般排出管道内的物料即可），再进行取样测试。测试方法如下：①测试前先准备烧杯、手套、无尘纸、不锈钢勺、箔材等工具，注意烧杯、不锈钢勺等使用前必须擦拭干，确保干净无异物；用铁氟龙烧杯装取部分待测胶液／浆料备用。②电子天平测量前将电子天平按至清零状态，称量箔材，记为M_1；用不锈钢勺子将铁氟龙烧杯浆料／胶液均匀涂抹在箔材表面，一般浆料／胶液重量需大于1g，不超过4g；称重需在分辨率为0.0001g电子秤上进行，称重前清零，称重箔材＋湿料总重读数稳定后读取数据，记为M_2［图6-20（a）］。③浆料烘烤温度一般设置为150℃左右，时间≥ 15min，胶液烘烤温度则一般设置为 180℃左右［图 6-20（b）］；烘烤完成后，取出碟子确认浆料烤干后拿至电子天平处，冷却至室温称重锡箔纸或箔材 + 干料总重，记为 M_3。④根据三次称重数据，按公式计算固含量并填写在搅拌操作指示单上，固含量计算如下：

$$固含量 =（M_3 - M_1）\div（M_2 - M_1）\times 100\%$$

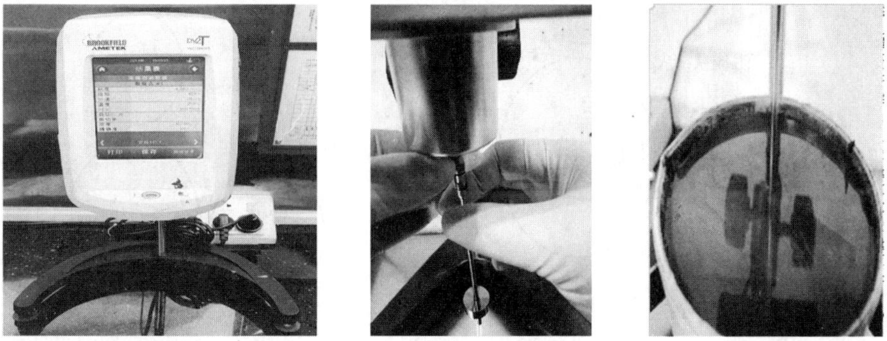

(a) 黏度计　　(b) 转子安装　　(c) 测试

图 6–19　黏度测试

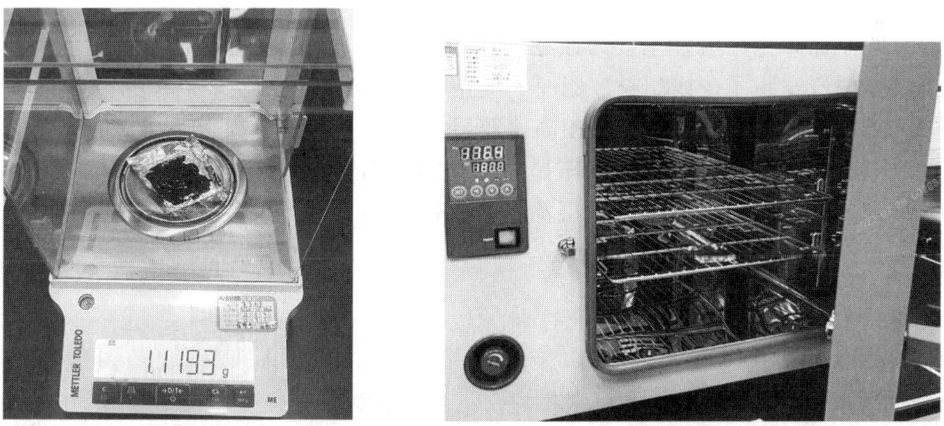

(a) 取样称重　　(b) 烘烤

图 6–20　固含量测试

浆料检测合格后，应注意以下几点：①无法立即涂布的，应该慢搅真空保存，控制浆料稳定性，一般超出 24h，就需要评审后才能使用；②浆料使用完成后，需要根据情况确认是否可以继续生产，如更换材料体系后，搅拌缸必须彻底清洁后才能投入使用，若未更换材料体系的，也应该规定连续投产时的清洗频率；③每次清洗完成需要检查搅拌机缸壁及搅拌桨、分散盘各部位是否存在划伤、刮伤，若搅拌后直接进行过滤的，需要检查滤网，确认是否会出现金属物质，确认合格后记录再进行生产，且需要规定测试浆料磁性物质的周期，进行测试记录。

6.1.8.3　极片质量管控

（1）涂布

简单来说，涂布工序就是把浆料均匀涂布在金属箔材上，进行干燥处理。常见的涂布设备有挤压式涂布和转移式涂布如图 6-21（a）和图 6-21（b）所示。转移式涂布主要是通过转动涂布辊，将浆料进行转移，然后通过刮刀控制浆料厚度，最后通过涂辊和背辊的挤压，把浆料转移到金属箔材，是目前工业化比较常见的涂布方式。挤压式涂布和转移式涂布大同小异，挤压式涂布是通过供料泵进行喷涂，这种涂布方式精度高，速度快，且配备有在线厚度测试仪、在线重量测试仪、在线测长仪，但成本较高，且更换浆料较麻烦。

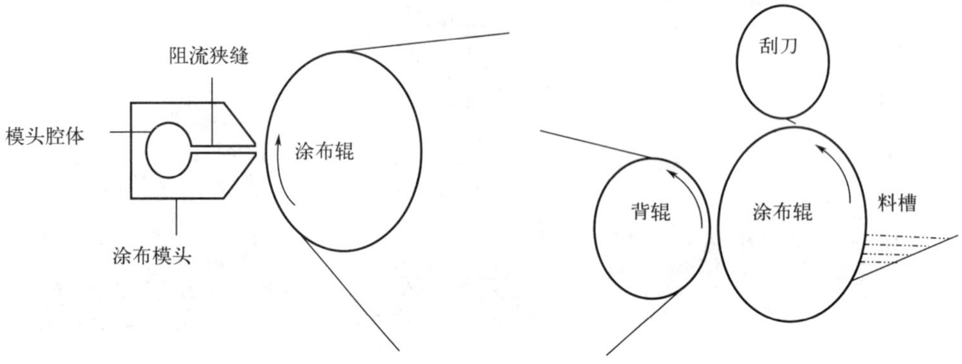

(a) 挤压式涂布　　(b) 转移式涂布

图 6-21　常见的涂布设备

一般来说，涂布工序流程主要为放卷、涂布、烘烤干燥、收卷四部分，挤压式涂布机一般在机头及机尾位置安装了在线测长、测厚、测重仪，更加直观方便地监控涂布产品质量。

其中挤压式涂布机有单层涂布机和高速双层涂布机（如图 6-22 和图 6-23 所示），单面涂布是只对基材的一面进行涂布；双面涂布是对基材的两面都涂布；无论是单面涂布还是双面涂布都可分为单层涂布（一次涂布）和双层涂布（二次涂布）进行，双层涂布多用来生产质量要求较高、涂布量较大的涂布产品。

图 6-22　单层挤压式涂布机

图 6-23　高速双层挤压式涂布机

双层涂布机相对单层涂布机的优势在于：不用停机换卷，可涂双面，有效提高生产效率。烤箱采用循环加热方式，升温快，能耗低；上下两层烤箱独立控制，烘干效果更好。

① 涂布工序的质量管控

a. 箔材及浆料的确认：同其他原材料一样，箔材来料上线生产前，应该检查箔材外箱是否有 IQC 合格标签等，确认箔材外观平整无油污等，确认箔材的厚度、宽度及面密度，合格后方可上卷使用；确认浆料有效期及外观合格，准备生产。

b. 设备状态确认：以挤压式涂布机为例，应先确认供料系统、模头、过辊各部件的清洁效果，设置好各参数，如泵速、涂布速度等，确认合格后开始生产。若过程中调试过参数，则应重新确认产品状态。

c. 烘烤干燥：涂布的另外一个重要的部分就是干燥系统，即烘箱。如图 6-24 所示。整个烘烤过程是一个先升温，然后恒温，最后降温的过程。升温过程不宜太快，而恒温过程的温度也很关键，因为这个时候的挥发量最大。如果这两个阶段控制不好，往往容易发生开裂、打卷、未烘干、掉料等问题。未确认烘烤效果时，机尾收卷需取片测试极片失重率。其计算方法为：（样品极片烘烤前重量 - 烘烤后重量）/ 敷料量 ×100% ≤ 0.5%。

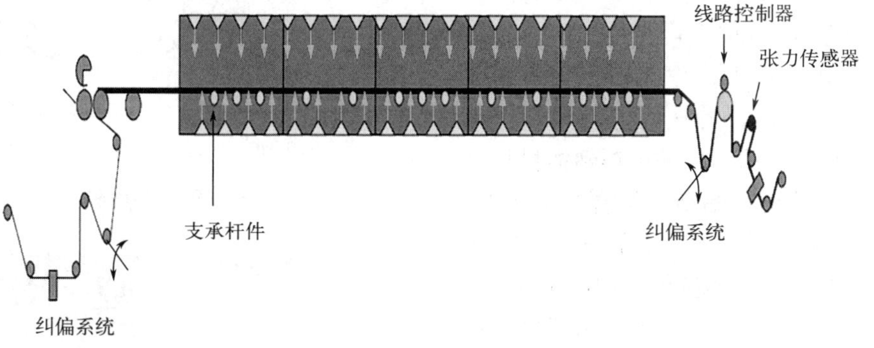

图 6-24　烘箱示意图

② 单双面极片检测（表 6-11）

表6-11　涂布极片检测

测试项目	测试设备	测试意义
极片尺寸（料长、留白长）及单双面错位	菲林尺、大头针、在线测长仪	保证容量；确保正负极头尾包覆，负极包住正极，若包覆不合格，负极析锂影响电池安全性能
极片厚度及头尾削薄	千分尺、万分尺	确保浆料在极片分布的均匀性，涂布头尾需要削薄，因为正负极容量匹配，若正极面密度偏大，会导致析锂。另外削薄不合格会导致辊压过压掉料，过压后电解液不能正常浸润，影响性能
单双面极片面密度	X-Ray、β-Ray、分析天平	涂布单面、双面时单位面积内的极片重量，保证容量满足要求，且不能出现阴阳面（单双面面密度不一致），避免 CB（导电碳黑）值不合格（正负极活性物质含量不配对），析锂影响电池安全性能
极片黏结力	拉力计	极片与箔材之间的黏结力，确认黏结效果，黏结差，掉料影响电池性能
膜片电阻	膜片电阻测试仪	可以侧面表现出箔基材与涂层的结合界面情况，导电剂分布状态，颗粒之间的接触状态等。通过测量膜片电阻，可判断极片中微观结构的均匀性、极片配方特性、材料性能，预测电池的性能
失重率	分析天平	判断极片烘烤效果
极片外观	目视	初步判断极片状态，是否出现露箔、掉料、颗粒等异常现象

面密度测试：面密度是单位面积极片的重量。取样方法：涂布极片纵向（极片走带方向）与横向的涂布方向取样，取 4×5 个小圆片（小圆片由固定大小打孔器打孔取得），保证涂布重量在规格中心线附近。面密度 = 取样的小圆片质量 / 小圆片的面积。

极片黏结力测试：黏结力测试一般使用柱式拉力机，测试方法如下：a. 把测试胶带贴附在钢板光面（表面光滑发亮），贴完后把胶带放到防切割板上，胶带贴附面朝上手指按压在钢板底侧用压辊来回滚压三次。b. 把待测试极片放在防切割板上，胶纸背面保护膜撕下粘附在极片上，用陶瓷刀切宽25mm，长200mm的极片，切口取干净平直，测试至少需要三个样品（取样时需取极片左、中、右三个位置），极片取好后需放到防切割板上，极片贴附面朝上，手指按压在钢板底侧用压辊来回辊压三次，如图6-25（a）所示。c. 样品准备好后，把极片往上拉伸一部分（约10～20mm）分别夹在仪器两端夹头上，测试样品下端夹试时，极片需留有一个弧度，如图6-25（b）所示，测试开始前需清零，点击操作面板上全清零或点击遥控器上的清零，确认力值归零后点击开始测试。d. 测试完成后，即可得到箔材与料区的黏结力数据，确认黏结力符合规格要求。

(a) 极片粘贴　　(b) 极片测试

图6-25　极片黏结力测试

膜片电阻测试：即测试涂布极片电阻的大小，需使用膜片电阻测试仪，如图6-26（a）所示，测试方法如下：a. 测试前需用无尘纸蘸取酒精清洁测试平台上下端子，按要求设置好相关参数，如测试电压、压强、保压时间等。b. 裁剪极片（约60mm×80mm）放置在载样测试平台底座上，样品尽量放置在测试平台中心位置。c. 关上防护门，点击测试按钮开始测试，如图6-26（b），根据系统软件提示测试完成，记录数据，取出极片，清洁测量端子，关闭电源。

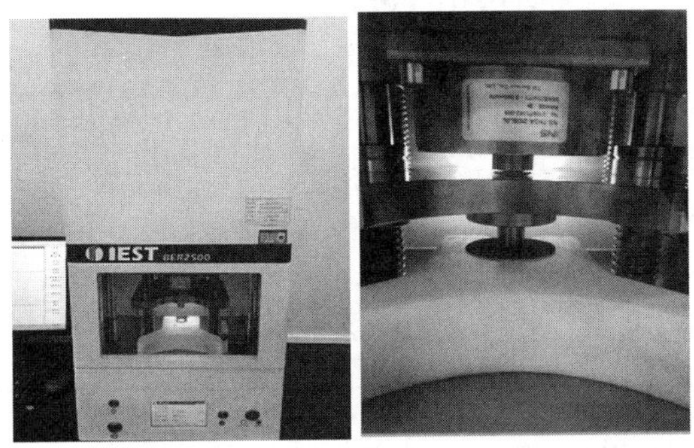

(a) 膜片电阻测试仪　　(b) 测试

图6-26　膜片电阻测试

（2）极片辊压

极片辊压就是通过两个轧辊将极片厚度压低的过程。如图6-27（a）和（b）所示。其主要目的是控制极片厚度，提高压实厚度，提高极片电子电导，改善黏接。辊压后的结构更加稳定，颗粒之间空隙间距更小。辊压影响克容量、首次库伦效率、倍率性能、循环性能等。

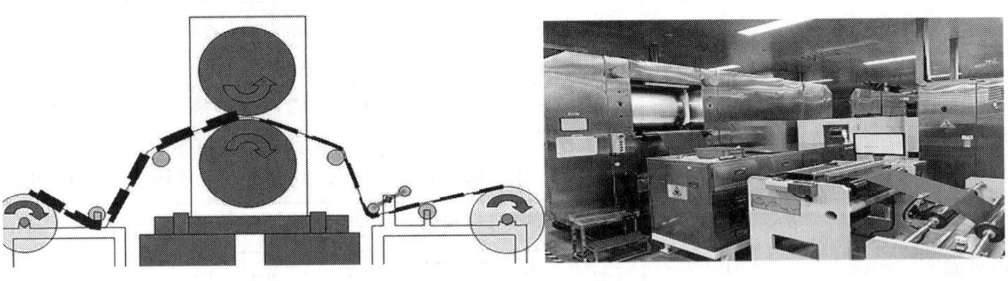

(a) 辊压　　(b) 辊压装置

图6-27　极片辊压

目前的辊压设备包括：轧辊、纠偏装置、切边装置、收放卷装置及在线厚度测试仪装置等。

① 辊压过程的质量管控。

a. 设备状态确认：极片在辊压受力的过程中，部分敷料受到挤压从集流体脱落，尤其是负极片更容易掉粉，确认辊压设备的扫粉功能或除尘功能开启，在允许范围内，调节两轧辊的间隙，以一定的压力及速度对极片进行压实。辊压过程中由于掉粉导致粉料粘在轧辊上，影响辊压后的极片外观，所以应该定期对轧辊进行擦拭清洁。

b. 辊压效果的判断：辊压后极片光滑发亮，确认厚度是否合格，从而确定压实密度；正极片还需要对折极片，检查辊压后极片的柔韧性。（备注：由于辊压时两轧辊挤压在极片上，将极片进行压实，料区集流体会进行延展，极片长度会比涂布后长度稍长。若极卷两侧空箔较多，需在辊压工序切除，若不提前切去多余的空箔，极片易出现打皱或波浪边现象。一般情况下，负极压实密度较大，需要进行二次辊压，一次辊压直接高压容易压死极片，影响产品性能。）

② 辊压后的产品测试（如表 6-12 所示）。

表6-12　辊压极片测试

测试项目	测试设备	测试意义
极片尺寸	菲林尺	确认极片延展性，保证裸电芯包覆
极片厚度	千分尺/万分尺、在线测厚仪	通过控制辊压厚度管控压实密度
压实密度	分析天平、千分尺/万分尺	压实密度 =（样品极片重量 − 空箔材重量）/ [（样品极片厚度 − 箔材厚度）× 样品面积]，g/cm^3，保证极片克容量等性能的发挥
极片外观	目视	避免出现压死、掉料露箔等异常状况
极片黏结力	拉力计	确认黏结效果，黏结差，掉料影响电池性能
膜片电阻	膜片电阻测试仪	可以侧面表现出箔基材与涂层的结合界面情况、导电剂分布状态、颗粒之间的接触状态等。通过测量膜片电阻，可判断极片中微观结构的均匀性、极片配方特性、材料性能，预测电池的性能

压实密度参考涂布面密度测试方法，另需结合万分尺测试厚度，对比重量与厚度的关系即可。极片黏结力、膜片电阻与涂布工序中的极片黏结力和膜片电阻测试相同。

（3）极片分切 & 模切

大卷极片经过辊压之后，为了得到所需要的尺寸，还需要将大卷极片分切成一定宽度的极片条。目前工业上常用的设备有半自动分条机和全自动分条机。

为了方便分条和控制极片的长度，采用自动分条机（图 6-28），在分条之前还需要对极片进行裁片——根据极片长度尺寸把连续的极片裁成一张张大片，然后再进行分条。自动分条机整个过程由传动装置带动，只需要把辊压好的极片卷上机，调好分条刀之后就可以进行分条、收卷一体化操作，不用裁片，十分方便；有的全自动分条机安装了在线 CCD 测试仪，可实时测试极片宽度，并检测露箔（铝箔或铜箔）、尺寸不良的异常品并打红标，可以更加方便地进行管控。

图 6–28　自动分条机

模切采用全自动模切机（图 6-29）（五金模切 / 激光模切），将极耳边角料切除形成梯形极耳，再由在线 CCD 完成模切尺寸测量。

① 分切工序的质量管控。

a.设备状态及刀模的检查：锂离子电池的极片宽度设计通常为负极片宽度大于正极片宽度，

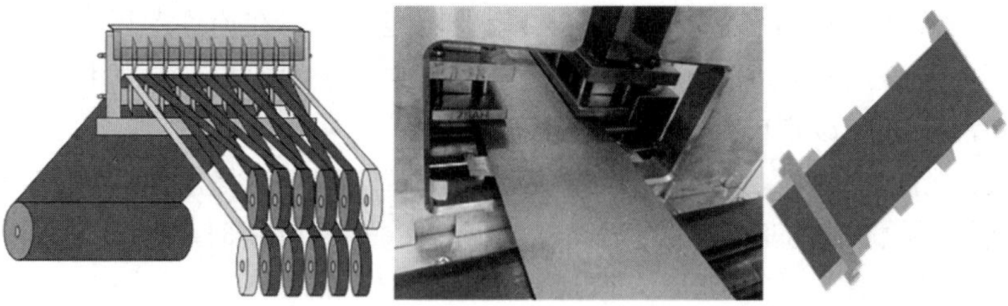

图 6-29　全自动模切机

如果是一些蓝牙耳机的小型号，正负极片宽度相同，这样生产难度大，需要考虑设备波动，导致裸电芯包覆不良。所以在装配刀具前，需要确认好刀模尺寸，且正负极的刀模，容易混拿，最好区分开放置，禁止正负极刀模混用，在确认刀模外观没有生锈或者缺口后进行装配。

b.分切毛刺的控制：分条工序最重要的就是控制毛刺，毛刺可能会导致电池出现内部短路，甚至造成热失控等安全问题。极片毛刺检测时，可采用显微镜、二次元或三次元放大来测量极片分条后的毛刺状态，观察毛刺的位置，是平行于极片还是垂直于极片，以及毛刺的长度。

一般来说，都会控制毛刺的长度小于隔膜厚度的 1/2，这样即使有毛刺存在，也很难会因为毛刺刺破隔膜而导致内部短路，影响电池的安全性能。

② 分切卷料的产品测试（如表 6-13）。

表6-13　分切极片测试（参考）

测试项目	测试设备	测试意义
极片宽度	菲林尺、在线测试仪	确认极片宽度，保证裸电芯包覆
毛刺	二次元、三次元	确保基材产生的毛刺处于可控范围，不刺破隔膜
极片外观	目视、钢尺、菲林尺	避免出现掉料露箔、弧形波浪等异常状况

毛刺测量使用显微镜，主要检查分条刀分出的两边极片的料区、箔区边缘是否有毛刺，毛刺分为平面毛刺和端面毛刺，测试方法如下：

a. 待检测毛刺的样品需取在有张力分切的情况下所分切的极片，取样至少长 500mm，需包含间隙箔材，并在箔材上标出分切刀的信息，取样位置如图 6-30 所示：面向收卷的左手第一条标为第一条，然后依次数下去。

b. 平面毛刺测量：将极片使用亚克力板夹住，然后将夹住极片的亚克力板放置于显微镜载物台进行测量（如图 6-30 所示）。

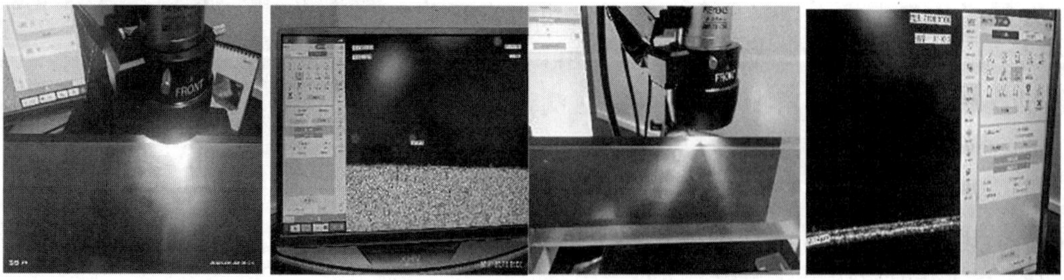

(a) 平面毛刺测量　(b) 平面毛刺　(c) 端面毛刺测量　(d) 端面毛刺

图 6-30　毛刺测量

③ 端面毛刺测量：将极片使用亚克力板夹住，然后将夹住极片的亚克力板卡在夹具中，置于显微镜载物台进行测量（如图 6-30 所示）。

6.1.8.4 裸电芯质量管控

（1）制片焊接与卷绕（叠片）

制片（所用设备为制片机）包括对分切后的极片焊接极耳、贴保护胶纸、极耳包胶或使用激光切割成型极耳等，从而用于后续的卷绕工艺。

软包锂离子电池或钢壳电池卷绕是关键工艺过程。一般将正负极片、隔膜、正负极耳、保护胶带、终止胶带等物料固定在各自放料轴上，设备经过自动放卷，自动纠偏定位完成正负极耳的焊接、保护胶带的贴覆、电芯卷绕、贴终止胶及下料到输送带等动作（图 6-31）。

图 6–31　全自动制片卷绕一体机

最终，电芯在卷绕过程中一次性完成，减少装配过程中的人为干预，减少极片过程损伤，能够提高电芯装配质量。卷绕其实就是将极片通过卷针，卷成一定宽度的裸电芯（图 6-32）。这里主要注意控制覆盖区域，一般是隔膜要完全覆盖住负极极片，不管是宽度还是长度上，而负极要全部覆盖住正极极片。这样才能有效保证正极过来的锂离子可以被负极全部接收，才不会出现析锂的情况，留下安全隐患。

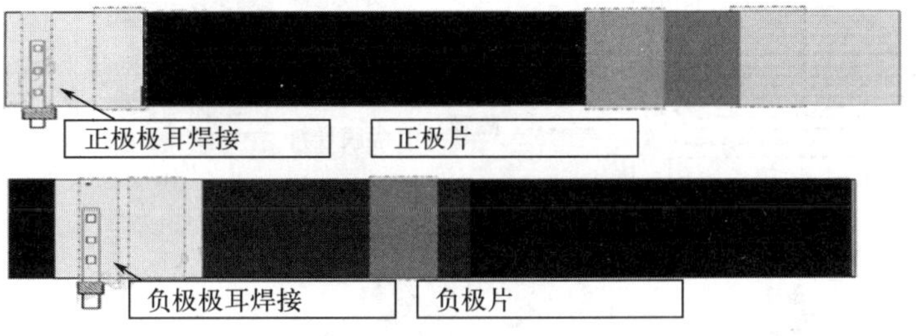

(a) 极耳焊接

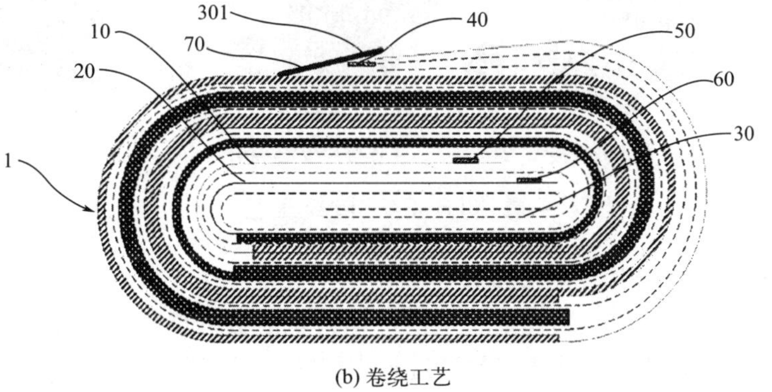

(b) 卷绕工艺

图 6–32　极片焊接及卷绕工艺

动力电池叠片工艺就是将正负极片切成小片与隔离膜叠合成小电芯单体，然后将小电芯单体叠放并联起来组成一个大电芯，再使用超声波将多个铝、镍极耳焊接在一起成为裸电芯，如图 6-33 所示。

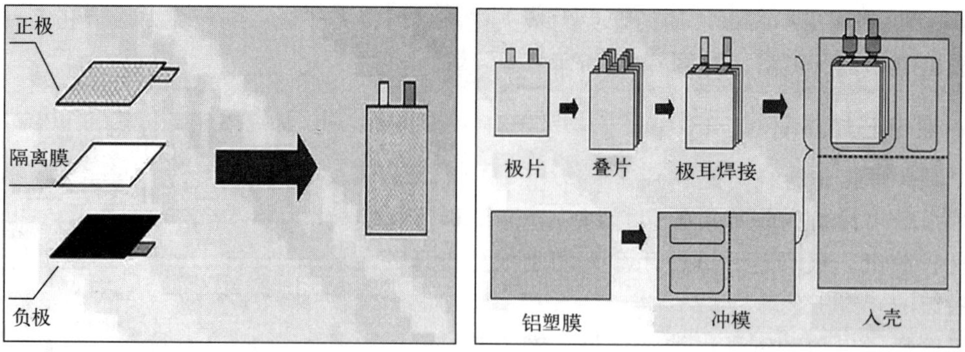

图 6-33　叠片工艺

动力电池卷绕工艺就是将正负极片切成多极耳与隔离膜卷绕成小电芯单体，然后将小电芯单体叠放并联起来组成一个大电芯，再使用超声波将正负极耳焊接在一起成为裸电芯，如图 6-34 所示。

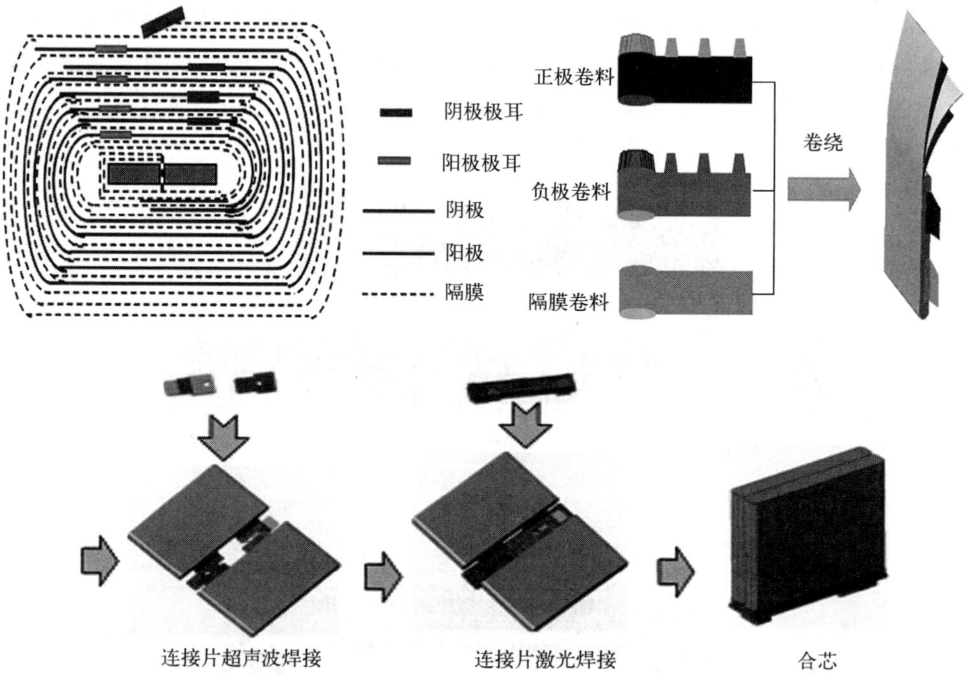

图 6-34　卷绕工艺

① 制片焊接与卷绕（叠片）的质量管控。

a. 极耳焊接效果确认：软包装锂离子电池、动力电池极耳焊接结构技术方案是在正负极耳焊接时，直接将极耳金属片与电池集流体通过超声焊接机以直焊的方式焊接。

制片工序主要避免两个问题，一个是过焊，一个是虚焊，否则会导致严重的电池问题，如无反应、高内阻等情况。简单而言，过焊就是焊过头了，把箔材焊穿了，从而导致焊接强度不够，在后面的工序中，容易出现箔材连同极耳一起脱落的情况；而虚焊就是焊接强度不够，导致没有有效地焊接上，同时，极耳也容易脱落。

制程中一般从表 6-14 中的几个方面确认极耳的焊接效果。

表6-14　极耳焊接效果判定方式

焊接类型	检测项目	焊接合格特征
正极焊接	残留箔材面积	箔材残留面积≥焊点面积的50%
	箔材外观	不能有裂纹/不能发黑/透光现象
	焊接拉力	根据使用的极耳宽度来确认焊接拉力，一般来说不可≤5N
负极焊接	残留箔材面积	负极焊点≥3个，每个焊点箔材残留面积≥焊点面积的50%
	箔材外观	不能有裂纹/不能发黑/透光现象
	焊接拉力	根据使用的极耳宽度来确认焊接拉力，一般来说不可≤5N

焊接拉力测试参考如下：极耳 - 箔材焊接拉力是表征极耳与极片箔区焊接强度的重要参数。测试前一般在箔材处粘贴美纹胶纸，以避免在箔材处被拉断，保证测试有效性。测试时一般使用柱式拉力机，一端夹住极耳，另一端夹住箔材进行测试，如图 6-35 所示。

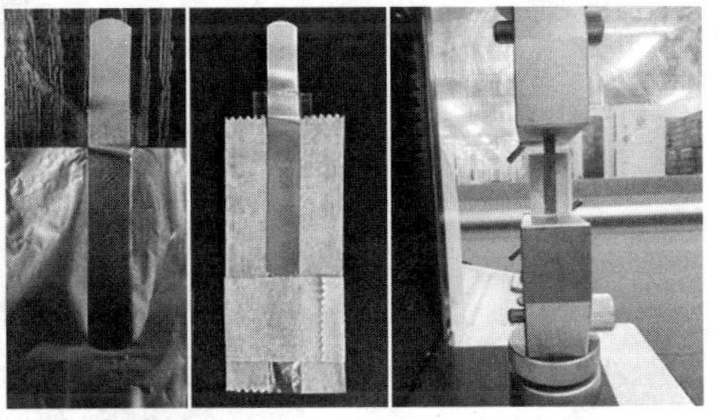

(a) 极耳-箔材焊接　(b) 测试

图 6-35　焊接拉力测试

b. 极片贴胶效果：焊接完成后，将进行贴胶工序，此工序用特殊的胶带，经过电解液浸泡后不会发生变化，一是里面不会有可溶于电解液的其他组分，二是这种绿胶在电解液浸泡之后还能有黏性。

贴胶的主要目的之一是焊接后的位置需要贴胶，因为焊接处往往焊痕比较深，且表面粗糙，在后续的整形过程中，有可能刺破隔膜，而产生短路。此外，极片料区的边缘会贴上绿胶以防止掉料。当然，有时候也会用绿胶来控制长度方向上的涂料区，保证卷绕时有足够的余量。

c. 极耳及极片裁切毛刺控制：极耳裁切后截断面会沿着切刀方向向下延展产生形变，根据切刀的锋利程度，极耳切面是一个不完全平整的表面。因为极耳焊接位置会贴一道胶，因此，极耳裁切的毛刺不能刺破胶纸，可根据胶纸厚度确定极耳裁切毛刺的标准。全自动卷绕机把正负极卷绕与隔膜卷在一起，并进行切断收尾，这里还需要确认极片的裁切毛刺，与分条毛刺相同。

极耳毛刺测试步骤如下：将毛刺样品用夹具固定，裁切端外露，然后将样品放置于显微镜载物台中间，待测面朝上，调整显微镜焦距，将画面调清晰，进行测试（图 6-36）。

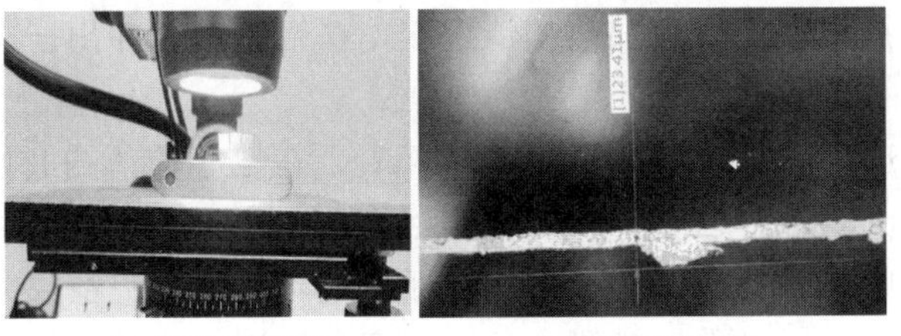

(a) 极耳毛刺测量　(b) 极耳毛刺影像

图 6-36　极耳毛刺测试

② 裸电芯的包覆。

电芯卷绕时，为了防止正极扩散过来的锂离子在负极有对应场所接纳嵌入晶格，负极必须全部包裹正极，并有一定尺寸余量。同时，为了避免短路，隔膜必须包裹负极，负极必须包裹住正极。卷绕电芯在长度方向必须保证负极具有余量，隔膜包裹负极。另外，在极片宽度方向上，负极也需要超出正极一定余量，隔膜超出负极一定余量，这个余量就称为超覆。宽度方向的对齐度直接由卷绕工艺精度决定，精度高时，余量尺寸可以更小，电池能量密度更高。但是，电池安全性系数降低，必须确保工艺精度，否则对电池存在巨大安全隐患。全自动卷绕机在卷针位置还配有CCD在线检测仪，可以通过电脑实时显示极片、隔膜的包覆情况。但是CCD测试仪不能完整表征裸电芯的正负极片包覆情况，所以还需要进行X-Ray测试，能更好地看到卷芯正负极的对齐情况，如图6-37所示。

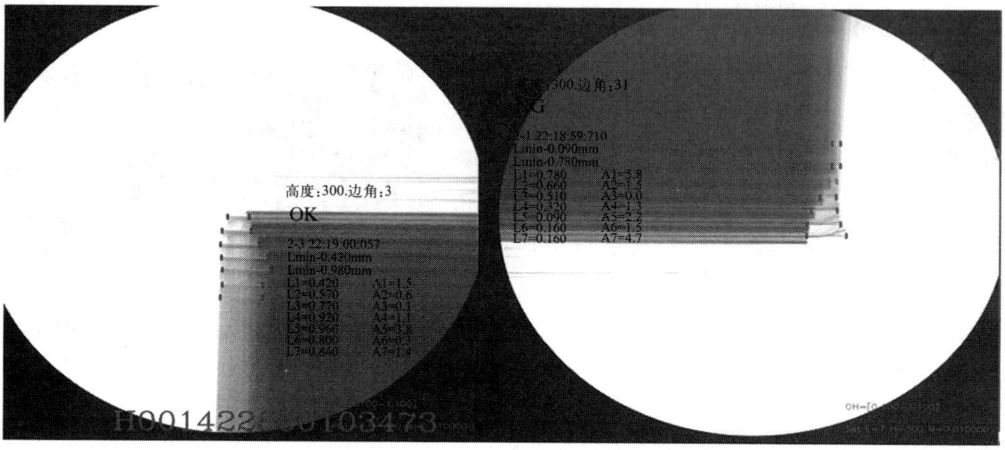

图 6-37　X-Ray 检查卷芯正负极片对齐度

③ 耐电压（Hi-Pot）测试。

卷绕之后，裸电芯需要进行热压处理，对极片和隔膜整形，使它们更加紧密接触，降低锂离子传输阻力。在热压的同时，往往会对裸电芯进行绝缘耐电压（Hi-Pot）测试，主要判断电芯内部是否存在异物颗粒造成短路。金属异物主要来源于极片切割毛刺、极耳焊接碎屑等。测试时，仪器给裸电芯加一个电压，这个电压持续一段规定的时间，然后检测其漏电电流量是否保持在规定的范围内，判断电芯正负极有无短路，同时进行裸电芯的尺寸测量。

测试示意图如图6-38所示（注：测试仪需要定期使用Master标准件进行失效确认）。

（2）冲模

根据客户的需求电芯设计成不同的尺寸，当外形尺寸设计好后，就需要开具相应的模具，使铝塑膜成型，即用成型模具在加热的情况下，在铝塑膜上冲出一个能够装卷芯的坑，如图6-39所示。

铝塑膜冲好并裁剪成型后，一般称为袋（Pocket）。在电芯较薄的时候选择冲单坑，在电芯较厚的时候选择冲双坑，因为一边的变形量太大会突破铝塑膜的变形极限导致破裂。

铝塑膜在冲压过程中，保持恒定的压力，保证冲坑均匀性。铝塑膜冲压成型后，要求各层在冲坑区域厚度均匀一致，无针孔、皱褶，各层厚度有保证，尤其是保证铝层薄弱部位的残存率，以满足铝塑膜使用功能及特性要求。

目前企业实际生产采用的冲压工艺有以下两种：（1）延伸性冲深：压边圈对铝塑膜压力较大，铝塑膜边缘部分被固定，被固定的部分不产生形变，难以对冲深部分进行补偿，成形时边缘部分完全由底部补偿，冲深浅，可调性差，目前采用较少；（2）补偿性冲深：压边圈对铝塑膜压力可调，铝塑膜冲深部位可由边缘及底部材料补偿，铝塑膜整体运动变形，厚度比较均匀，冲深能力强。

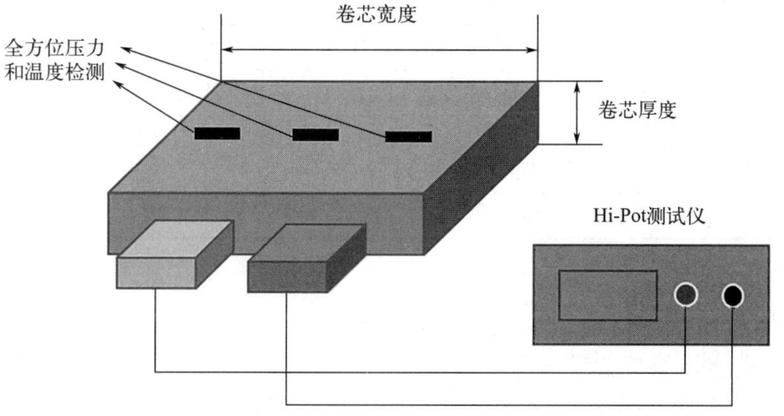

图 6-38　Hi-Pot 测试

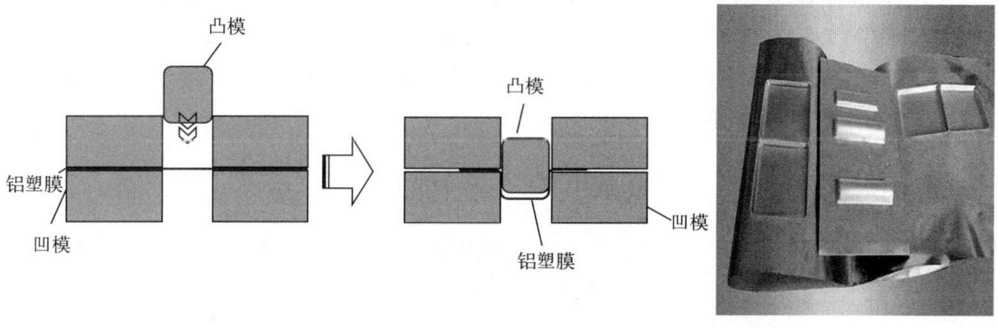

图 6-39　铝塑膜冲模

冲制过程中，以一定的压力及时间对包装膜进行冲深，包装膜边角位置铝层减薄最为严重，是影响成型铝塑膜外壳整体质量的关键性因素，应该作为衡量锂离子电池铝塑膜外壳成型质量检验的关键点。

动力电池也会使用聚酯薄膜作为裸电芯的包装膜，而硬壳电池则使用金属外壳作为裸电芯的包装壳，卷芯完成后需放入金属壳并通过底焊使得负极耳与钢壳连接，这时整个金属壳就是电池的负极，再通过辊槽固定金属壳内的卷芯。入壳与辊槽工序不能破坏卷芯，辊槽高度需严格把控，过低时，卷芯被破坏。如图 6-40 所示。

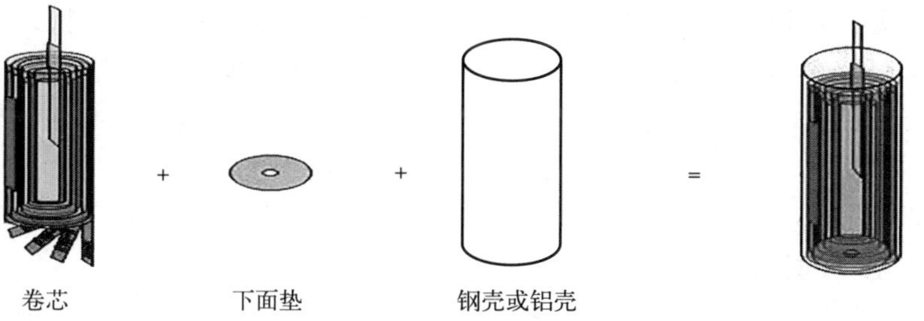

图 6-40　硬壳电池包装

冲模测试项目见表 6-15。

表6-15　冲模测试项目

测试项目	测试设备	测试意义
坑深	卡尺、高度规	确认坑深是否满足卷芯的包装要求，且坑深应小于此包装膜的最大冲坑深度
R角最小厚度	千分尺	R 角厚度＞包装膜厚度 51%，否则有冲破风险
R角铝层厚度	二次元、显微镜	铝层太薄，会影响电池的阻隔性能，甚至导致破损或发生安全事故，一般铝层厚度不能小于 20μm
包装膜外观	目视	包装膜未出现裂纹、脏污、凹凸点等不良现象

（3）封装、壳体焊接

锂离子电池内部存在动态的电化学反应，其对水分、氧气较为敏感，电芯内部存在的有机溶剂，如电解液遇水、氧气会迅速与电解液中的锂盐反应生成大量的 HF，影响电芯电化学性能（如容量、循环寿命）。电池封装的意义与目的在于使用高阻隔性的软包装材料将电芯内部与外部完全隔绝，使内部处于真空、无氧、无水的环境。

① 软包电池的封装：如上文所述，目前铝塑膜有两种外观：银色和黑色，主要由三层结构组成：由里向外依次是聚丙烯（PP）、铝（Al）和尼龙（Nylon）层，极耳主要是由 Al 带或 Ni 带再加两层 PP 组成，铝塑膜的封装过程就是将两层铝塑膜的 PP 相对，通过封头施加压力、温度使得两层 PP 融合到一起的过程，如图 6-41 所示。

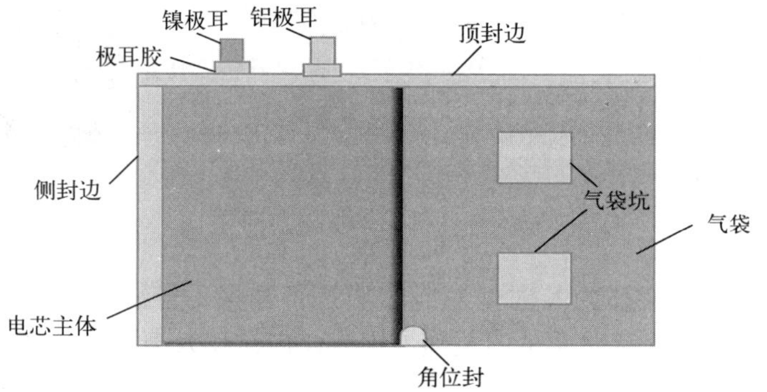

图 6-41　软包电池封装

为了保证封装的可靠性，一般 PP 的变形率在 25% ～ 70%，且为保证封装的稳定性及可靠性，需要从以下方面进行管控：a. 温度（PP 和外层尼龙的熔点、封头结构以及散热）；b. 时间（热量的传递以及 PP 融合）；c. 压力（PP 贴合，影响熔胶及传热）；d. 封装平行度检查（在封头平行度合格的基础上，进行封装，撕开封装面观察熔胶呈现乳白色，无缝状封装不良处）；e. 拉力测试（包括极耳位置和侧封位置）未封区检查（目测，包括顶封、侧封、底封的内外未封区，检查内部 PP 情况）；f. 极耳胶外露（目测，主要是负极极耳）及极耳中心距检查（目测，保证极耳在客户要求范围，不至于因为过小而导致极耳接触短路，一般会在设备上安装中心距夹具，可以大大改善中心距不良）；g. 绝缘电阻测试（顶侧封后检查包括正负极极耳间是否短路、负极极耳与袋中的 Al 层是否绝缘）。

② 硬壳电池的封装：包 Mylar 工序是在裸电芯表面包裹一层绝缘膜，实现裸电芯与壳体绝缘；入壳和预焊工序是把完成包 Mylar 卷芯送入铝壳之中，并进行预焊，使裸电芯与外界隔离。如图 6-42 所示。

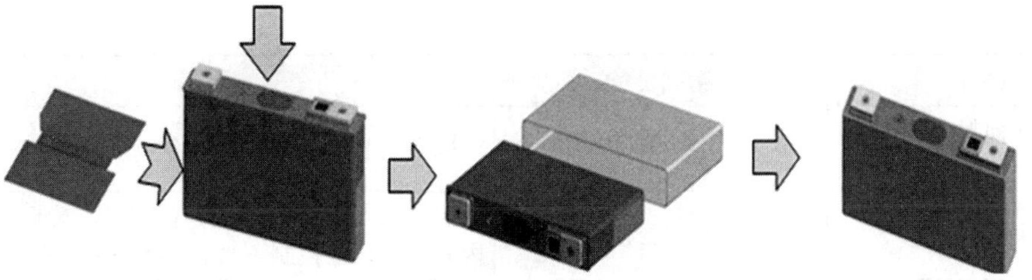

图 6-42　硬壳电池封装

③ 硬壳电池的焊接：激光焊接是将高能量密度的激光束以脉冲或连续的方式入射到振镜上，通过控制反射镜的反射角度，促使激光束进行偏转运动，经聚焦后辐射至工件表面，利用产生的热使工件焊缝两侧铝材熔化，实现特定强度下密封焊接的目的，是一种高效精密的焊接方法，如图 6-43 所示。

优点：a. 热影响小。由于激光高度凝聚成了极小的斑点，所以它的热影响小，焊接后基本上不会影响工件原有性能；b. 节能环保。有利于保持工作场所的洁净和保护操作员的身体健康；c. 生产成本低。只需要在激光器充一次气，就可以用很久；d. 可调节光点。能够实现精准焊接；e. 电光转化率高，有利于节约生产成本；f. 焊接速度快，是传统焊接设备的几倍；g. 可近距离观察，产品工艺的可控性强；h. 焊接面积平整、结合力强、焊接深、焊缝狭小。

缺点：a. 焊件位置需非常精确，务必在激光束的聚集范围内；b. 焊件需使用夹治具时，必须确保焊件的最终位置与激光束冲击的焊点对准；c. 最大可焊厚度受到限制，渗透厚度远超 19mm 的工件，生产线上不适合使用激光焊接；d. 高反射性及高导热性材料如铝、铜及其合金等，焊接性会受激光影响；e. 当中能量至高能量的激光束焊接时，需使用等离子控制器将熔池周围的离子化气体驱除，以确保焊道的再出现；f. 能量转换效率太低，通常低于 10%；g. 焊道快速凝固，可能有气孔及脆化的顾虑；h. 设备成本投放较高。

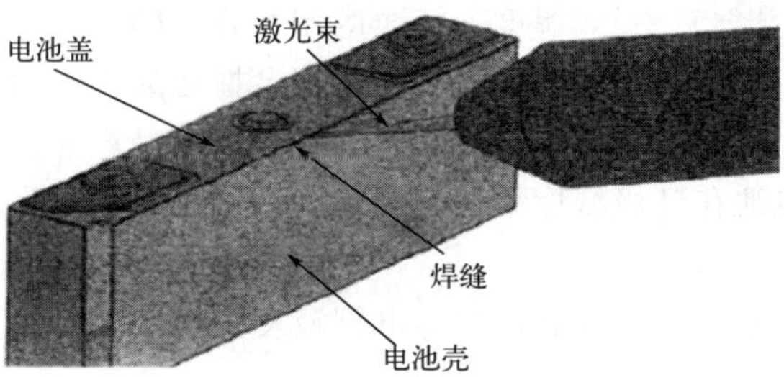

图 6-43　硬壳电池激光焊

④ 封装后电芯产品测试项目。

项目如表 6-16 所示。

表6-16　封装电芯测试项目

测试项目	测试设备	测试意义
封印厚度（顶封、侧封、极耳位、非极耳位）	千分尺	通过确认封印厚度的一致性及稳定性来表征熔胶效果的好坏

续表

测试项目	测试设备	测试意义
封印拉力（顶封、侧封、极耳位、非极耳位）	拉力计	确保熔胶效果良好，不会导致漏液影响电池性能
内外未封区尺寸	塞尺、二次元	保证有足够的内外未封区尺寸，确保气体的抽出等，内未封区尺寸控制不当会导致气胀、漏液等不良
极耳胶外露	卡尺	确保包装膜未直接接触极耳金属带，避免引起内腐蚀等不良
极耳中心距	卡尺	满足客户要求、满足制程要求、方便作业、避免短路率过高
电芯外观	目视	电芯无扎伤、划伤、异物等外观不良
Hi-Pot测试	绝缘测试仪	剔除内部短路电芯
气密性测试	He检验	检测焊接密封性
焊接熔深熔宽	金相测试（影像测试仪）	确认激光焊接强度
爆破压力	爆破测试仪	确认激光焊接强度

（4）裸电芯（极片）烘烤

烘烤主要是为了去除正负极片、隔膜中的水分。使用高真空烤箱进行烘烤，一般步骤包含充入氮气（气体置换）、预热、加热循环、冷却。影响烘烤的主要因素有温度、真空度、时间，提高温度可以帮助水分挥发，但是温度过高，容易导致隔膜收缩，因此需要选取一个合适的温度；真空度与水的沸点有关系，可以通过提高真空度来降低水的沸点，从而达到快速烘烤除水的效果，如图 6-44 所示。

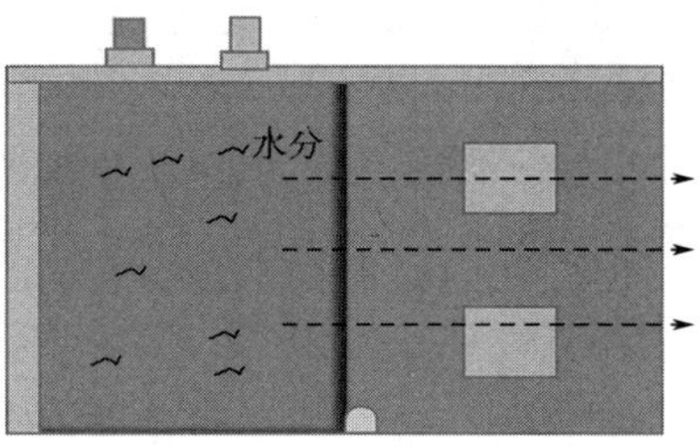

图 6-44　裸电芯烘烤

锂离子电池性能受众多因素影响，不仅包括电池设计、原材料、工艺水平、设备精度等方面，还包括环境因素，比如温度、洁净度和水分。即使少量的杂质也会对锂离子电池的循环稳定性和安全性造成不利影响。因此，我们必须高度重视生产过程，并严格控制产品质量。其中，水分的控制非常关键。商业化锂离子电池在环境湿度严格控制的大型干燥间内生产，所有部件在电池组装前都要进行干燥。

锂离子电池中，假如水分含量过高，会与电解液发生反应。首先，水分会与电解液里面的锂盐反应生成 HF：

$$H_2O + LiPF_6 \longrightarrow POF_3 + LiF + 2HF$$

氢氟酸（HF）是一种腐蚀性很强的酸，它会腐蚀电池内部的金属零件，使电池最终漏液。而且 HF 会破坏 SEI 膜，与 SEI 膜的重要成分进一步发生反应：

$$ROCO_2Li + HF \longrightarrow ROCO_2H + LiF$$

$$Li_2CO_3 + 2HF \longrightarrow H_2CO_3 + 2LiF$$

最后，在电池内部出现 LiF 沉淀，使锂离子在电池负极片发生不可逆的化学反应，消耗活性锂离子，电池的能量减少，容量急剧衰减。当水分足够多时，出现的气体多，电池内部的压力就会变大，从而引起电池受力变形，出现电池鼓胀、漏液等危险。

在锂离子电池生产过程中，负极一般是水系浆料，正极一般是油系浆料。在浆料涂覆之后，电池极片第一次进行干燥，这一步的重要目的是去除浆料中的溶剂，形成微观多孔结构的电池极片。此步干燥之后，极片中仍旧残留较高的水分。后续的极片加工过程，由于多孔、高比表面积的特点，极片容易从环境空气中吸收水分。因此，电池极片残留水分控制是非常关键的步骤，目前主要有两个去除残留水分的干燥工序：

a. 极片和隔膜烘烤：在电池卷绕或叠片之前，对电池极片进行真空干燥，一般干燥温度为 80 ～ 150℃，电池极片往往成卷或成堆干燥，过程中进行多次气体置换。除了加热、真空度和气体置换等干燥程序外，极卷的尺寸，或者堆积片数对干燥效果也有较大影响，要认真考虑。

b. 裸电芯烘烤：在电池注液之前，对组装好的电池进行真空干燥，由于此时电池包含隔膜等部件，干燥温度一般为 60 ～ 80℃，多次气体置换。此时，干燥温度较低，电池各部件组装在一起，预留的注液口较小，这些条件都不利于水分去除。

正负极片及隔膜中残留的水分一般为几百 ppm（1ppm=1μg/g），相对而言水分含量较低，无法用简单方法测量，一般采用卡尔 - 费休库伦法测试微量水分。

水分含量测试：行业内常用的是卡尔 - 费休库伦法测试（卡氏试剂 + 水分测试仪），其原理是仪器电解池中的卡氏试剂达到平衡时注入含水的样品，水参与碘（I）、二氧化硫（SO_2）的氧化还原反应，在吡啶（C_5H_5N）和甲醇（CH_3OH）存在的情况下，生成氢碘酸吡啶和甲基硫酸吡啶，消耗了的碘在阳极电解产生，从而使氧化还原反应不断进行，直至水分全部耗尽为止，依据法拉第电解定律，电解产生碘与电解时耗用的电量成正比关系。其反应如下：

$$H_2O + I_2 + SO_2 + 3C_5H_5N \longrightarrow 2C_5H_5N \cdot HI + C_5H_5N \cdot SO_3$$

$$C_5H_5N \cdot SO_3 + CH_3OH \longrightarrow C_5H_5N \cdot HSO_4CH_3$$

在电解过程中，电极反应如下：

$$\text{阳极：} 2I^- - 2e^- \longrightarrow I_2$$

$$\text{阴极：} I_2 + 2e^- \longrightarrow 2I^- \text{；} 2H^+ + 2e^- \longrightarrow H_2\uparrow$$

从以上反应可以看出，即 1mol 的碘氧化 1mol 的二氧化硫，需要 1mol 的水。所以是 1mol 碘与 1mol 水反应，即电解碘的电量相当于电解水的电量，电解 1mmol 碘需要 2×96493mC 电量，电解 1mmol 水需要电量为 2×96493mC 电量。

样品中水分含量按下列公式计算：

$$m = \frac{18.015}{2 \times 96493} Q \approx 0.0933Q$$

式中，m 为样品中的水分质量，μg；Q 为电解当量；按水的分子量为 18.015 g/mol 计算。

而实际测试过程中，只需已知测试样品的质量，即可由电解反应完全的电量计算出测试样品的水含量：

$$S = m/M$$

式中，S 为样品中的水含量（水分质量占总体样品质量的百万分比）；m 为样品中的水分质量，μg；M 为样品质量，g；单位不匹配时需进行单位换算。

水分测试仪的测试过程：将烘烤完成的待测样品剪下一定质量，一般正极 1.0 ～ 1.2g、负极 0.8 ～ 1.0g、隔膜 0.2 ～ 0.3g、裸电芯 0.8 ～ 1.0g；密封在取样瓶中，标明样品质量［如图 6-45（a）］，然后将样品置于烤炉中，在 170℃左右的温度下加热，蒸发水分由密封导管运输至装有卡氏试剂的容器中（内有磁力搅拌子，不断搅拌，加快反应进度），与试剂发生反应，当反应完全（即样品中的水分不再蒸发）后停止反应，即可计算出水分含量［参考图 6-45（b）测试仪］，当样品中水分含量合格，才可正常生产。

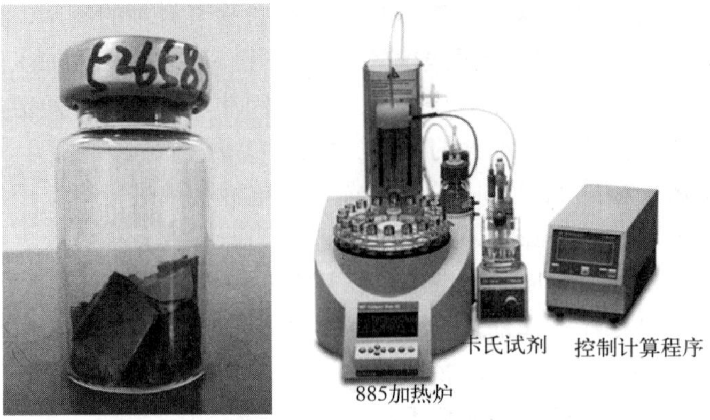

(a) 取样　　(b) 水分测试仪

图 6-45　水分含量测试

（5）注液

注液即向封装后的电芯中注入电解液的过程。封装后的电芯必须是经过烘烤（裸电芯烘烤或极片烘烤），水分测试合格的。电解液的作用是为电池中离子的传输提供载体。在电解液中加入特定的添加剂，可以提高锂离子电池在安全或高低温等方面的性能。

目前常见的注液方式主要分为两类，一种是通过注液孔直接注液，另一种是将电池放入电解液之中让电解液渗入电池。通过注液孔注液的方式，根据注液量又可以分为单倍注液和多倍注液。几种注液方式促进浸润的措施各有不同，其中单倍注液方法，通过反复抽压的方式促进电解液在电芯内的浸润，而多倍注液方法是通过加压的方式促进电解液在电芯内浸润，浸入式注液则没有促进浸润的措施。

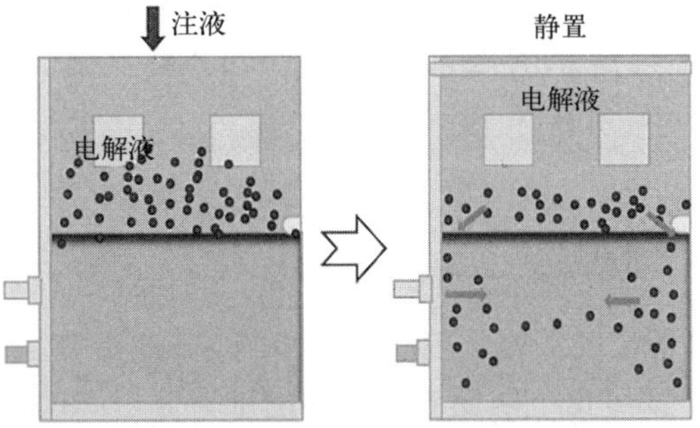

图 6-46　软包电芯注液过程

锂电池自动注液机注液工作原理是将电池盒倒置在注液板的定位模块中，气压驱动上箱体移动，上压板同步移动使电池盒与注液板压紧密封，电池盒内部通过注液孔与注液箱形成同一密封空间，并对注液箱抽真空，待电池内部形成负压后，打开注液阀，电池液由于气压差作用自动从中转箱流入注液箱，关闭注液阀。如图 6-46 所示。

注液完成后，通过真空静置加速电芯吸收电解液的速度，便可对电芯进行封口，此处的预封与封装管控项目相同，通过确认封头平行度、熔胶厚度及封印拉力确定预封装的效果。电芯封口后就保证了内部是密封的状态，可以杜绝水分及外来异物的进入。

裸电芯注液质量管控点如下。

① 注液的环境：由于水分会严重影响锂离子电池的性能，导致电池容量变小，放电时间变短，内阻增大，循环容量衰减，电池膨胀等现象，所以整个注液过程需要完全在可控湿度下进行，直至封口。于是引入露点来表示注液环境的水分状态。

露点（Dew Point），又称露点温度（Dew Point Temperature），在气象学中是指在固定气压之下，空气中所含的气态水达到饱和而凝结成液态水所需要的温度。在此温度时，凝结的液态水如果飘浮在空中被称为雾；如果沾在固体表面上时则称为露，因而得名露点。一般电池注液环境的露点值需≤ -37℃。

② 注液量的精度：由于电解液在锂离子电池工作的过程中会持续在正负极发生氧化和还原反应，因此注液量过少会对锂离子电池的循环寿命不利，同时倘若电解液数量过少，也会导致部分活性物质无法浸润，因此不利于电池容量的发挥。但是，注液量过多也会造成锂离子电池能量密度下降、成本升高等问题，因此要怎么样确定适宜的注液量，有关锂离子电池在性能和成本之间的平衡就显得尤为紧要。目前，全自动注液设备可通过称量电芯注液前后的质量，计算出注液质量，并实时上传到电脑或 MES 系统，不仅可以及时发现注液量异常，还可以更快捷地对数据进行 SPC 分析，确定各注液针的精准度。

③ 注液的浸润过程：不同的材料具有不同的物理和化学特性，因此锂离子电池的材料选择决定了电解液的浸润速度，如电解液的黏度、表面张力，多孔材料的微孔结构，电解液和正负极材料的接触角等特性都会对电池的浸润性产生影响。电解液在浸润到电芯之前，首先存储在锂离子电池的外壳中，因此电池的结构（方形或者圆柱、硬壳或者软包、叠片或者卷绕）都会对电解液的浸润产生一定的影响。

改善注液工艺是常规的一种办法，从注液效率、注液条件、静置时间、注液方式等方面可以有效改善电解液的浸润效果。

在真空条件下注液，不仅有利于电芯内气体的排出，还能够减少气体对电解液注入的阻力，有助于电解液对极片的浸润。其原理是抽真空注液可以减少固 - 气 - 液三相界面的气相阻力，让电解液与极片直接接触，减少了浸润时间。

通过延长真空下静置的时间，可以保证电解液充分浸润极片。注液之后，随着静置时间延长，电极液与极片的润湿角逐渐减小，润湿半径逐渐增大，最终达到良好的浸润效果。

为了防止电解液对隔膜、极片浸润不充分的现象，可以分批次注入电解液，便于电解液对极片充分浸润，此种操作方式从原理来讲就是提高固液接触概率，扩大接触面积，在电解液量不变的情况下，可以缩短浸润时间。

与此同时，还可以改善卷芯工艺，添加电解液浸润剂从根本上提高注液质量。

① 改善卷芯工艺。

电解液浸润效果与电极材料颗粒性质、极片压实密度、卷芯松紧度等都有关系。不同形貌、粒径的正负极活性物质、导电剂，电解液对极片的浸润效果明显不同，原材料的粒径越大，越接近于球形，其电解液渗透速率越大，浸润时间越短。当极片的压实密度过大时，极片内孔隙率降低，不利于电解液对极片的浸润，要调节适当的压实密度，在保证电池低阻抗的条件下，满足电解液的浸润程度。同样，电芯堆叠或者卷绕的松紧度也会影响电解液的浸润。

卷绕较松时，正极 - 隔膜 - 负极之间的孔隙较大，积存的电解液量就较多，造成了部分地方富集和某些地方缺乏，这样无疑对电池的性能影响很大。当卷绕较紧时，又会影响电解液的浸润速度和效率，也是不可取的。

② 添加电解液浸润剂。

通常采用的电解液为有机溶剂，极片为无机材料，吸收电解液的能力较弱。在电解液中加入适量添加剂也能够改善电解液的浸润。浸润剂的实质是表面活性剂，此类浸润剂具有高表面活性、高耐热稳定性、低可燃性和高化学稳定性等优点，在电解液中添加浸润剂后能够降低液体的表面张力，提高电解液对极片的润湿能力和渗透能力，从而提高电池的电化学性能。

随着电解液浸润程度的增加，电池内能够参与反应的两相界面不断新增，倘若采用交流阻抗手段对电池阻抗进行测量，就能够发现电池的高频阻抗在继续降低，这也为实时监测电池浸润提供了一种新的方式，因此，可以通过测试注液后电芯的内阻值来判定电解液的浸润情况，不用一一拆解来确认。

6.1.8.5 锂离子成品电芯质量管控

（1）老化

老化，即高温静置，其意义是让电解液的浸润更加良好，有利于电池性能的稳定；正负极材料中的活性物质经过老化后，可以加快一些副作用的产生，例如产气、电解液分解等，让锂电池的电化学性能快速达到稳定；通过老化一段时间后进行锂电池一致性筛选。化成之后电芯的电压不稳定，其测量值会偏离实际值，老化后的电芯电压、内阻更为稳定，便于筛选一致性高的电池。老化工艺对锂电池性能的影响因素主要有两个，即老化温度和老化时间。

无论对于哪种体系的电池，老化是必不可少的工序。锂电池的老化虽然表面看是对锂电池的损耗和破坏，但是事实上却是筛选一致性高的电池，剔除不合格品的有效途径。只有通过老化的方式，才能选出适宜进行组包的锂电池，提高电动工具的使用寿命。

（2）化成

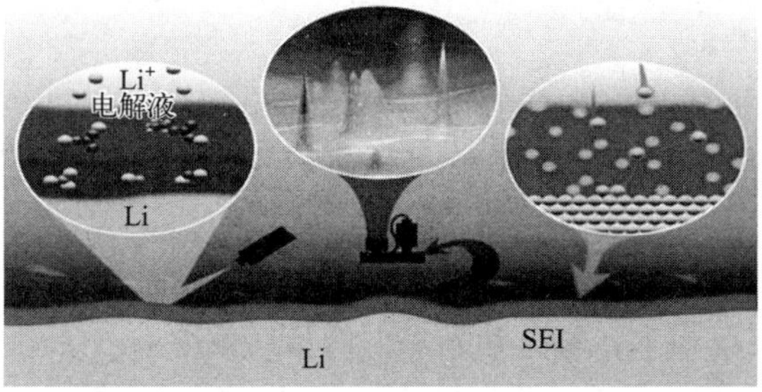

图 6-47 SEI 膜的形成

化成是指锂离子电池第一次充电的过程，目的是使电池具有电化学活性。化成是在负极表面形成一层固体电解质界面膜（SEI 膜），如图 6-47 所示。SEI 膜具有固体电解质性质，是电子绝缘体。但这种 SEI 膜却是 Li^+ 的优良导体，Li^+ 能够自由地通过 SEI 膜。SEI 膜的重要成分是 Li_2CO_3、LiF、LiOH、$ROCO_2Li$、ROLi 等物质。SEI 膜的质量与化成的工艺具有很大的相关性，假如化成制度不好，就不能形成高品质的 SEI 膜，进而会对电池的循环寿命和电化学性能出现不利影响。

化成工序能够激活锂离子电池的正负极活性物质进行电化学反应，同时电解液成膜成分在负极表面形成固体电解质界面膜（SEI 膜），有效阻止溶剂与负极活性物质的反应，允许锂离子通过进行脱嵌。锂离子电池在化成工序的状态会直接影响电池的负极界面，容量发挥，自放电，循环性能，安全性能等。

在锂离子电池进行第一次充电过程中，Li^+ 从正极活性物质中脱出，经过电解液 - 隔膜 - 电解液后，嵌入负极石墨材料层间。在此过程中，电子沿着外围电路从正极迁移到负极。此时，由于锂离子嵌入石墨负极电位较低，电子会先与电解液反应生成 SEI 膜和部分气体。

电池在储存阶段，少数电池会出现气胀，其出现气体的原因可能是：一是由于电池密封性能不好，外界的水分以及空气的渗入，导致气体中 CO_2 显著增加，同时出现相同量的 O_2 和 N_2。同时，水分的渗入导致 HF 出现，会破坏 SEI 层；二是化成首次形成的 SEI 层不稳定，在储存阶段 SEI 层被破坏，为了修复 SEI 层，又释放出气体，主要以烃类气体为主。

锂离子电池化成工艺中的充电方法有恒流、恒压及智能充电。恒流充电的极化现象比较严重，而且其初始电流较低，充电末期电流较高，充电时间较长、能量浪费严重，还会降低电池寿命。恒压充电时，初始阶段电流较大，电池的电动势会逐渐升高，直到充电电流逐渐降为零。较之前者，恒压充电耗能小且充电时间短，充电性能更接近于最佳充电曲线；但是充电过程中电池端电压的变化很难得到补偿，而且充电电压选择不当会损坏电池。

电池的放电方法比较单一，一般都是恒流放电，电压会逐渐降低直至设定的电压。由于SEI膜在充电阶段就开始生成，而且大部分SEI膜在首次充放电过程中生成，所以这一阶段的参数控制对生成的SEI膜的性能起着决定性作用，其中最主要的三个参数分别为：充电电流、化成温度、截止电压。

为了确保锂离子电池SEI膜的均匀形成，可以做以下管控。

① 化成温度：化成温度主要是通过影响电解液的黏度和电导率及电极材料离子扩散速度，对化成效果产生影响。通常，化成温度越高电解液黏度越低、电解液电导率越高、电极材料离子扩散速度越快，因此极化越小，化成效果越好。但是温度过高时，会破坏已经形成的SEI膜的结构，改变其成分；同时电解液为有机溶剂溶液，过高的温度会使电解液中的低沸点成分挥发速度加快，影响化成效果。因此，可选择的化成温度建议为RT ～ 90℃；在实验室条件允许的情况下，可使用高温化成（45 ～ 70℃）。

② 化成工步：第一步休眠，第二步恒流充电，以0.05C或更小的电流恒流充电，小电流充电的目的是使形成的SEI膜质量、界面更好，但形成的SEI膜不稳定，易与前面的分解产物发生反应，需进一步充电使SEI膜趋于稳定。第三步休眠，目的是使两次充电有一个转换过程，并达到消除极化的作用。第四步恒流充电，以0.1C或更大电流充电到3.95V，在SEI膜基本形成后以稍大一点的电流充电，不但节约更多时间，而且形成的SEI膜致密，热稳定性更好，此时的SEI膜将电解液与石墨完全隔开，只许离子通过到达石墨层。但此时电压不能充得太高，易造成析锂。（注：休眠——在化成测试中表现为不做充电或放电，起到不同倍率充电流程间的转换作用；0.1C——0.1是倍率，C代表其容量值，如一电芯的容量是500mA·h，则充电电流0.1×500则为50mA）

③ 化成电流：大电流时，更容易发生双电子反应，即两个电子同时参与才能发生反应，相应更容易生成无机锂盐组分，且此时SEI膜分子更容易杂乱堆积，其结构更为疏松，相应厚度更大，不可逆反应更多；小电流化成时，更容易发生单电子反应，即只需一个电子参与即可发生反应，更容易生成有机锂盐组分，且此时SEI膜分子更容易有序堆积，其结构更加致密，厚度更小，不可逆反应更少。

④ 化成截止电压：化成过程即成膜添加剂在活性物质颗粒表面形成SEI膜的过程，而形成SEI膜的过程是不可逆反应过程，因此仅需要将化成截止电压设定在成膜添加剂反应完全的电位之上，使得成膜反应充分进行即可。而一般成膜添加剂（如VC、FEC）的成膜电位均低于3.0V（对金属锂的电位），但由于极化的存在，同时要确保化成充分进行，对于研究锂离子电池正极材料可以将化成截止电位设置在3.5 ～ 3.8V（即化成时，仅需要小电流充电至3.5V，之后即可使用正常的充放电电流对电池进行充放电），对于研究锂离子电池负极材料可以将化成截止电位设置在0.3V左右。通过优化上述化成电流及化成截止电压，不仅能够得到性能更加优良的电池，而且可以极大地缩短化成时间，减少化成设备的占用，降低研究费用。

⑤ 化成压力：对于软包电池化成时的压力，最主要的是改善正负极极片的界面状况，当施加压力时，将使界面变得平整，电流在两个电极间均匀分布，形成均匀的SEI膜。另一方面可以控制电池的硬度及厚度，使其不易发生变形。

（3）电芯封装

以软包电芯为例，电芯的成型工序主要是电芯的真空抽气二封及切折烫成型。化成过程中会出现气体，所以要将气体抽出然后再进行第二次封装，如图6-48所示。

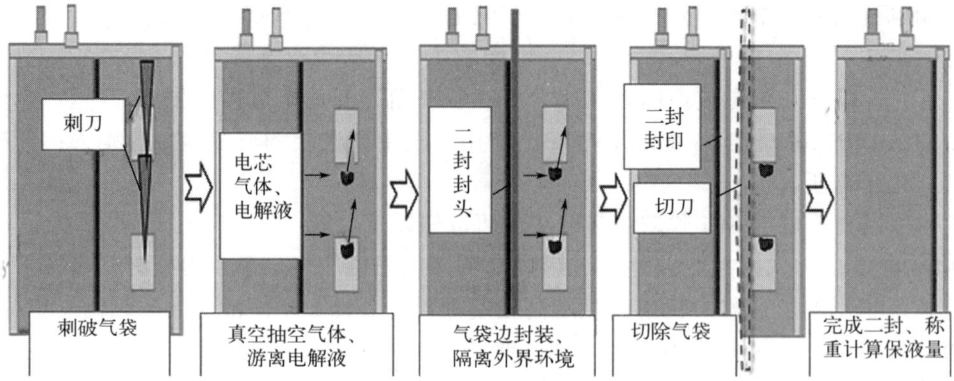

图 6-48　软包电芯二封成型过程

二封时，首先由刺刀将气袋刺破，同时抽真空，这样气袋中的气体与一小部分电解液就会被抽出。然后马上二封封头在二封区进行封装，保证电芯的气密性。最后把封装完的电芯剪去气袋，一个软包电芯就基本成型了。二封是锂离子电池的最后一个封装工序，其原理还是跟前面的热封装相同。二封剪完气袋之后要进行裁边、折边及烫边，就是将一封边与二封边裁到合适的宽度，然后折叠起来，用一定温度使两边定型，保证电芯的宽度不超标。

针对铝壳电芯来说，通过电芯化成排气后再进行一次补液（将化成过程中充电消耗和真空抽的电解液补充回来），然后将注液口进行密封。图 6-49 为铝壳电芯密封钉激光焊接示意图。

图 6-49　铝壳电芯密封钉激光焊接

电芯二封成型的管控要点与顶侧封类似，管控点如下：①温度：需要注意的是，包装膜上粘有电解液，不能使用与侧封完全相同的参数进行封装，需要以实际溶胶效果为准；②时间：时间的长短、热量的传递以及 PP 融合；③压力：PP 贴合，影响熔胶及传热；④真空度：真空度过大会影响保液量，真空度过小气体抽不完全；⑤封装平行度检查（在封头平行度合格的基础上，进行封装，撕开封装面观察熔胶呈现乳白色，无缝状封装不良处）。

成型后的电池产品测试如表 6-17 所示。

表6-17　成型后电池产品测试项目

测试项目	测试设备	测试意义
封印厚度	千分尺	通过确认封印厚度的一致性及稳定性来表征溶胶效果的好坏
封印拉力（顶封、侧封、极耳位、非极耳位）	拉力计	确保溶胶效果良好，不会导致漏液影响电池性能

续表

测试项目	测试设备	测试意义
内未封区尺寸	塞尺、二次元	保证有足够的内未封区尺寸，确保封头不会压伤电芯
封印宽度	卡尺	需要保留一定宽度的封印区，封印区过小，会有一定的安全风险
电芯外观	目视、触感	电芯无扎伤、划伤、异物等外观不良，使用手捏电芯无气体不良

（4）分容

锂电池的分容是通过化成分容柜（由于化成和分容基本原理相同，化成和分容功能集成在同一个柜子内，称为化成分容柜）来完成的，化成分容柜的功能实际上就是像充电器一样原理，只不过它可以同时为大量的电池充放电。

锂电池分容时通过电脑管理得到每一个检测点的数据，从而分析出这些电池容量的大小和内阻等数据，确定电池的质量等级，一批锂离子电池做好以后，虽然尺寸相同，但锂离子电池的容量会有差异。因此，必须在设备上面按规范充满电，而后按规范的电流放电。放完电所用时间乘以放电电流就是电池容量。只有测试的容量满足或大于设计的容量，电池才是合格的，而小于设计容量的电池不能算合格的电池。通过容量测试筛选出合格电池的过程叫分容。

在分容过程中，需要关注分容设置的工步、容量结果及外观。

（5）OCV 测试

OCV 全称（Open Circuit Voltage）开路电压，OCV 测试主要是通过连接在电压测试仪和内阻测试仪上的探针压在软包电池的正负极耳上测量电池特性，OCV 测试是电池测试中比较重要的一步。因此，在锂电池后段制造工艺中，通过 OCV 测试台进行电芯的分选。

电池在上料区被抓取后通过视觉纠偏工位，放在固定的测试点，机台测试工位使探针压在极耳上，在短时间内取得电池的精准数据，然后挑选机将测试过程中的不合格品和合格品分离并做下一步的处理。

OCV 测试的意义在于确认电池的 K 值，K 值是指电池单位时间内的电压降，通常用 mV/d 表示，用来测量锂离子电池的自放电率，是反映锂离子电池放电快慢的物理量。

常用的 K 值测量方法如下：在时间 t_1 测量 OCV_1，在时间 t_2 测量 OCV_2。

$$K=(OCV_1-OCV_2)/(t_1-t_2)$$

分容后存储时间越长，K 值就会越小：分容之后，电芯电压降的速度（即 K 值的大小）是一个先快后慢的过程，需要常温搁置数日之后，压降速度才能基本稳定。

K 值“分容后存储时间越长，K 值就越小”的特性，让其拥有以下应用特点。

K 值测试之前（或者说是 OCV_1 测试之前），一般要先进行高温存储，通过数日的存储后，电芯 K 值会逐渐趋于稳定，然后再测试 OCV_1 及 OCV_2，算出的 K 值准确度比较高。相反，分容之后如果直接测 OCV_1，由于难以保证每次测试时间间隔一致，因而数据容易产生过大波动。

不同材料、不同 SOC（State of Charge，荷电状态）状态，K 值差异很大。K 值是否存在异常点，由制造过程中的异常变异决定，但是一批电芯 K 值中位数的大小，则由电芯所使用的材料及测试条件决定。

K 值标准的制定要根据实际数据分布制定：由于 K 值与测试时的存储条件、电芯材料及 SOC 有关，而这些条件各企业又千差万别，因此 K 值标准一定要根据实际数据分布来制定。K 值标准不宜大于 K 值中位数的两倍，否则可能会有性能隐患。一般而言，K 值标准在 0.03 ～ 0.15mV/h。

K 值作为一个电芯厂出货前必须测试的项目，有其不可替代的价值，测试 K 值的意义如下。

① 筛选内部微短路电芯：极片上的颗粒或微量金属残渣、隔膜上的微小缺陷、电芯在组装过程中引入的粉尘等，都会造成电芯内部微短路。对于微短路电芯，仅通过容量及一次电压是无法完成筛选的，因此必须引入 K 值测试。通过精确计算其电压降速率来判断电芯是否存在微短路情况。

② 避免电芯长期存储之后电压降低太多：K 值是电芯电压降速率的定量描述，K 值过大，说明电芯电压降速度太快。这样的电芯出货给客户，如果客户无法及时出货给到终端，那么电芯的电压一致性会随着时间的推移变得越来越差，长期存储后甚至无法满足设备开机等基本功能，这显然是终端客户无法接受的。

③ 辅助筛选其他性能不良电芯：当电芯 K 值较大时，便存在腐蚀气胀或循环不良的可能。前者的原因是铝塑膜封装不良，这类不良是可以通过 K 值测试筛选的；后者的原因是电芯内部微短路，循环过程中不停地发生副反应从而造成电解液过早消耗干、电芯循环跳水。

（6）包膜及尺寸检测

① 电芯绝缘膜包覆。将绝缘膜通过设备平整地包覆到电芯外表面（两个大面、两个侧面、一个底面），如图 6-50 所示。

图 6-50　绝缘膜包覆

② 尺寸检测。根据工艺要求对产品长度、宽度、厚度、极耳长度、极耳胶外露等进行检测。

③ 外观检查。通过目视判断电芯外观是否有污染、凹凸点、划伤、气胀、漏液等不良现象。一般来说，每个厂家都有自己的外观检验标准，若客户无特殊要求的，则按内部标准进行管控，客户有要求时，应按客户标准执行。二者标准冲突时，应按最严格的标准进行检查。

④ 成品电芯的入库抽样。FQC 抽检电压、内阻、外观和尺寸等，并核对标识，合格后在产品标识卡上面盖 PASS 章则表示此批电芯合格可正常入库。FQC 进行抽样检验时，一般采用 AQL 抽样检验标准（GB/T 2828.1—2012），根据缺陷等级来选择抽样数量及接收标准，如环保影响、无电压、包装膜破损 / 分层、腐蚀等致命缺陷（Critical），一般判定为 0 收 1 退；扭曲 / 折痕、双极耳、压降大 / 内阻大等严重缺陷（Major）0 收 1 退，表面脏污、喷码不良、划痕等轻微缺陷（Minor）按 AQL 0.65 进行抽样。

（7）电芯应用

① 模组。将电芯按照一定方式排列成组，通过连接片将电芯并联或串联到一起，用结构件将电芯固定，并用线束母排进行连接，如图 6-51 所示。

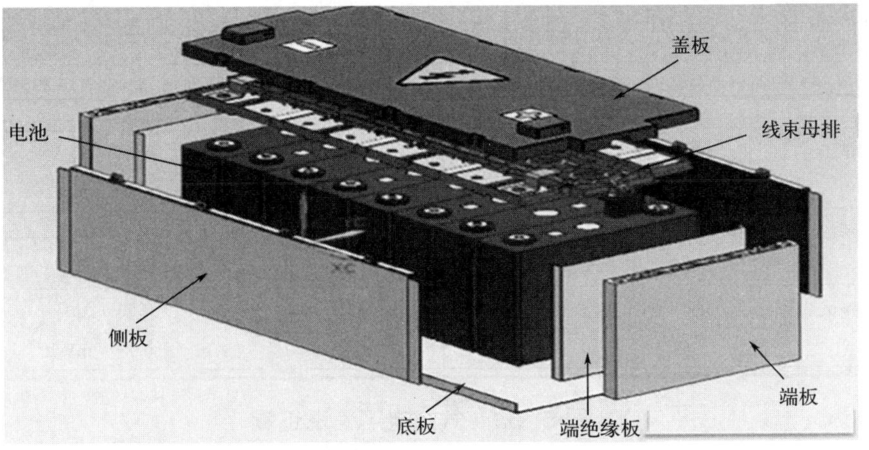

图 6-51 模组

② 电池包。由电芯组成的核心部件模组按照电池包设计的位置安装到电池包结构中，与热管理系统、BMS、电气系统组成电池包（图 6-52），安装至整车中用于提供能量。

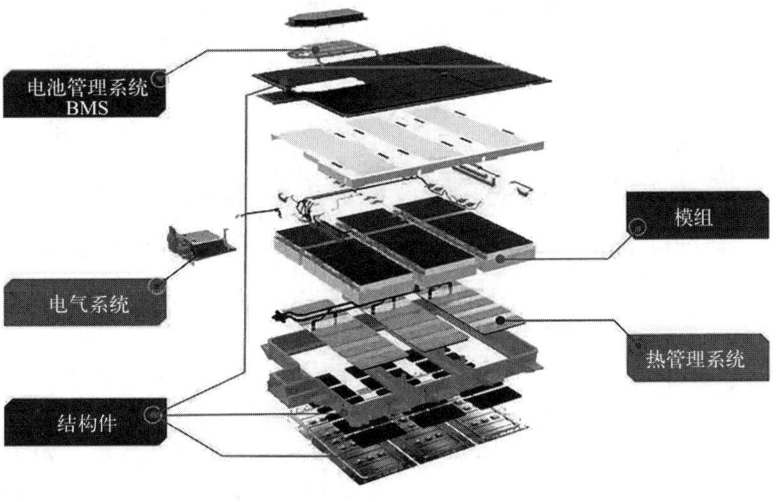

图 6-52 电池包

6.1.9 制程异常案例分析

前面的章节介绍了质量工具的使用及锂离子电池的制造流程及各工序的控制要点，下面使用 8D 工具剖析案例，加深理解，明白如何去寻找异常的失控点。

问题描述（1D）：客户端上线装配电芯前发现有 1 个电池出现气胀现象。

建立团队（2D）：立即组织相关人员确认，一般由品质客服部通知各部门工程人员共同确认。

临时对策（3D）：立即对电芯进行分析，隔离未出货产品。

根本原因分析（4D）：具体内容如下。

① 生产记录追溯。如本章 6.1.6.2 所述，通过电芯独有的条码进行制程追溯。电芯信息如图 6-53 所示，排查电芯容量、电压、内阻、*K* 值符合规格要求。

电芯型号	分容容量	分容开始时间	分容结束时间	OCV1电压	OCV1内阻	OCV1测试时间	OCV2测试时间	OCV2电压	OCV2内阻	K值
GT.PLC.626167-0104	4,233.	2020-03-08 05:25:31	2020-03-08 14:22:11	3.83556	34.33	2020-03-11 15:49:35	2020-03-13 18:49:21	3.8355	35.093	0.001176

$OCV_1(OCV_3)$测试	* $OCV_1(OCV_3)$	3820	～	3850	mV
内阻测试	* 内阻	15	～	40	mΩ
静置3	* 温度	RT			
	* 时间	48	～	60	h
OCVB(OCVC) 测试	* OCVB(OCVC)	3815	～	3850	mV
	* $K_1(K_2)$	−0.05	～	0.08	mV/h

图 6–53　气胀电芯信息追溯

② 失效电芯样品外观确认。如图 6-54 所示，目视电芯封装无异常，外观无破损、无漏液、无压痕，电池表面胀气。

图 6–54　气胀电芯外观

③ 失效电芯样品性能测试。如图 6-55 所示，失效电芯样品电芯电压 2.2441V，内阻 313mΩ，电芯低电压。

④ X-ray 检测。超覆规格 0.1 ～ 1.4mm，检测结果满足超覆规格要求。如图 6-56 所示。

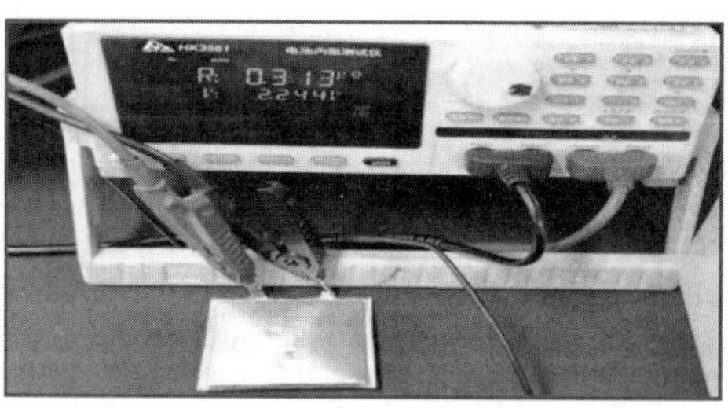

图 6–55　气胀电芯性能测试

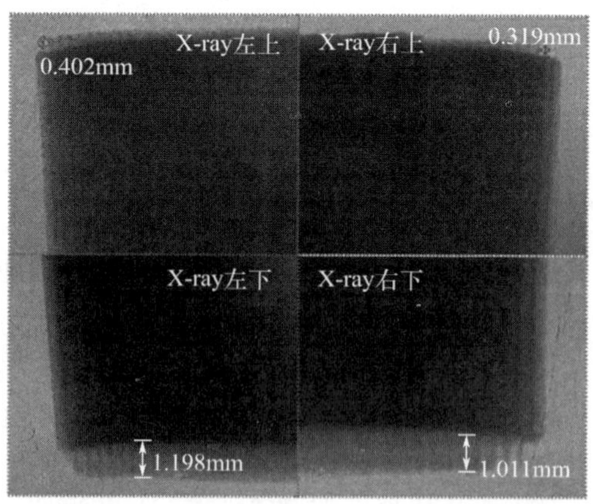

图 6–56　气胀电芯 X–ray 测试图

⑤ 气体成分分析。如图 6-57 所示，电芯胀气的气体主要是 CO_2，还有少量烷烃类气体（如

乙烷、丙烷等)。

测试结果:

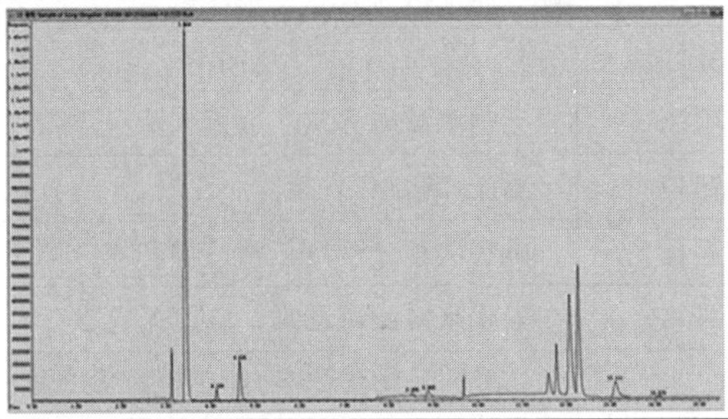

样品名	CO_2	CO	乙炔	乙烷	丙烷	甲烷	H_2
626167	78.63%	1.68%	0.49%	7.91%	1.37%	0.42%	9.50%

测试结论:气体成分主要为CO_2,兼有少量H_2、CO、乙烷、丙烷、甲烷、乙炔。

图 6-57 气胀电芯气相测试图

⑥ 电芯拆解分析。拆解图见图 6-58 所示,拆解内部已无电解液,有析铜现象。

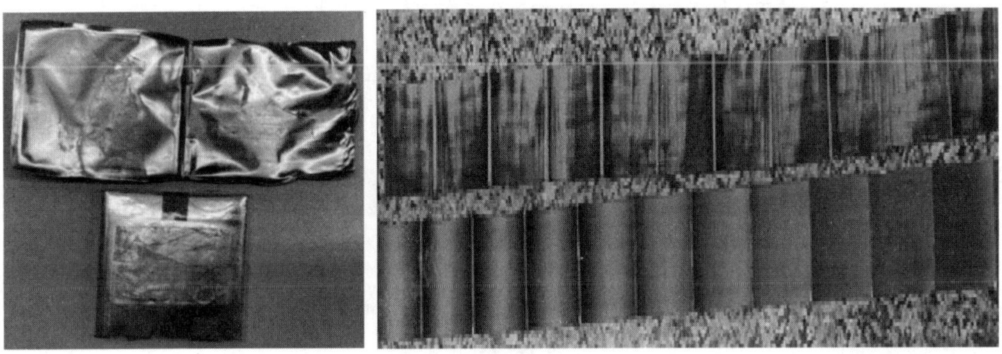

图 6-58 气胀电芯拆解界面图

⑦ ICP 元素分析。ICP 元素分析见表 6-18,电芯正极、隔膜中含铜较多。

表6-18 ICP元素分析表

电芯型号	电芯条码	正极	负极	隔膜
		Cu/ppm	Co/ppm	Cu/ppm
62××××	1101002123	653	97	122

⑧ 可能原因排查。异常原因结果排查见表 6-19,异常原因导图如图 6-59 所示。

表6-19 异常原因结果排查表(参考)

电池气胀原因排查(电池原因)					
序号	类型	可能原因	证据	是否排除	备注
1	电池内部异常	粉尘杂质	无尘车间,极片刷粉,卷芯吸尘,卷芯测短路,高温老化,K 值测试,成品测试	是	

电池气胀原因排查（电池原因）					
序号	类型	可能原因	证据	是否排除	备注
2	电池内部异常	极片毛刺	毛刺测试无异常，追溯 K 值无异常	是	
3		卷绕错位	X-ray 测试无异常	是	
4		水分超标	电解液水分测试正常，卷芯水分测试正常	是	
5		隔膜异常	隔膜来料测试正常，*K* 值无异常	是	
6		析锂	a. 设计异常（体系）：已生产多个批次 b. 注液少：注液有全检称重，全检容量；（注液少容量偏低） c. 涂布异常：首检，巡检涂布重量，全检容量；（涂布重量影响容量） d. 极片压死：首检，巡检辊压厚度，全检容量；（极片压死影响容量） e. 负极导电性差，已生产多个批次	是	如出现异常应为批量不良
7	外部原因	外部损伤	外部无损伤	是	
8		使用环境	见气体成分分析	是	
9		仪器发热	见气体成分分析	是	
10		电池过放电（电使用完未及时充电导致电池过放）	存在可能，见气体成分测试，ICP 测试	否	

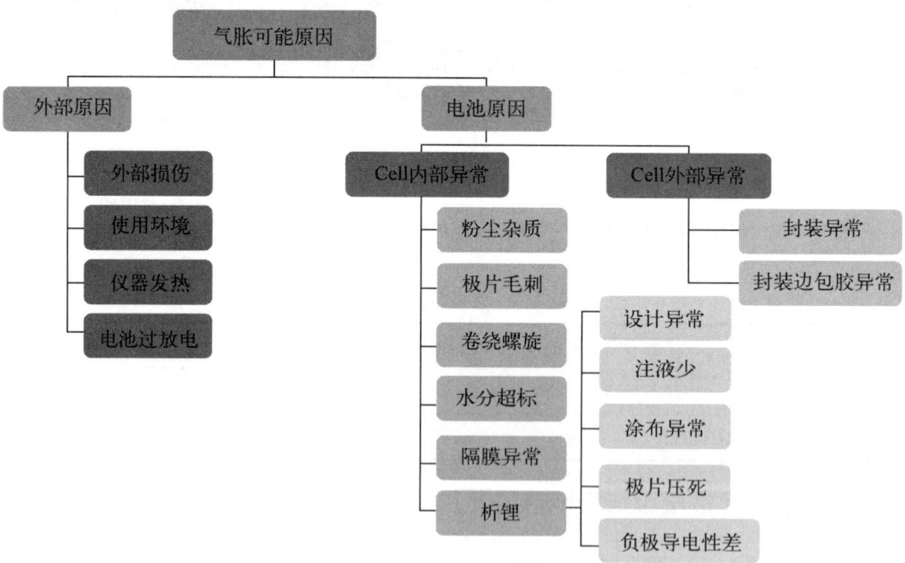

图 6-59　异常原因导图

⑨ 原因总结。电芯外观良好，无刺破漏液现象；电芯封装无异常；电芯 X-ray 满足超覆规格要求；气体成分主要为 CO_2；ICP 测试正极、隔膜中含铜较多；电芯低压，内部电解液已消耗，极片有析铜现象；极耳、极片毛刺满足规格要求；制程卷芯水分、电解液水分满足规格要

求；隔膜来料满足规格要求；批次电池生产无异常，性能数据正常，可靠性测试循环正常。

电芯低压拆解内部无电解液，极片析铜，气体成分主要是 CO_2，ICP 测试正极和隔膜中含铜较多，这些现象与过放比较相似，电池使用完未及时充电导致电池过放。

根本性措施（5D）：客户端需严格按照规格书进行操作，定期对客户端进行相关培训。

效果确认（6D）：无。

预防再发生标准化（7D）：无。

肯定团队成绩（8D）：感谢客户的反馈和内部技术团队的支持。

6.2 出货质量管理

出货质量管理是质量管理体系中的重要一环，它按照 GB/T 2828.1—2012《计数抽样检验程序》，从批次货中随机抽取一定数量的样本，对标识、外观、性能、包装方式及特定的检验项目检测后，将结果与标准作比较，降低不合格品外流的概率。

6.2.1 出货检验

出货检验（OQC，Outgoing Quality Control）是指产品在出货之前为保证出货产品满足客户品质要求进行的检验，是产品质量最后的保障手段。

（1）OQC 出货检验一般在出厂前的最近一段时间进行。

（2）OQC 的检验项目有：①外观检验；②性能检验；③尺寸检验；④特定的检验项目；⑤包装检验等品质控制。

出货检验的标准：一般为客户规格书或客户有其他要求资料、产品工艺标准、检验规范等文件资料。另外，不同地域也需参照地域或国家标准（一般以此做认证测试）。为便于理解，下面以某企业出货检验流程为例进行说明。

（1）检验前的准备工作

① 确认测量工具正常：校正期未失效，无变形、破损等缺陷。

② 确认工作台面整洁有条理，桌面产品有明显标识且放在指定区域，如“已检查合格产品放置区域”“未检查产品放置区域”“异常品放置区域”，确保检验过程不出现混料现象。

③ 目检方法及条件：光线照明，光照度为（1000±200）Lux，（“Lux”为光照度，可简称照度，其计量单位的名称为“勒克斯”，简称“勒”，表示被摄主体表面单位面积上受到的光通量。1 勒克斯等于 1 流明 / 米 ^{2}，即被摄主体每平方米的面积上，受距离 1m、发光强度为 1cd 的光源，垂直照射的光通量。光照度是衡量拍摄环境的一个重要指标。）人眼与被测物表面的距离为（300±50）mm，被检查产品与桌面成 45° 角，上下左右各转动 45°。如图 6-60 所示。

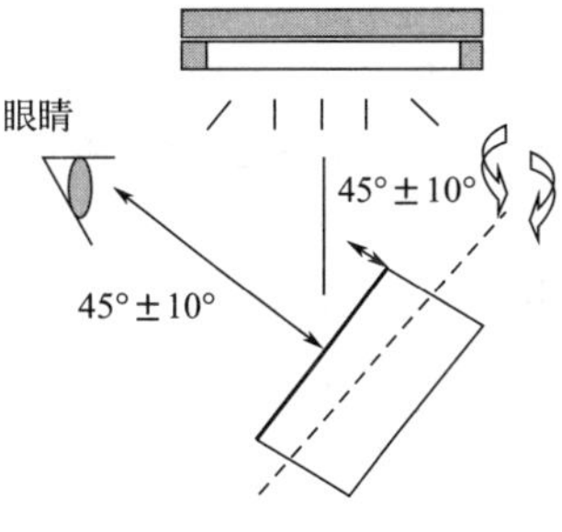

图 6-60 目测条件

④ 检视时间：外观表面标准检视时间为（10±5）s。允许最长检视时间 15s。在这 15s 内缺陷仍不可见，则此检视件视为合格。

（2）检验流程

① 仓库按出货计划要求通知 OQC 抽检；OQC 接到仓库的检验通知后，核对出货计划、规格书等客户信息后，按《抽样检验》要求对电芯进行抽样检验。

② 经 OQC 检验合格的电芯，在 FQC 全检合格后，扫描电芯条码，扫描无误后包装出货，同时 OQC 需在打包好的外箱上盖合格章，并将检验结果记录于《出货检验报告》中。

③ OQC 抽样检验不合格时，应开立《出货检验返工报告》，由 QE 主导相关部门进行分析处理。当处理结果为返工时，由 PMC（生产计划部）安排返工计划，由生产部负责返工处理，经 QC 检验合格后再次入仓。当处理结果为特采时，必须经过销售部与客户沟通，并经品质部最高负责人确认后，方可特采出货。

（3）检验依据

① 出货时按照实际情况送检，依据抽样计划表进行抽样（当送检批量少于或等于一定数量时，要求每箱都要抽样），按判定标准进行检验，尾数箱均需全检。

② 检验项目及判定准则，见表 6-20。

表6-20　检验项目及判定准则

检验项目	规格	检验方法/工具	缺陷等级
开路电压	依工艺文件	万用表/电池测试仪/内阻测试仪	Major/主要不良
内阻	依工艺文件	内阻测试仪	Major/严重不良
电芯容量	依工艺文件	分容测试柜	Major/主要不良
极耳中心距	依工艺文件	钢尺	Major/主要不良
电芯尺寸 长（高）、宽、厚、边距	依工艺文件	卡尺	Major/主要不良
极耳胶外露尺寸	依工艺文件	钢尺	Major/主要不良
外观	不可有气胀、漏液、变形	目视/放大镜	Critical/严重不良
	不可有脏污、划伤、喷码错误、极耳不平整或脏物；不可有漏贴胶纸或包胶不良		Minor/次要不良
包装检查	依文件出货包装规范	目视	Minor/次要不良

6.2.2 包装规范

6.2.2.1　装箱要求

（1）外箱设计

若客户无特别要求，按本规范进行设计，统一纸箱外部尺寸。

（2）印刷箱唛

两侧唛可印刷包装箱尺寸、材质及防潮、防压、禁止翻滚和层数极限等标识，如图 6-61 所示。

（3）外贴箱唛

① 客户无特殊要求时，使用公司通用箱唛，箱唛位置为外箱侧面左上角，如图 6-62 所示。

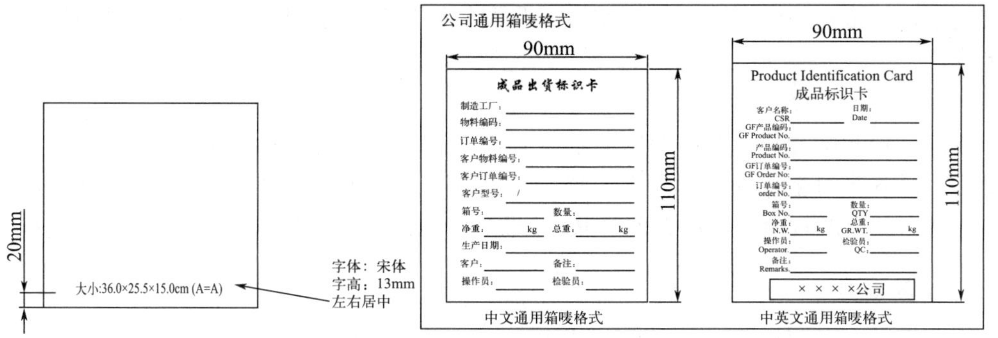

图 6-61　箱唛标识

② 客户有特殊要求时，应使用客户标准，工程师下发生产文件中必须明确客户要求的箱唛内容、装箱要求等。

（4）设计重量

设计总重量统一按空运运输标准。

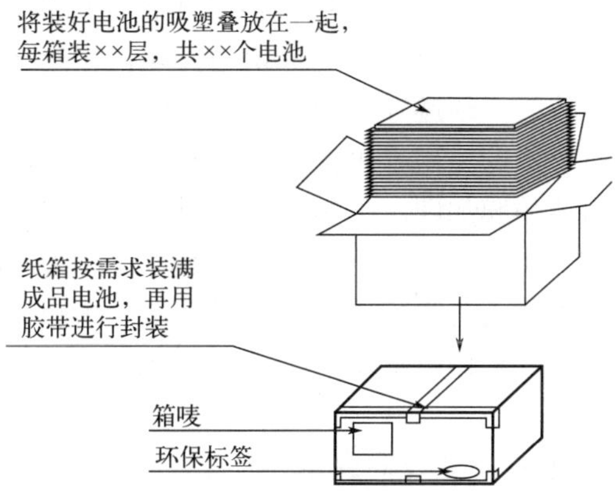

图 6-62　外贴箱唛

6.2.2.2　包装要点

① 通常使用PS黑料（聚苯乙烯，一种热塑性很高的塑料材质）做吸塑盘或者PET（热塑性聚酯，主要是聚对苯二甲酸乙二醇酯）、PVC（透明材料，聚氯乙烯）做吸塑盘，这种材料的吸塑盘有一定刚性、不易变形、不吸潮、防静电防短路；吸塑盘中空位相互独立，可将电芯一个个单独分开，避免搬运、运输过程中相互之间造成干扰；也可在吸塑盘底部和表面垫一层泡棉，减少震动、晃动带来的损伤；打包时可整摞电芯外部缠绕2～3圈保鲜膜，以固定整体不易晃动，否则震动时，吸塑盘偏离，电芯容易抖动跌落。

② 根据不同型号电芯质量不同，材料厚度可选用（0.4±0.1）mm、（0.5±0.1）mm、（0.6±0.1）mm，特殊需求时可选用（0.8±0.1）mm，保证吸塑盘可承载电芯时不易破损。

③ 为避免跌落、压伤风险，会对承载电芯后的吸塑盘堆叠高度有限制规定，吸塑堆叠高度一般根据电池厚度尺寸进行设计，要求承重≥设计总质量，20层堆叠完成总高度公差为+2mm/−2mm。

④ 一个盘内放的个数尽量考虑公司同系列电芯兼容纸箱大小共用规格，优化设计。

⑤ 如客户特殊包装运输要求，则按客户需求设计出专用包装规范。

6.2.3　存储要求

6.2.3.1　存储环境

（1）仓库区域划分

仓库按照产品状态区域划分为待检区、不合格区、合格区，仓管员根据物料类别、储存条件将入库的物料放置在对应仓位的对应区域。

（2）温湿度管控

仓管员每班需对仓库内的实际温湿度进行检查，并记录于《湿温度管控记录表》中，若室内温湿度临近标准规格值时，需开启空调或除湿机调节室内温湿度；温湿度超标时应有相应的处理措施。

（3）存储期限管控

一般自入仓开始计算，对存储时间进行管控，达到一定时间执行相关检验措施，比如：超过 1 个月不足 6 个月全检性能、外观，超过 6 个月要求全部退回产线重新分容，因为长时间放置电芯存在自放电的现象，即随时间越长，电芯电压会逐步降低，达不到出货的电压标准。

6.2.3.2 放置安全

①堆放物品时需根据物品的种类、性质、包装和使用的器具等分类放置。②堆放物品的载体（如货架、卡板）必须保持平整、无破损，避免货物堆放压力不均或刺破包装而影响货物品质。③堆放物品时要严格遵守各种包装箱上的标志，如易碎标识、防潮湿标识、层数标识等。④外包装无层数限制标识的物品，使用卡板堆放的高度以不挡住搬运人员的视线为宜。⑤物品堆放时，须遵守“物品距离防爆灯 0.5m 以上，距墙 0.2m”的原则，物品距离防爆灯必须 0.5m 以上。⑥使用卡板摆放物品时，物品应压缝牢固、摆放整齐、物品不可超出卡板边缘，必要时用拉伸膜加固。⑦物品堆放时，须遵守“下重上轻”的原则。⑧仓库内的消防设施严禁私自挪位，消防器材 1m 范围内严禁摆放货物，通道严禁堵塞。⑨对易燃、易爆、易腐蚀等危险化学品由专人负责保管，存储于固定隔离仓库中，门口要贴有醒目的“严禁烟火、禁打手机”等标识，严禁随意乱摆乱放。⑩ 仓库所有区域禁止带火种进入，库房内严禁烟火。

6.2.4 运输要求

本小节从运输防护和搬运要求两个方面，举例说明锂离子电池运输方面的要求，此小节了解即可。

6.2.4.1 运输防护

①电池走物流或快递的产品纸箱打“=”形打包带，纸箱长边打 2 根；公司车送货不加打包带。②设计总质量统一按空运运输标准，即净重不超过 10kg。③堆叠层数要求：纸箱高度 150mm ≤ 8 层，195mm ≤ 5 层，堆叠总高度限高≤ 1.2m。④吸塑装箱后（前后左右上下）空隙必须≤ 10mm，如果空间 >10mm，必须用填充物填充饱满（空隙满足≤ 10mm）再进行打包出货。⑤带卡板出货打包要求：卡板上堆叠纸箱需要叠放整齐、错位叠放以及增加护角固定边角，整卡板 PE 膜缠绕固定，卡板每面打“#”形打包带。⑥不带卡板出货打包要求：纸箱长边打 2 根。⑦不允许使用废旧纸箱。⑧交付：产品在交付发运时，应做好防护措施，保证运输中的安全，避免在运输中出现倒塌或碰坏现象。

6.2.4.2 搬运要求

搬运设备包括小推车、手动液压车、电动叉车、升降车。①严格按照搬运要求和规定方式搬运，以确保品质。②搬运时避免磕碰，并注意保护物料上的原有标识。③如需重叠搬运，应大块在下，小块在上，重叠层数要适当，不能阻挡视线。④在物料搬运过程中，应小心防范，防止散落、跌损，体重较大物料徒手搬运时需控制速度；小件搬运或大件需车辆在露天室外运输时，只允许单卡板转运并做好防护，严禁将物料放置室外风吹日晒，转运过程中要注意人身和物料安全。

6.3 客户质量评价

客户质量评价是衡量服务质量的主观要素之一。通过满足国际标准、国家标准、行业标准及技术协议，要求客户对交付的质量与期望进行评估。

6.3.1 评价依据

6.3.1.1 技术协议及规格书

技术协议通常包含以下内容（不限于此，具体条款根据客户使用场景和关注项，由双方约定到协议和规格书中，作为验收和检验依据）。

Modified List 修订履历。规格书修订的履历和内容做好登记，便于追溯。

Scope 适用范围。规定电池使用的应用场景边界。

Battery Safety Certificate 电池安全认证。

Cell Specification 电芯规格。规定了电压、电流使用的温度范围和存储条件，充放电上下限电压。

Specification 产品规格。电芯组装后分单体和多串组规格。

General Performance 常规性能。按照国标、UL 或 IEC 标准的规定。

Environment Performance 环境性能。电池需满足在不同环境温度下应用时的基本要求。

Safe Characteristic 安全性能。电池在使用或储存时需满足安全性能要求。

Protection Circuit 保护电路。规定保护的线路图，一旦认证确定完毕不能私自更改线路；如确需更改需走变更流程。

Main Parts List 电池主要零部件清单。组成电池的主要部件，一般包含电芯、保护板、线材和连接片。

Battery Label 电池标签。电池认证和认可后电池本身的信息标识。

2D Drawing 2D 图。电池各结构图，主要对部件尺寸和倒角做尺寸标注以便加工生产和检验。

Packing 包装要求。主要是运输时对电池的包装防护，含不同电量、质量和高度要求。

Warnings 警告。该项会规定使用的边界。

Cautions 注意。在带锂电池的电子产品应用时的注意事项。如非正常使用会导致电池有风险。

Period of Warranty 保质期。电池是有寿命的，超过寿命使用时在设计和策划时需做管理策略。

Cell Barcode Label 标签条形码。示意图、编码规则及粘贴位置。

Package Label 外箱箱唛和条形码贴区域。

Transport 运输。在运输过程中应防止倒置、剧烈的振动、外力冲击和挤压；防止直接日晒、雨淋。可以使用汽车、火车、轮船、飞机等交通工具进行运输。

Storage 存储。 a. 产品应存储在环境温度为 -30℃至 60℃，且清洁、干燥及通风良好的仓库内，应避免与腐蚀性物质接触；b. 应不受阳光直射，远离火源及热源，热源距离不得小于 5m ；c. 不得倒置存储，转运或存储倾斜角度不得超过 30º，并避免碰撞、冲击、跌落或重压等外部机械力作用；d. 不允许直接堆叠，带包装堆垛高度不应超过 1.5m。

Package Appearance 整体包装外观。a. 表面应平整、方正、无污迹及变形现象；b. 包装应能保证运输过程中产品安全，配对的两个模组标识清晰，便于识别取用。

Package Structure 整体包装结构。该包装方案可容纳电芯数量及外箱尺寸（长 × 宽 × 高）及附带包装图说明。

6.3.1.2 国家标准/国际标准/行业标准

目前锂离子电池按应用场景和领域分为产品的设计、制造、检验、贮存、运输、使用条件等应符合或优于以下标准。

（1）消费类

GB 18287、GB 31241、UL1642、UL2054、IEC62133-2（各国依据 62133 具体条款转化，本国的在这里不再做赘述）、IEC61960-4：2020、IEC60368-1：2018。

（2）动力类

QC/T 743、QB/T 2947.3、IEC 62619、IEC 62620—2022、GB/T 31484—2015、《电动汽车用动力蓄电池循环寿命要求及试验方法》、GB 38031—2020《电动汽车用动力蓄电池安全要求及试验方法》、GB/T 31486—2015《电动汽车用动力蓄电池电性能要求及试验方法》、GB 38031—2020《电动汽车用动力蓄电池安全要求》。

（3）储能类

GB/T 36276—2018《电力储能用锂离子电池和 UL 1973 储能电池认证》。

（4）其他类标准

UN38.3 锂电池货物运输测试、IEC62619-2022《含碱性或其他非酸性电解质的锂蓄电池和锂蓄电池组工业用锂蓄电池和锂蓄电池组的安全性要求》、IEC62620-2017-1.002《蓄电池和含碱或其他非酸性电解质蓄电池组工业应用中使用二次锂电池和蓄电池组的安全要求》、RoHS 和 REACH 认证 UL 1642 锂电池安全标准、JIS C 8715-2：2019 工业应用锂二次电池和蓄电池。

6.3.2 评价范围

6.3.2.1 电池的来料检验

电子产品组装厂的应用来料检查，主要对电池的外观尺寸和基本性能如电压和内阻进行检查，更多是靠电池厂出货前及电池厂内做好检验工作。表 6-21 和表 6-22 列举了手机电池和储能电池（磷酸铁锂）的评价方式。

表6-21 终端厂通常对手机电池的评价方式

编号	测试方法	规格/标准（动力储能会根据实际应用场景不同而有差别，下面以手机电池为例）	备注
电池内阻（交流阻抗）	1. 使用电压内阻测试仪进行测量，AC1kHz，采用四线制测量方式。 2. 针对内置电池电压内阻的测试方法：电池 BTB 公头扣合在母座上，从与母座相连的 PCB 板触点上测试电压及内阻值。	电池内阻 左侧 BTB 处内阻≤ 32mΩ 右侧 BTB 处内阻≤ 32mΩ	丝印面朝上
		卷绕结构电芯 左侧正极和负极内阻≤ 9mΩ 右侧正极和负极内阻≤ 9mΩ	深坑面朝上
直流阻抗	出货态电压下，使用 0.1C 电流放电 10s，测试电压记为 V_1，再使用 1C 电流放电 200ms 后的电压记为 V_2，直流内阻为 $(V_1-V_2)/(I_2-I_1)$	电池直流内阻≤ 100mΩ	参考
		电芯直流内阻≤ 40mΩ	

续表

编号	测试方法	规格/标准（动力储能会根据实际应用场景不同而有差别，下面以手机电池为例）	备注
额定容量	待测电池 / 电芯快速放电后，搁置 5min，再进行标准充电，搁置 5min，再进行标准放电，记录此次放电时间及容量	外观无异常，放电容量≥额定容量，放电时间≥ 300min	
出货态存储容量（放电容量/额定容量）	待测电池 / 电芯快速放电后，搁置 5min，再进行标准充电，搁置 5min，再进行标准放电，记录此次放电容量。 存储时间从电芯喷码日期 15 天后开始计算	1 个月内（含 1 个月）≥ 100%； 1 ～ 3 个月（含 3 个月）≥ 98%； 3 ～ 6 个月（含 6 个月）≥ 96%； 6 ～ 12 个月（含 12 个月）≥ 92%	
平台容量	待测电池 / 电芯先快速放电后，搁置 5min，再进行标准充电。搁置 5min 后，以 0.2C 放电至 3.4V，记录此次放电时间及容量	外观无异常，放电容量≥额定容量的 96%	
脉冲放电容量	说明：$t_1/t_2/i_1/i_2$ 的值视手机工作模式而定 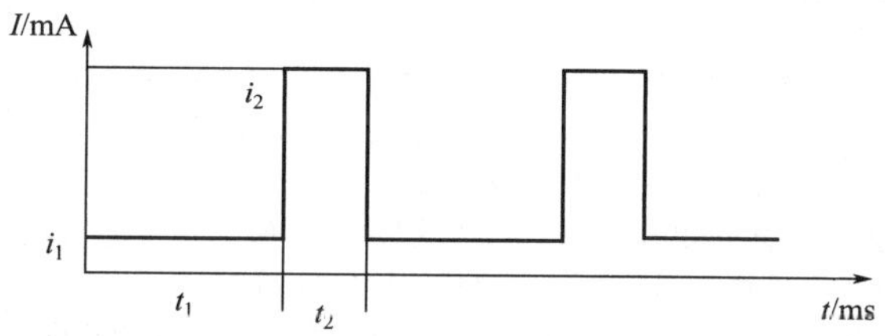 	以左图的脉冲方式放电至 3.0V，放电容量不低于额定容量的 96%	参考
电池/电芯倍率放电性能	待测电池 / 电芯在（23±2）℃的环境温度下，以 0.2ItA 充电，当电池或电池组端电压达到充电限制电压时，改为恒压充电，直到充电电流小于或等于 0.02ItA，最长充电时间不大于 8h，停止充电。停止充电后搁置 0.5 ～ 1h，在（23±2）℃的环境温度下以 0.2ItA 电流放电到终止电压。测试的放电记录为常温容量	电池：以 1.0C 电流放电至 3.0V 时的容量达到电池常温容量的 88% 以上	1.5C不做要求
		电芯：以 0.5C/1.0C/1.5C 放电至 3.0V 时，电芯放电容量分别达到常温容量的 97%/92%/82% 以上	1.5C放电为参考项
高温放电	待测电池 / 电芯先快速放电，搁置 5min；然后进行常规充电，搁置 5min，再进行测试放电，记录此次放电容量为常温容量。接着电池 / 电芯进行常规充电，在（60±2）℃条件下搁置 2h，进行测试放电。试验结束后，取出电池，搁置 2h，目测电池外观	电池 / 电芯外观无明显缺陷，不漏液、不泄压、不起火、不破裂、不爆炸；且高温下放电容量≥常温容量的 98%	
高温浮充	温度：（45±2）℃ （1）测试来料态厚度，记为初始厚度； （2）电芯置于（45±2）℃条件下，按 0.7C 恒流充电至满电降压 50mV，然后以满电降压 50mV 恒压充电保持 42 天； （3）测试结束，常温静置 2h 后测量厚度	厚度膨胀率≤ 10%	

编号	测试方法	规格/标准（动力储能会根据实际应用场景不同而有差别，下面以手机电池为例）	备注
低温放电一	待测电池/电芯按表备注电芯容量测试方式测试的放电容量记录为常温容量；然后在常温条件下，电池/电芯进行标准充电；在（−10±2）℃条件下搁置2h后，进行标准放电。试验结束后，取出电池/电芯，搁置2h，然后目测电池/电芯外观	电池/电芯外观无明显缺陷，不漏液、不卸压、不起火、不破裂、不爆炸。放电容量不小于常温容量的70%	
低温放电二	常温条件下电芯快速放电，搁置5min；再进行常规充电，搁置5分钟后，以0.2C放电至3.2V，记录此次放电容量为常温容量。 放电后搁置5分钟，再进行常规充电，在（−10±2）℃条件下搁置2h后，以0.4C电流放电至截止电压3.2V。试验结束后，取出电芯，搁置2h，然后目测电芯外观。 300次循环后测试：按照常温循环的方式，将低温放电后的电芯循环至300次，然后在（−10±2）℃低温环境下搁置2h，以0.4C放电至3.2V。 500次循环后测试：按照常温循环的方式，将上述电芯继续循环至500次，接着在（−10±2）℃低温环境下搁置2h，以0.4C放电至3.2V	电芯外观无明显缺陷，不漏液、不卸压、不起火、不破裂、不爆炸。 1. 初始态：放电容量与常温容量的比值≥40%； 2. 300次：放电容量与常温容量的比值≥30%； 3. 500次：放电容量与常温容量的比值≥20%	循环500次后（−10±2）℃低温放电为参考项
低温放电三	常温条件下电芯快速放电，搁置5min；再进行常规充电，搁置5分钟后，标准放电，记录此次放电容量为常温容量。 放电后搁置5分钟，再进行常规充电，在（−20±2）℃条件下搁置2h后，以0.25C电流放电至截止电压3.0V。试验结束后，取出电芯，搁置2h，然后目测电芯外观。 按照常温循环的方式，将低温放电后的电芯循环至300次，然后在（−20±2）℃低温环境下搁置2h，以0.25C放电至3.0V。 500次循环后测试：按照常温循环的方式，将上述电芯继续循环至500次，接着在（−20±2）℃低温环境下搁置2h，以0.25C放电至3.0V	电芯外观无明显缺陷，不漏液、不卸压、不起火、不破裂、不爆炸。 1. 初始态：放电容量与常温容量的比值≥50%； 2. TTF（失效时间）300次：放电容量与常温容量的比值≥30%； 3. TTF 500次：放电容量与常温容量的比值≥20%	参考项

表6-22　终端厂通常对储能电池（磷酸铁锂）的评价方式

序号	项目	规格	备注
01	标称容量	（以终端客户容量需求为准）	（25±5）℃，1C充电至3.65V转CV充电至电流0.05C截止，搁置30min，1C放电至单体电压2.5V
02	标称电压	3.2V	—
03	工作电压范围	2.5～3.65V	0℃≤ T ≤60℃
		2.0～3.65V	-20℃≤ T ≤0℃
04	额定放电电流	*A	典型值
05	峰值放电电流	2C/3C	1min/10s，直流侧并联，常规值 截止条件：以达到电压2.0V的放电截止条件或2C持续1min、3C持续10s，两者先到为准
06	额定充电电流	*A	—

续表

序号	项目	规格	备注
07	峰值充电电流	2C/3C	1min/10s，直流侧并联，常规值 截止条件：达到电压3.65V的充电截止条件或2C持续1min、3C持续10s，两者先到为准
08	工作温度	充电：0～60℃ 放电：-20～60℃	≤0℃不充电，其余温度区间按照电流MAP表执行
09	储存温度	-20～50℃≤2个月； -20～45℃≤6个月； -20～40℃>6个月， 90%≥SOC≥10%	在-40～85℃保证电池安全性，电池不起火、不爆炸
10	电芯尺寸	厚度：-mm 宽度：-mm 肩高：-mm 总高：-mm	厚度200kgf（1kgf=9.80665N）束缚力条件
11	正极材料	磷酸铁锂（LFP）	—
12	电芯重量	*kg	—
13	能量密度	≥*Wh/kg	—
14	直流内阻	≤*mΩ	SOC10%～90%，2C，10s@25℃；（U0-U10）/200，放电
15	55℃高温放电	≥99%初始容量	1C，55℃，2.5～3.65V
16	-20℃低温放电	≥80%初始容量	1C，-20℃，2.0～3.65V
17	月自放电率	≤3%	全SOC范围，（25±5）℃，全生命周期
18	库存时间	≤1个月	电芯下线到出货
19	交流内阻	*±0.1mΩ	（25±5）℃，（25～30）%SOC，AC1000V，1kHz
20	循环寿命	1C≥6000次循环	常温循环（25±5）℃，1C/1C，带夹具，（300±20）kg预紧力，100%DOD，测量剩余容量≥70%的额定容量
		1C≥6500次循环	常温循环（25±5）℃，1C/1C，带夹具，（300±20）kg预紧力，100%DOD，测量剩余容量≥60%的额定容量
21	设计寿命	15年	设计寿命，能正常使用15年，无电压、电流、温度、容量锐变，剩余容量≥50%的初始容量 最恶劣工况：1C，每天约1.3次循环，菲律宾地区温度
	日历寿命	15年	测试剩余容量≥60%的初始容量 最恶劣工况：菲律宾地区温度
22	电芯寿命终止条件	≤额定容量的50%	容量降低过程中不发生起火爆炸等安全事故，无明显的电压及容量锐减
23	电芯膨胀力	80%EOL膨胀力≤15000N 70%EOL膨胀力≤22000N 60%EOL膨胀力≤27000N	1C充放电

续表

<table>
<tr><th>序号</th><th colspan="2">项目</th><th>规格</th><th>备注</th></tr>
<tr><td rowspan="2">24</td><td colspan="2" rowspan="2">荷电保持</td><td>储存6个月荷电保持率≥94%</td><td>（25±5）℃，SOC ≤ 50% 储存</td></tr>
<tr><td>储存12个月荷电保持率≥88%</td><td>（25±5）℃，SOC ≤ 50% 储存</td></tr>
<tr><td rowspan="2">25</td><td colspan="2" rowspan="2">容量恢复</td><td>储存6个月容量恢复率≥98%</td><td>（25±5）℃，SOC ≤ 50% 储存，测试方法按照约定的电芯容量测试方法进行</td></tr>
<tr><td>储存12个月容量恢复率≥96%</td><td>（25±5）℃，SOC ≤ 50% 储存，测试方法按照约定的电芯容量测试方法进行</td></tr>
<tr><td rowspan="3">26</td><td rowspan="3">电芯安全</td><td>过充电、过放电、短路、挤压、跌落、低气压、热冲击、海水浸泡、高温高湿、热失控等</td><td>符合GB 38031—2020，IEC62619—2022，UN38.3，UL1973，GB/T 36276—2023，UL9540A测试要求</td><td>参考 GB 38031—2020、IEC62619—2022、UN38.3、UL1973、GB/T 36276—2023、UL9540A 测试标准</td></tr>
<tr><td>绝缘</td><td>≥200MΩ</td><td>测试电压 DC500V，测试时间 60s，湿度 5% ～ 95%</td></tr>
<tr><td>耐压</td><td>≤2mA</td><td>测试电压 AC500V，测试时间 60s，湿度 5% ～ 95%</td></tr>
<tr><td>27</td><td colspan="2">电芯认证</td><td>UL1973，IEC62619-2022，UN38.3，UL9540A，GB/T 36276—2023</td><td>UL9540A 认证中，完成认证后提供报告和证书</td></tr>
<tr><td rowspan="4">28</td><td rowspan="4">电芯来料配组标准</td><td>容差</td><td>≤2Ah</td><td>—</td></tr>
<tr><td>阻差</td><td>≤0.1mΩ</td><td>—</td></tr>
<tr><td>压差</td><td>≤5mV</td><td>—</td></tr>
<tr><td>自放电率</td><td>每个月≤3%</td><td>—</td></tr>
</table>

注：电芯容量测试方法。测试条件：环境温度（25±5）℃，①以 1C 电流恒流放电至电压≤ 2.5V 截止；②静置 5min；③以 1C 恒流充电至 3.65V 转恒压充电至电流≤ 0.05C 截止；④静置 5min；⑤以 1C 电流恒流放电至电压≤ 2.5V 截止；⑥不同温度环境下的容量测试均使用该方法。

6.3.2.2 可靠性评估

（1）机械性能测试

① 滚筒测试。

a. 测试方法（参考）：电池标准充电或快速充电后测试性能如图 6-63（a）所示，将满电的待测电池放置于滚筒跌落试验机滚筒中，根据不同的测试要求选择滚筒的高度，滚筒有 0.5m 和 1m 两种，如图 6-63（b），关闭滚筒箱门。打开滚筒跌落试验机的电源开关，设置翻滚次数及翻滚速度（次 /min），设置完成，点击“测试”，开始测试。测试过程中观察，测试完成后，按编号记录已测样品的外观情况，然后用绝缘内阻仪和游标卡尺测量电池跌落后的内阻，电压和厚度，确认其变化是否符合要求。或将电池标准充电或快速充电后，两片电池装配在两台手机上，手机处于开机状态，分别置于高度为 1m 的箱体中，做 1m 高度的跌落，跌落次数为 300 次（一圈两次）。

b. 通过准则：手机各项功能正常，外壳无破裂，电池各项指标符合本规范的要求。容衰在 3% 以内，电性能正常，且主机装配锁扣可靠无松动，电池允许发生变形，但应不起火、不爆炸、不漏液。

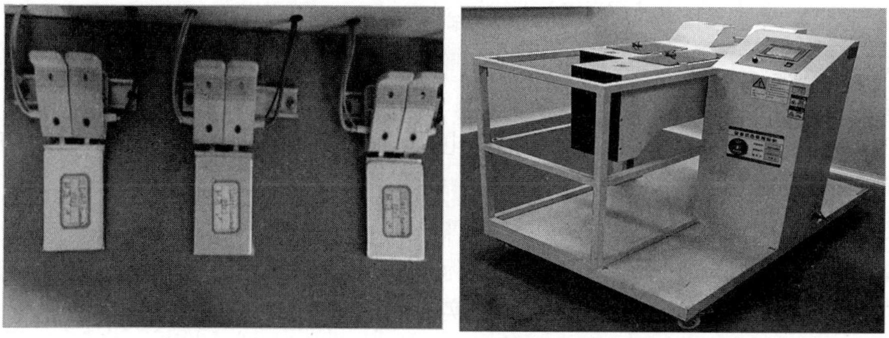

(a) 测试前性能测试　　(b) 滚筒跌落测试仪

图 6-63　滚筒测试

② 振动测试。

锂离子电池振动测试为评估锂离子电池在一定振动频率、振幅下的性能和可靠性。

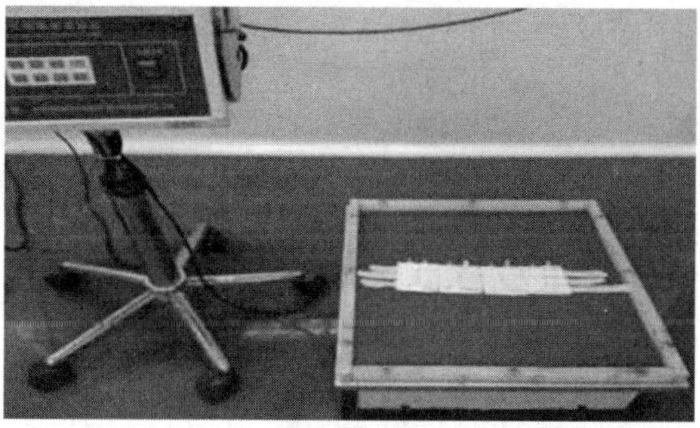

图 6-64　振动测试仪器

a. 测试方法（参考）：电池标准充电或快速充电后，将电池直接安装或用夹具安装在振动台的台面上（图 6-64），进行振动试验：频率为 10 ～ 30Hz，振幅为 0.38mm；频率为 30 ～ 55Hz，振幅为 0.19mm，扫频速率为 1oct/min（1oct 表示 1 倍频程）的扫频振动，在 *X*、*Y*、*Z* 三个方向分别扫频 3h。振动测试结束后，标准放电测电池容量。

b. 通过准则：容衰在 3% 以内及电压不低于 3.6V，电池外观良好，电性能正常，无漏液、冒烟或爆炸。

③ 微跌试验。

a. 测试方法（参考）：使用微跌试验机，如图 6-65（a），根据待测样品尺寸调整好微跌试验机台面上夹具的宽度，然后将待测样品放入微跌试验机夹具内，如图 6-65（b），打开微跌试验机的电源开关，根据测试要求设置微跌测试参数（包含跌落高度、跌落方式、跌落次数），按每个面的跌落次数设置好进行微跌，比如跌落高度：10cm；跌落次数：共 24000 次，微跌顺序与跌落次数：背面 8000 次；正面 8000 次；上下左右各 2000 次；检验频率：前 1000 次每 200 次检查一次，1000 次后每 1000 次检查一次。

(a) 微跌试验机　　(b) 电池固定

图 6-65　微跌试验

b. 通过准则：所有功能正常、电芯无错位、变形、铝塑膜起层，无起鼓、起火、爆炸、冒烟。(测试做完后解剖电芯检查阴 / 阳极片边缘到隔离膜边缘距离需≥ 1.5mm)。

④ 挤压测试。

将充满电的锂离子电池包放在一个平面上，由油压缸（或其他电机、气缸）施予一定的力，一般在（13±1）kN 的挤压力，由钢平面挤压电池，一旦挤压压力到达最大停止挤压，电池不起火，不爆炸即可。

a. 测试方法（参考）。

a）在温度（25±2）℃下的条件下，1C（实际容量）DC（直流）升压至 V 伏下限，搁置 1h（或企业提供的不大于 1h 的搁置时间），再以 1C（实际容量）CC-CV（恒流 - 恒压）升压至 V 伏上限，截止电流为 0.05C，搁置 1h（或企业提供的不大于 1h 的搁置时间）；

图 6-66　挤压测试

b）按下列条件进行试验（如图 6-66）。

——挤压方向：垂直于蓄电池极板方向施压。

——挤压板形式：水平的钢平面，钢平面需要完全覆盖电池的尺寸。

——挤压速度：（5±1）mm/s。

——挤压程度：电压到达 0V，变形量达到 30%，或挤压力达到 200kN 后停止挤压；

c）观察 1h。

b. 数据记录要求：测试前后电池电压、内阻、重量、厚度、照片（电池多个面）；监控以下温度点及环境温度：电池宽面中心、正极柱、负极柱、防爆口，并对测试过程进行全程高清录像（1080P）（对测试前后电池正、侧面及顶端 / 底面进行拍照），监控测试过程中的压力曲线及电池变形量曲线数据。（该测试采样时间 / 电压 / 电流 / 温度间隔为 0.1s，采集器需要与测试设备时间同步，记录测试绝对时间）。

c. 通过准则：不起火、不爆炸。

⑤ 标签与丝印的耐久性测试。

a. 测试方法（参考）：用一块蘸水的棉布擦拭标记 15s，然后再用一块蘸有溶剂的棉布擦拭 15s。（用于试验的溶剂：脂肪烃类乙烷溶剂具有最大芳香烃含量的体积百分比为 0.1%，贝壳松脂丁醇（溶解溶液）值为 29，初始沸点约为 65℃，干涸点约为 69℃，单位体积的质量约为 0.7kg/L。允许使用最低 85% 试剂等级的乙烷作为替换。

b. 通过准则：试验完成后要求印刷图案或字体应清晰，Barcode（条形码）可正常扫描读取。

（2）安全性能测试

① 过充电。

a. 测试方法（参考）：将电池按照 0.5C 放完电后，先用最大充电电流（I_{cm}）恒流充电至表 6-23 的试验电压，然后以该电压值恒压充电。

表6-23　过充电试验电压　　单位：V

充电限制电压 U_{cl}	过充电试验电压 U_t
$U_{cl}<4.25$	$U_{cl}+0.4$
$4.25\leqslant U_{cl}<4.45$	4.65
$U_{cl}\geqslant 4.45$	$U_{cl}+0.2$

b. 试验过程中监测电池温度变化：当出现以下两种情形之一时，试验终止：a）电池持续充电时间达到 7h 及制造商定义充电时间中较大值；b）电池温度下降值达到温度最大值的 20%。当有争议时，a）和 b）选较严者。

c. 通过准则：电池应不起火，不爆炸。

② 强制放电。

将电池按 0.5C 放完电后，以 1C 的电流反向充电 90min。

a. 测试方法（参考）：在温度（25±2）℃下的条件下，1C DC to V 下限，搁置 1h（或企业提供的不大于 1h 的搁置时间），1C 恒流放电 90min；观察 1h。

b. 通过准则：不起火，不爆炸。

③ 针刺。

将充满电的电池放在一个平面上，用直径 3mm 的钢针，以（25±5）mm/s 速度沿径向将电池刺穿。

a. 测试方法（参考）：（25±2）℃，以 0.2C 充满电，静置 30min。从垂直于电池极板的方向贯穿，贯穿位置宜靠近所刺面的几何中心，钢针停留在电池中，观察 1h。钢针停留在电池中，观察 1h。

b. 通过准则：不起火，不爆炸。

④ 外短高温短路。

a. 测试方法（参考）：将电池按照标准规定的试验方法充满电后，放置在（57±4）℃的环境中，待电池表面温度达到（57±4）℃后，再放置 30min。然后用导线连接电池正负极端，并确保全部外部电阻为（80±20）mΩ。试验过程中监测电池温度变化，当出现以下两种情形之一时，试验终止：a）电池温度下降值达到温度最大值的 20%；b）短接时间达到 24h。当有争议时，a）和 b）选较严者。

b. 通过准则：不起火，不爆炸。

（3）环境测试

① 温度循环。

a. 测试方法（参考）：0.2C 充满电，截止电流为 0.02C，静置 1h（或企业提供的不大于 1h 的搁置时间）；将电芯置于温度箱中，按如下设定温度运行并循环 10 次；观察 6h。

（20±5）℃的环境下放入试验箱，试验箱升温至（72±2）℃，保持 6h。然后把试验箱温度降至（-40±2）℃，保持 6h。-40 ～ 72℃循环 10 次，两者温度转换时间＜ 30min。

b. 通过准则：不起火，不爆炸。

② 热箱测试。

a. 测试方法（参考）：（25±2）℃，以 0.2C 充满电，静置 30min；将电芯放入温箱，以 5℃/min 的升温速率由室温升至 130℃，并在 130℃保温 30min 后停止加热；观察 1h；视频记录。

b. 数据记录要求：校准测试时间，短路期间采点 2ms，其他 1s；监控温度（大面中心、环境）；温度 - 时间曲线；试验视频（1080P）；测试前后电芯六视图与泄压阀细节照片；样品测试前后基本信息（电压、内阻、重量）。

c. 通过准则：不起火，不爆炸。

③ 海水浸泡。

a. 测试方法（参考）：在温度（25±2）℃下的条件下，1C（实际容量）DC to V 下限，静置 1h（或企业提供的不大于 1h 的搁置时间），再 1C（实际容量）CC-CV to V 上限，截止电流为 0.05C，静置 1h（或企业提供的不大于 1h 的搁置时间）；将电芯浸入 3.5%NaCl 溶液（质量分数，模拟常温下的海水成分）中 2h ；水深应完全没过电芯。

b. 通过准则：不起火，不爆炸。

④ 低气压。

a. 测试方法（参考）：在温度（25±2）℃的条件下，1C（实际容量）DC（直流）升压至 V 伏下限，静置 1h（或企业提供的不大于 1h 的搁置时间），再 1C（实际容量）CC-CV（恒流 - 恒压）充电至 V 伏上限，截止电流为 0.05C，静置 1h（或企业提供的不大于 1h 的搁置时间）；将电芯置于低气压箱中，调节试验箱中气压为 11.6kPa，温度为室温，静置 6h ；观察 1h。

b. 通过准则：不起火，不爆炸，不漏液。

（4）电气测试

① 常温循环寿命测试。

a. 测试方法（参考）：试验应在（23±2）℃的环境下进行，试验过程中，每 50 次循环做一次容量检查，电池或电池组以 50 的倍数表示。重复进行 1 ～ 50 次循环，充放电之间搁置 0.5 ～ 1h，直到任何一个第 50 次循环放电时间低于 3h 时（第 50 次为 0.2ItA 充放），再进行一次循环，如果放电时间仍然低于 3h，则寿命终止。第 50 周循环的容量衰减率≤ 5%。电池不低于 400 次，电池组不低于 300 次（有特殊要求，可继续测试）。

b. 判定标准：第 50 周容量衰减率≤ 5%、第 300 周容量衰减率≤ 20%、第 400 周容量衰减率≤ 40%，后续周次依据客户实际要求判定。

② 高温循环寿命测试。

a. 测试方法（参考）：在（60±2）℃环境下以 1ItA 给电池或电池组恒流充电，当电压达到充电限制电压时，改为恒压充电，直到充电电流小于或等于 0.02ItA，停止充电，放置 0.5 ～ 1h 后，以 0.5 或 1ItA 电流放电至终止电压；放置 0.5 ～ 1h 后再进行下一个充放电循环，直至两次放电容量小于首次的 90% 时，则终止测试，所记录到的最后的循环次数即为电池或电池组的循环寿命（如有特殊要求，可继续循环寿命测试）。

b. 判定标准：0.5ItA 循环第 20 周循环的容量衰减率≤ 20% 或第 300 周循环的容量衰减率≤ 40%。1ItA 循环第 300 周循环的容量衰减率≤ 40% 或放电时间不少于 36min。

练习与思考

1. 产品检验的形式有哪些？制程不合格品应如何控制？简要描述制程不合格品的控制流程。

2. 控制计划（CP）的来源有哪些？通过 CP 可以输出哪些内容？制定 CP 的意义是什么？

3.5M1E包含哪些内容？管控 5M1E 有哪些意义？

4. 锂电池生产过程中需要控制哪些环境要素？各要素会对锂电池造成什么影响？

5. 生产锂电池需要经过哪些工序？每个工序需要重点管控哪些内容？

6. 电池出货检验前需要做些什么准备工作？电池的检验主要包含哪些项目？

7. 什么是容许误差？如何保证检验过程测试数据的误差？

8. 电池出货的包装要求有哪些？电池放置存储时有哪些要求？电池运输及搬运过程需要做哪些防护？

第 7 章

卓越绩效管理模式及质量强国战略

企业质量改进永无止境。卓越绩效管理模式不仅强调质量的提升，更通过建立持续改进的系统，引领组织追求卓越绩效，提高产品、服务和经营质量，增强企业的市场竞争力，为实施质量强国战略开疆拓土。

7.1 卓越绩效管理模式的起源和发展

21 世纪，在经济全球化和信息化的带动下，以生命科学、新能源技术、新材料技术、空间技术和环境技术为代表的高新技术不断涌现，这不仅加剧了企业间的竞争，也推动了企业的发展和进步。改革开放以来，特别是我国加入世界贸易组织（WTO）以后，企业得到了长足的发展，取得了辉煌的成就，为增强国家综合国力提供了物质保障。但我国企业在国际上的整体竞争力仍有待提升，与世界发达国家的差距仍然十分显著。因此，为顺应 21 世纪世界经济发展的潮流，适应国际化发展的大趋势，我国企业必须转变思维方式，不断创新，实施卓越绩效管理模式。

卓越绩效管理模式是现代管理理论和实践的前沿，它强调的不仅是质量的提高，更是通过建立和持续改进系统来实现全面绩效的提升，确保质量安全，使企业同时实现高质量、低成本、高生产率、快速度和良好的社会责任等。卓越绩效管理模式来源于美国马尔科姆·鲍德里奇质量奖。目前，许多发达国家设立了国家质量奖，且质量奖的范围从制造业扩展到服务、教育、医疗、行政管理等多个领域。实施卓越绩效管理模式已成为推行 ISO9000 标准后又一波全球的质量管理浪潮。

我国于 2001 年启动全国质量奖的评审工作。在借鉴美国马尔科姆·鲍德里奇质量奖准则的基础上，结合实际国情，我国于 2004 年正式发布 GB/T 19580—2004《卓越绩效评价准则》和 GB/Z 19579—2004《卓越绩效评价准则实施指南》两项标准，并于 2012 年对标准进行修订，使我国实施卓越绩效模式进入规范化、标准化的新阶段。

7.2 卓越绩效评价准则

卓越绩效管理模式是全面质量管理的新发展。原国家质检总局（2018 年改为国家市场监督管理总局）正式发布了 GB/T 19580—2012《卓越绩效评价准则》和 GB/Z 19579—2012《卓越绩效评价准则实施指南》。这两项标准适用于追求卓越绩效的各类组织，是一对相辅相成的标准。前者规定了组织卓越绩效的评价要求，后者对前者的内容作了详细说明，为组织追求卓越提供了实施指南，用于指导组织进行自我评价。

7.2.1 制定标准的目的和意义

7.2.1.1 目的

卓越绩效评价准则是质量奖评审的依据。制定这套标准的目的有两个：一是作为国家质量奖评审的基础，二是用于组织的自我学习，引导组织追求卓越绩效，提升产品、服务和经营质量，增强竞争优势。

7.2.1.2 意义

标准的制定和实施可帮助组织提高其整体绩效和能力，为组织的所有者、顾客、员工、供方、合作伙伴和社会创造价值，有助于组织获得长期的市场成功，并使各类组织易于在质量管理实践方面进行沟通和共享，成为理解、管理绩效并指导组织规划和学习的工具。

7.2.2 卓越绩效评价准则与其他标准的关系

卓越绩效评价准则与 ISO9000 虽然都是质量管理领域的标准，都能帮助组织提高质量管理水平、增强竞争能力，但其目的和性质均有所不同。二者既有区别，又有联系。ISO9000 标准是质量管理体系标准，是符合性标准，目的是证实企业有能力稳定地提供满足顾客和适用法律法规要求的产品。而《卓越绩效评价准则》则对企业提出了更高的要求，它为企业提供了追求卓越绩效的经营管理模式，为国家质量奖的评价和企业自我评价提供了依据。

7.2.2.1 与ISO9001和IATF16949的关系

ISO9001 认证属于管理体系是否合格的符合性评定，而卓越绩效评价属于管理是否卓越的成熟度评价。IATF16949：2016 与 ISO9001：2015 相结合，规定了用于汽车相关产品的设计与开发、生产；适用于安装和服务，适用于组织的顾客指定的生产件和 / 或服务件的制造现场，适用于整个汽车供应链。ISO9001 在企业的质量工作中只起基础性的作用。与 ISO9001 相比，卓越绩效评价准则的内容更全面和系统，包括组织经营管理的各个层面。卓越绩效评价与管理体系审核存在本质上的差异，前者属于诊断性的评价，从管理的效率和效果出发，旨在发现组织的强项和需要改进的领域，而后者则是对一般过程的合格评定，从符合性出发兼顾有效性，重点在于发现与标准规定要求的不符合之处。

7.2.2.2 与ISO9004的关系

ISO9004 用于指导组织丰富和提高其 ISO9001 基础并向全面质量管理（TQM）发展。而卓越绩效评价准则提供了一个综合的全面质量管理实施细则，兼容了 ISO9001 和 ISO9004。

组织可以根据其实际情况，参照 ISO9004 进行质量管理体系的扩展和深化，进而引入卓越绩效评价准则；或直接导入卓越绩效评价准则，并以其为框架进行管理体系整合。

7.2.3 标准的结构及其相互关系

卓越绩效评价准则框架图描述了卓越绩效评价准则的结构，形象而清楚地表达了GB/T 19580《卓越绩效评价准则》7个类目之间的逻辑关系，如图7-1所示。

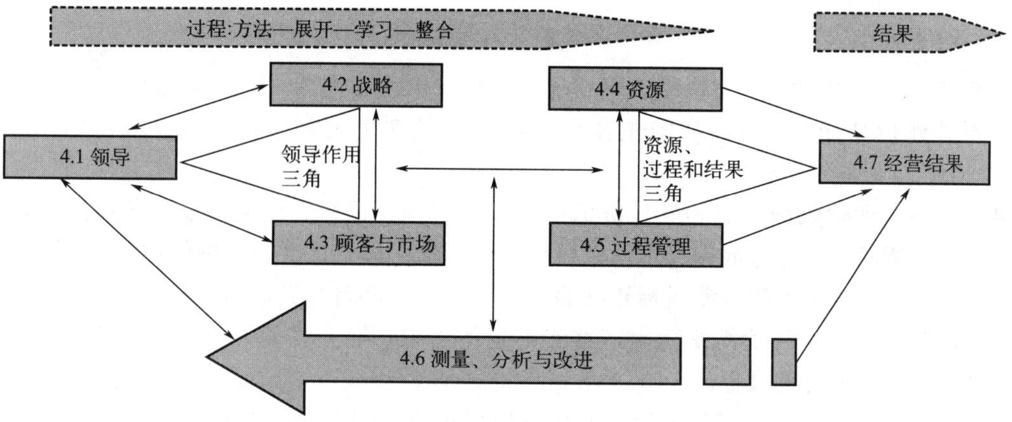

图7-1 《卓越绩效评价准则》7个类目逻辑关系

《卓越绩效评价准则》共包括7大类目：“4.1 领导”“4.2 战略”“4.3 顾客与市场”“4.4 资源”“4.5 过程管理”“4.6 测量、分析与改进”和“4.7 经营结果”。有关过程的类目包括4.1、4.2、4.3、4.4、4.5、4.6，有关结果的类目为4.7。

“过程：方法—展开—学习—整合”和“结果”两个箭头框图表达了以下逻辑。

① 过程的目标是达成结果，结果通过过程实现，并为过程的改进和创新提供导向。

② 卓越绩效模式旨在通过卓越的过程实现卓越的结果。

“领导”类目决定和掌控着组织前进的方向。类目“领导”“战略”“顾客与市场”构成“领导作用”三角，是驱动性的；类目“资源”“过程管理”“经营结果”构成“资源、过程和结果”三角，是从动性的；而“测量、分析与改进”犹如连接两个三角的“链条”，转动着改进和创新的PDCA之轮，不断提升组织的整体经营绩效和竞争能力。数据、信息和知识对基于事实的管理和竞争性改进至关重要，构成了组织运作和绩效管理系统的基础，如图7-2所示。

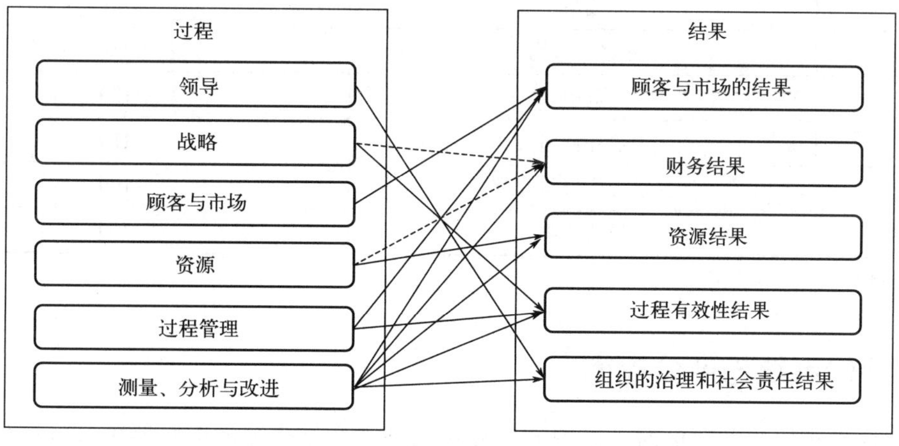

图7-2 过程类目与结果类目评分项间的直接对应关系

卓越绩效模式旨在通过卓越的过程实现卓越的结果，结果与过程之间存在千丝万缕的联系。图 7-2 展示了过程类目与结果类目评分项之间的直接对应关系。

7.2.4 标准的内容概要和分值分布

7.2.4.1 内容概要

标准的第 1 章为“范围”，第 2 章为“规范性引用文件”，第 3 章为“术语和定义”，第 4 章为“评价要求”，是标准的主体内容，共包括 7 个类目（4.1 ～ 4.7）和 22 个评分项（4.1.1 ～ 4.7.5），具体内容概述如下。

［4.1 领导］评价组织高层领导在价值观、发展方向、目标、对顾客及其他相关方的关注、激励员工、创新和学习等方面的作用，以及组织的治理和履行社会责任的情况。

［4.2 战略］评价组织的战略目标和战略规划的制定、部署及其进展情况。

［4.3 顾客与市场］评价组织确定顾客和市场的需求、期望和偏好的方法，建立顾客关系、测评和改进顾客满意度的过程。

［4.4 资源］评价组织高层领导为确保战略规划和目标的实现，以及为价值创造过程和支持过程所配置的资源，包括人力资源、财务、基础设施、相关方关系、技术、信息等。

［4.5 过程管理］评价组织过程管理的主要方面，包括价值创造过程和支持过程。

［4.6 测量、分析与改进］评价组织选择、收集、分析和管理数据、信息和知识的方法，充分和灵活使用数据、信息和知识，改进组织绩效的情况。

［4.7 经营结果］评价组织在主要经营方面的绩效和改进，包括主要绩效指标的当前水平和趋势、与竞争对手和标杆对比的结果。

7.2.4.2 分值分布

标准共包括 7 个类目（4.1 ～ 4.7），类目评分项目见表 7-1。

表7-1　过程类目评分项目表

类目	评分项名称	分数
4.1	领导	100
4.2	战略	80
4.3	顾客与市场	90
4.4	资源	120
4.5	过程管理	110
4.6	测量、分析与改进	100
4.7	经营结果	400

注：各类目分值合计 1000 分。

7.2.5 评价系统与评分指南

在自我评价和质量奖评价时，组织的自评小组或者质量奖评价机构根据《卓越绩效评价准则》的规定和被评价组织的信息，按过程、结果两类评分项进行评价，并用量化评分（1000 分）

的方法全方位、平衡地诊断评价组织经营管理的成熟度。

7.2.5.1 对“过程”的评价

用方法—展开—学习—整合（简称 A-D-L-I）4 个要素评价组织的过程成熟程度，评价要点包括：

方法：完成过程所采用的方法是否适宜、有效、可重复，是否以可靠的数据和信息为基础。评价要点有：①组织完成过程所采用的方式方法；②方法对标准评分项要求的适宜性；③方法应用的有效性；④方法的可重复性，是否以可靠数据和信息为基础（即系统性）。

展开：方法的应用程度，即方法如何在整个组织中广泛、持续地应用。评价要点：①为实现标准评分项要求所采用方法的实施展开程度；②方法是否持续应用；③方法是否在所有适用的部门使用。

学习：方法如何通过循环的评价、改进、创新和分享而不断完善。评价要点：①通过循环评价和改进，对方法不断完善；②鼓励通过创新，对方法进行突破性的变革；③在组织的各相关部门、过程中分享方法的改进和创新。

整合：方法是否在不同的过程、部门协调一致、融合互补，以支持卓越绩效。评价要点：①方法与标准其他评分项中识别出的组织需求协调一致；②组织各过程、部门的测量、分析和改进系统相互融合、补充；③各部门协调计划、过程、结果和要求，并确保过程分析、学习和行动的协调一致，以支持组织的目标。

在过程各评分项中，方法—展开—学习—整合联系在一起，强调方法及其展开，即与评分项的具体要求相一致。随着过程的成熟，对它们的说明也应该指出多个周期的学习，以及如何与其他过程和部门整合。尽管方法—展开—学习—整合要素相互联系在一起，但是过程的绩效评审员给予被评价组织的反馈，应准确反映每一个或全部要素的优势和改进空间。

7.2.5.2 对“结果”的评价

“结果”是指组织在实现标准 4.7 的要求中得到的输出和效果。用于评价结果的 4 个要素包括：①组织绩效的当前水平；②组织绩效改进的速度和广度；③组织与适当的竞争对手和/或标杆的绩效对比；④组织结果的测量与在“组织概述”和“过程”评分项中所识别的重要顾客、产品和服务、市场、过程和战略规划的绩效要求相链接。

结果类评分项要求就关键的组织绩效指标给出绩效水平、改进速度和相关的比较性数据，还要求提供关于绩效改进的广度的数据。这直接与展开和学习相联系，如果过程改进得到了广泛的共享，就会产生相应的结果。因此，某个结果评分项的得分是一个综合评价，它基于总的绩效，同时考虑了改进的速度和广度及该评分项对组织的重要度。

7.2.5.3 评分指南

（1）过程项评分指南，如表 7-2 所示。

表7-2 过程项评分指南

分数	过程
0 或5%	① 显然没有系统的方法；信息是零散、孤立的（A） ② 方法没有展开或仅略有展开（D） ③ 不能证实具有改进导向；已有的改进仅仅是“对问题做出反应”（L） ④ 不能证实组织的一致性；各个方面或部门的运作都是相互独立的（I）

续表

分数	过程
10%、15%、20%或25%	① 针对该评分项的基本要求，开始有系统的方法（A） ② 在大多数方面或部门，处于方法展开的初级阶段，阻碍了达成该评分项基本要求的进程（D） ③ 处于从“对问题做出反应”到“一般性改进导向”方向转变的初期阶段（L） ④ 主要通过联合解决问题，使方法与其他方面或部门达成一致（I）
30%、35%、40%或45%	① 应对该评分项的基本要求，有系统、有效的方法（A） ② 尽管在某些方面或部门还处于展开的初期阶段，但方法还是被展开了（D） ③ 开始有系统的方法，评价和改进关键过程（L） ④ 方法处于与在其他评分项中识别的组织基本需要协调一致的初级阶段（I）
50%、55%、60%或65%	① 应该对评分项的总体要求，有系统、有效的方法（A） ② 尽管在某些方面或部门的展开有所不同，但方法还是得到了很好的展开（D） ③ 有了基于事实的、系统的评价和改进过程，以及一些组织的学习，以改进关键过程的效率和有效性（L） ④ 方法与在评分项中识别的组织需要协调一致（I）
70%、75%、80%或85%	① 应对该评分项的详细要求，有系统、有效的方法（A） ② 方法得到了很好的展开，无显著的差距（D） ③ 基于事实的、系统的评价和改进，以及组织的学习，成为关键的管理工具；存在清楚的证据，证实通过组织级的分享与共享，得到精确、创新的结果（L） ④ 方法与在其他评分项中识别的组织需要达到整合（I）
90%、95%或100%	① 应对该评分项的详细要求，全部有系统、有效的方法（A） ② 方法得到了充分的展开，在任何方面或部门均无显著的弱项或差距（D） ③ 以事实为依据、系统地评价与改进，以及组织的学习是组织的主要管理工具；通过组织的分级和共享，得到了精细的、创新的结果（L） ④ 方法与在其他评分项中识别的组织需要达到很好的整合（I）

（2）结果项评分指南，如表 7-3 所示。

表7-3　结果项评分指南

分数	结果
0 或5%	① 没有描述结果，或结果很差 ② 没有显示趋势的数据，或显示了总体不良的趋势 ③ 没有对比性信息 ④ 在对组织关键经营要求重要的任何方面，均没有描述结果
10%、15%、20%或25%	① 结果很少；在少数方面有一些改进和 / 或处于初期的良好绩效水平 ② 没有或极少显示趋势的数据 ③ 没有或极少对比性信息 ④ 在少数对组织关键经营要求重要的方面，描述了结果
30%、35%、40%或45%	① 在该评分项要求的多数方面有改进和 / 或良好绩效水平 ② 处于取得良好趋势的初期阶段 ③ 处于获得对比性信息的初期阶段 ④ 在多数对组织关键经营要求重要的方面，描述了结果
50%、55%、60%或65%	① 在该评分项要求的大多数方面有改进趋势和 / 或良好绩效水平 ② 在对组织关键经营要求重要的方面，没有不良趋势和不良绩效水平 ③ 与有关竞争对手和 / 或标杆进行对比评价，一些趋势和 / 或当前绩效显示了良好到优秀的水平 ④ 经营结果达到了大多数关键顾客、市场、过程的要求

续表

分数	结果
70%、75%、80%或85%	① 在对该评分项要求重要的大多数方面，当前绩效达到良好到卓越的水平 ② 大多数的改进趋势和 / 或当前绩效水平可持续 ③ 与有关竞争对手和 / 或标杆进行对比评价，多数到大多数的趋势和 / 或当前绩效显示了领先和优秀的水平 ④ 经营结果达到了大多数关键顾客、市场、过程和战略规划的要求
90%、95%或100%	① 在对该评分项要求重要的大多数方面，当前绩效达到卓越水平 ② 在大多数方面，具有卓越的改进趋势和 / 或可持续的卓越绩效水平 ③ 在多数方面被证实处于行业领导地位和标杆水准 ④ 经营结果充分地达到关键顾客、市场、过程和战略规划的要求

7.2.5.4 评价过程概要

首先应当了解组织的经营环境及其面临的战略挑战，识别组织的关键因素，然后依照评价准则对各评分项的要求逐项评价，逐项撰写定性评语，再对照过程和结果两类成熟度评分指南（可查询《GB/Z 19579 卓越绩效评价准则实施指南》附录 C）评定评分项的得分百分比。将此百分比与该评分项的分值相乘，即为该评分项得分。最后，编写综合评价报告，并将所有评分项得分相加，得出被评价组织的经营管理成熟度总分。在满分 1000 分的定量评分系统中，500 分是一个基本成熟的等级。

7.3 中国国家质量奖

在全球经济一体化程度日益加深、市场竞争日益激烈的当下，我国产品和服务面临着严峻的挑战，质量问题显得尤为突出。借鉴国外经验，设立中国国家质量奖并制定符合我国国情的质量奖评奖标准，已成为我们面临的重要课题。国家质量奖蕴含了一种通过持续改进质量达到卓越经营的管理理念，这一理念对已成为买方市场的国内企业将具有重大的指导意义。

在特定的历史环境下，中国曾经举办过多种质量奖评选活动。其中包括国家设立和社会设立的各种质量奖项，客观上消费者和生产者共同经历了曲折的历程。1991 年，国务院第 65 号文件停止了政府部门主办的质量评比活动，自此结束了计划经济指令性质的国家质量金奖、银奖的评选历史。

面临“21 世纪是质量的世纪”这一世界政治、经济、科技和文化的“大质量”发展态势，从国家和企业发展战略出发，综合治理和高效提升中国产品和过程的效能，培育、激励和引导企业追求卓越绩效，实现企业的成功价值，进而达到增强中国企业乃至国家整体经济实力、富国强民的目的是政府刻不容缓的使命。为此，国务院决定重新设立全国质量奖。中国质量协会根据《中华人民共和国产品质量法》的有关条款及中国质量协会第七届理事会的决议，于 2001 年启动了全国质量奖评审工作，开启了中国实践“卓越绩效模式”（Performance Excellence Model，PEM）的征程。相关概要和简介如表 7-4 所示。

表7-4 中国卓越绩效模式简介

时间阶段	奖项特征	状况
1982—1991年	计划经济时代的质量管理奖	政府和社会设立了多种奖项，如国家质量金奖、银奖

续表

时间阶段	奖项特征	状况
1996—1997年	质量奖恢复试点，主要参照国家 PEM 和日本戴明奖	结合国情学习借鉴国外著名质量奖项目
1997—2000年		质量奖评审工作停止
2001 年	整体参照美国鲍德里奇国家质量奖评价标准分为 5 大要素：1. 领导和管理战略；2. 资源管理；3. 过程管理；4. 信息；5. 经营结果	高标准、严要求、少而精、规范、自律、公正、树权威（品牌），设立全国质量管理奖
2003 年	等同采用鲍德里奇国家质量奖评价标准，分为 7 大要素（分数比重有所不同）： 1. 领导；2. 战略；3. 顾客与市场；4. 资源；5. 过程管理；6. 测量、分析与改进；7. 经营结果	全国质量管理奖是中国企业在质量经营领域的最高奖项和最高荣誉，获奖组织也是中国优秀企业的重要标志
2005年	深入学习和理解鲍德里奇国家质量奖 PEM 评价标准的价值内涵和成功实践结果，2004 年，首次正式发布并实施国家标准 GB/T 19580—2004《卓越绩效评价准则》和 GB/Z 19579—2004《卓越绩效评价准则实施指南》。全国质量管理奖自 2006 年起改称全国质量奖，采用该标准评审	该国家标准融合了美国波奖和世界发达国家最有影响的、最成功的 PEM 的基本内容；进一步完善了中国质量奖励制度；该标准适用于成熟的优秀企业；该标准获得了 2007 年度中国标准创新贡献奖三等奖
2012年	进一步全面借鉴美国 PEM 评价标准。经过修订，正式发布并实施第二版国家标准 GB/T 19580—2012《卓越绩效评价准则》和 GB/Z 19579—2012《卓越绩效评价准则实施指南》含 7 大要素：1. 领导；2. 战略；3. 顾客与市场；4. 资源；5. 过程管理；6. 测量、分析与改进；7. 经营结果。设有中国质量奖和中国质量奖提名奖，每两年评选一次	美国鲍德里奇国家质量奖的《卓越绩效评价准则》每两年修订一次，中国与国际接轨的标准也在适时修订； 2017—2018 年《美国卓越绩效评价准则》含 11 项核心价值、理念和 7 大要素：1. 领导；2. 战略；3. 顾客；4. 测量、分析和知识管理；5. 人力资源；6. 运营；7. 结果

注：2001 年启动“全国质量管理奖”，2006 年更名为“全国质量奖”，2012 年设立“中国质量奖”，与“全国质量奖”并行。

7.4 国际三大质量奖

为推动企业的质量管理工作，提高本地区或本国产品在国际市场上的竞争力，目前国际上已有许多国家和地区设立了国家质量奖，如美国马尔科姆·鲍德里奇国家质量奖、欧洲质量奖、日本戴明奖、英国质量奖、瑞典质量奖、新西兰国家质量奖、拉吉夫·甘地国家质量奖、新加坡质量奖、加拿大杰出奖、俄罗斯国家质量奖、澳大利亚卓越企业奖等。我国也于 2001 年启动了全国质量管理奖的评审工作。在上述奖项中，最具影响力和代表性的是国际三大质量奖：美国马尔科姆·鲍德里奇国家质量奖、欧洲质量奖和日本戴明奖。

7.4.1 美国马尔科姆·鲍德里奇国家质量奖

美国马尔科姆·鲍德里奇国家质量奖是以 20 世纪 80 年代里根政府商务部部长马尔科姆·鲍德里奇命名的，它是美国各种质量奖的基础。

马尔科姆·鲍德里奇质量奖从 1988 年开始，分为企业、健康卫生和教育机构 3 类，每年度在每个领域颁发 3 个奖项。评奖的依据是《鲍德里奇优秀业绩评定准则》(Baldrige Criteria for Performance Excellence)。这是一个非常重要的质量工作评定标准，它为机构绩效管理提供了一种可验证的先进管理模式及系统的评估和观察方法。它不仅是评定美国国家质量奖的主要依据，也是评定美国总统质量奖、州颁奖项及军队机构业绩改进的主要准则。对照它，各机构可以衡量自身是国内还是国际水平的优秀业绩模式。通过马尔科姆·鲍德里奇国家质量奖的评定和颁发工作，促使美国众多企业达到了优秀业绩水平，提高了整个美国的竞争力。

7.4.2 欧洲质量奖

1988 年，欧洲 14 家大公司发起成立了欧洲质量管理基金会（European Foundation for Quality Management，EFQM）。该基金会发挥的巨大作用在于：强调质量管理在所有活动中的重要性，把促成开发质量改进作为企业达成卓越的基础，从而增强欧洲企业的效率和效能。1991 年 10 月，在法国巴黎召开的欧洲质量管理基金会年度论坛上，欧盟委员会副主席马丁·本格曼正式提出设立欧洲质量奖。1992 年 10 月，在西班牙马德里欧洲质量管理基金会论坛上，西班牙国王胡安·卡洛斯一世首次向获奖者颁发了欧洲质量奖。

欧洲质量奖对欧洲每一个表现卓越的企业开放，重点评价企业的卓越性。欧洲质量奖的奖项分为质量奖、单项奖、入围奖和提名奖。1996 年起，欧洲质量奖的奖励范围扩大到公共领域的组织，1997 年，奖励范围又扩大到 250 名雇员以下的中小企业及销售、市场部门和研究机构等。

7.4.3 日本戴明奖

世界范围内影响较大的质量奖中，日本戴明奖是创立最早的一个。它始立于 1951 年，是为了纪念戴明博士为日本统计质量控制的发展做出的巨大贡献。戴明博士（1900—1993）是美国著名的质量控制专家。1950 年 7 月，他受日本科学技术联盟邀请赴日本讲学。在日本期间，戴明博士首先在东京的日本医药协会大礼堂就“质量控制”这一主题进行了为期 8 天的课程讲授，随后，又在日本本州岛东南部的箱根镇为企业高级主管讲授了一天的课程。在这些课程的讲授过程中，戴明博士用通俗易懂的语言将统计质量管理的基础知识完整地传授给了日本工业界的主管、经理、工程师和研究人员。他的讲授给现场听众留下了深刻的印象，并极大地推动了当时正处在起步阶段的日本工业质量控制的发展。

听课的人们将这 8 天课程的速记、笔录汇总整理为《戴明博士论质量的统计控制》的手抄本，广为流传。戴明博士慷慨地把这一讲稿的版税捐赠给日本科学技术联盟。为了感谢戴明博士的慷慨之举，日本科学技术联盟决定用这笔资金建立一个奖项，以永久纪念戴明博士对日本人民的贡献和友情，并促进日本质量控制的持续发展。日本科学技术联盟理事会全体成员一致通过了这项提议，戴明奖由此创立。随后，戴明博士的著作《样本分析》在日本翻译出版，他再一次捐赠了该书的版税。自那以后，戴明奖不断发展，直到今天日本科学技术联盟依然负责戴明奖的所有经费管理。

戴明奖共分为 3 类——戴明奖、戴明应用奖和质量控制奖。

7.5 质量强国战略

在现代国际经济发展史上，质量在大国崛起中起着重要的推进作用。例如，在 20 世纪 50

年代，德国政府实施了“以质量推动品牌建设，以品牌助推产品出口”的政策，使德国制造业在战后迅速崛起，在全球确立了“德国品牌，质量一流”的国家形象，打造出奔驰、宝马、西门子等一大批世界级“德国制造”知名品牌。又如，20 世纪 60 年代，日本政府主导实施了“质量救国”战略，在全国范围内推广全面质量管理，使得日本产品凭借质量优势大举进入欧美和全球市场，日本成为世界经济强国。战后日本的经济奇迹，是质量强国的生动证明。再如，在 20 世纪 80 年代，美国为应对日本挑战，出台《质量振兴法案》，批准设立“国家质量奖”。在一系列提升质量水平、加强质量创新措施作用下，美国在多个产业领域重夺世界第一宝座，产业结构进一步优化，特别是在以信息和生物技术为代表的新兴产业中确立了全球霸主地位。

7.5.1 中国制造

中国制造（Made in China）是世界上认知度最高的标签之一。2010 年，中国制造业以 1.995 万亿美元的产值，在全球制造业总值中占到 19.8%，超过美国的 19.4%，首次成为世界制造业第一大国。因为中国快速的经济发展和庞大的工业制造体系，这一标签遍布各类商品，从服装、电子产品到火箭、飞机。中国制造是一个全方位的商品，它不仅包括物质成分，也包括文化内涵和人文精神。中国制造在进行物质产品出口的同时，也将中华民族的文化和商业文明传播至世界各地。从“中国制造”到“中国创造”，中国正在改变世界创新版图。

2017 年 3 月，工信部组织修订了《“中国制造 2025”分省市指南（2017 年）》。该指南旨在把《中国制造 2025》的重点任务和各地资源禀赋相结合，避免资源的浪费和重复建设，突出地方特色，打造中国制造的“新版图”。

2017 年中央经济工作会议对重点工作进行了细分，提出“推进中国制造向中国创造转变，中国速度向中国质量转变，制造大国向制造强国转变”的战略目标。

2018 年 10 月 24 日，时任国务院总理李克强在中国工会全国代表大会上强调，“中国制造”要尽早变为“中国精造”。中国创造，是迫切需求也是全球红利。

7.5.1.1 发展历程

制造业是立国之本、兴国之器、强国之基。在建设中国特色社会主义新时期，坚持走中国特色新型工业化道路，加快制造强国建设，大力发展先进制造业，对于实现中华民族伟大复兴的中国梦具有特殊重要意义。

打造具有全球水准的制造业体系，是提升国家综合国力与核心竞争力、保障国家安全和促进可持续发展的必由之路。坚定不移走工业化道路，致力于建设完备发达的工业体系，是我们党在进入社会主义建设和改革开放时期切实践行“初心使命”的集中体现与生动实践。

从鸦片战争到民国时期，中国长期处于遭受列强霸凌、落后挨打的悲惨境地。这一历史背景下，一些仁人志士怀揣“实业兴国”的抱负，并着手工业化尝试。但这种尝试在萌芽阶段就面临内忧外患的严峻挑战，磨难重重，步履维艰，只是在冶铁、造船、轻工纺织等领域形成了一些零星且低端的制造能力。中国最终与以机械化为基本特征的第一次工业革命和以电气化、自动化为基本特征的第二次工业革命擦肩而过，始终未能摆脱农业占主导、工业基础薄弱、工业化水平极低的局面。

新中国成立伊始，以毛泽东同志为首的第一代领导人高瞻远瞩，面对西方国家严密的经济技术围困和封锁，毅然决然走工业化道路。从“一五”“二五”计划的 156 个重点项目的建成投产，到“两弹一星”研制成功，再到后来的大规模“三线建设”，全国上下同心，艰苦奋斗，举全国之力投入工业化建设，使中国历史上首次拥有了在世界上比较独特、相对完整的工业体系，艰难地补上了第一次工业革命和第二次工业革命的功课。在计划经济时代，中国不得不关起门来搞工业化，但中国制造实现了从无到有、由全球工业化的“落后者”成为“追赶者”的第一次伟大转变。

中国制造真正驶入发展快车道并融入全球化分工体系始于改革开放初期。当时，欧、美、日等发达国家和地区掀起一轮“去工业化”浪潮，而中国大力实施改革开放政策，打开国门让境外资本、装备、技术和管理等生产要素与国内相对丰富的劳动力、土地与自然资源结合起来，以中外合资、外商独资、“三来一补”以及代工生产等多种方式，迅速在沿海地区形成大规模制造产能和产业集群。与此同时，国内民营工业也随之同步崛起。特别是2002年加入世界贸易组织以后，中国适应国际贸易规则，空前加大改革开放力度，不断优化投融资和营商环境，吸引全球跨国巨头落户中国，促成中国迅速成为“世界工厂”，中国制造遍及全球。2009年，中国成为全球第一大出口国；2010年，又成为全球第一大制造国。根据联合国工业发展组织的数据，中国是全球唯一拥有全部制造业门类的国家，22个制造业大类行业的增加值均居世界前列；在世界500种主要工业品中，目前有约230种产品产量位居全球第一。到2018年末，中国制造业增加值高达40,027.5亿美元，约占中国GDP总额的29.4%，占全世界制造业份额的28.7%。

与此同时，中国制造不仅实现了数量扩张，而且在质量上也有了显著提升。随着供给侧结构性改革的深入和产业转型升级步伐的加快，中国制造所涵盖的产品、技术、装备、品牌、结构与效益得到优化和升级，不断向价值链的中高端攀升，高质量发展的态势逐步显现。特别是一批“国之重器”“国家名片”的闪亮面世，增强了中国制造的科技优势和产业优势。目前，中国在轨道交通（包括高铁）、超临界燃煤发电、特高压输变电、超级计算机、基础设施建设、移动支付、稀土分离提纯技术、核聚变装置、民用无人机等领域居于世界领先水平；在全球导航定位系统、载人深潜、深地探测、5G移动通信、语音人脸识别、工程机械、大型振动平台、可再生能源、新能源汽车、第三代核电、港口装备、载人航天、人工智能、3D打印、部分特种钢材、大型压水堆和高温气冷核电、可燃冰试采、量子技术、纳米材料等领域整体跻身世界先进行列；在集成电路、大型客机、高档数控机床、桌面操作系统、大型船舶制造、碳硅材料、节能环保技术等领域迈出加快追赶世界先进水平的步伐。近年来，国产龙门五轴联动机床、8万吨模锻压力机、深海石油钻井平台、绞吸式挖泥船等重大装备的投入使用，填补了国内空白，解决了一些关键领域的“卡脖子”难题。对于全球消费者来说，中国制造的消费品不再是低质低价、“山寨品”的代名词，质优价廉、高性价比成为中国产品新的口碑。可以说，至此中国已经拥有全球范围内产业门类最为齐全、独立完整性强、产业配套性好且价值链地位不断攀升的工业体系。在以信息化为基本特征的全球第三次工业革命进程中，中国制造实现了从小变大、由全球制造业的“追赶者”成为“并跑者”甚至在某些领域成为“领先者”的第二次伟大转变。

成就中国制造，需要一种精神。这种精神在过去表现为自力更生、艰苦奋斗，而在今日则是企业家精神、科学家精神、担当精神和工匠精神的有机组合。我们要以坚定的意志和韧劲，恪守初心、担当使命，既高瞻远瞩、运筹帷幄，又锲而不舍、滴水穿石，力图铸就中国制造业新的辉煌。

7.5.1.2 面临的挑战与外部压力

中国制造为世界做出了巨大的贡献。据美国方面的测算，近年来，中国制造为美国的消费者减少了7000亿美元的支出。在大量依赖廉价中国产品和中国资源的同时，这些国家的企业也产生了抱怨，指责中国制造在一定程度上冲击了他们本国的制造业。

我国曾对部分矿产品实施资源税优惠政策，使我国的能源价格十分低廉，电费、油费都相对便宜，从而导致所有在中国生产的出口商品价格都相对低廉。为了能保证中国可持续发展，中国政府必须提高本国的资源税率，避免外国企业过度廉价利用中国资源。

对于中国外贸企业而言，2012年的“寒冬”来得特别早。除国内成本上升和国外需求不振等客观因素外，其他经济体与中国之间的贸易摩擦增多已成拖累中国制造业的重要因素。不仅传统的贸易伙伴夹击中国商品，一些新兴经济体也加入其中，使“中国制造”遭遇围攻。

商务部发布的《中国对外贸易形势报告（2012年秋季）》显示，中国是贸易保护主义的最大受害者。在前三季度，中国出口产品遭遇国外贸易救济调查55起，同比增长38%，涉案金额243亿美元，增长了近8倍。

如果将时间跨度拉长，据英国智库经济政策研究中心的“世界贸易预警”项目监测，自2008年国际金融危机爆发以来，全球40%的贸易保护主义措施均针对中国。

主宰这场转变的必须是中国政府行为。政府必须尽早快速地出台各项法律法规，调整国内生产要素的价格，从而影响出口产品的价格，迫使中国制造实现升级换代，进而提升中国的产业结构，最终改变高消耗、高污染、廉价出口的局面。

7.5.1.3 夯实基础

国家博弈在人类进化的长河中，250万年的工具制造史，推动了人类文明的进步。从蛮荒时代的生存需求，到战争年代的称雄争霸，再到和平时期的繁荣发展，工具制造对于人类生活的重要意义从未改变。如今，国家之间的竞争本质上就是实体经济的竞争，强大的装备制造业是实体经济的根基。在全球范围内，机器制造每天都在创造着奇迹，其竞争每时每刻都体现着国家之间的博弈。

装备制造业是工业的核心部分，承担着为国民经济各部门提供工作母机、带动相关产业发展的重任，可以说它是工业的心脏和国民经济的生命线，是支撑国家综合国力的重要基石。国务院于1983年7月12日发布了《关于抓紧研制重大技术装备的决定》，自那时起便开始施行。

经过几十年的建设，我国发电装机容量由1949年的185万千瓦，发展到2010年的9.6亿多千瓦，发电装机容量和发电量连续十多年稳居世界第二位。原油年产量由1949年的12万吨，增加到2010年的2亿吨，使我国一跃成为世界第五大油气生产国。原煤产量从1949年的0.32亿吨，增长到2010年的32.4亿吨，实现了从供给短缺到总量基本平衡的转变；生产方式由手工作业和半机械化为主升级为以机械化和现代化为主。新世纪以来，我国在可再生能源和核能领域取得显著进展。风电装机容量连续翻倍增长，已跃居世界前列；水电、核电发展步伐明显加快，我国已成为水电装机容量第一大国和在建核电机组最多的国家。

2010年，我国装备制造业增加值占规模以上工业增加值的30%左右，装备制造业总量规模位居世界前列。重大技术装备自主化水平也有了显著提高，特高压输变电设备、百万吨乙烯成套装备等重大技术装备实现自主制造，大型露天矿及大型施工机械基本实现自主化，百万千瓦超超临界火电机组的锅炉、汽轮机和发电机设计制造技术，自主化率达到85%以上。部分领域装备产品技术水平已跃居世界前列。我国成为继美国之后第二个能够研制千万亿次超级计算机的国家。

在2012—2021年间，中国装备工业增加值年均增长8.2%，始终保持中高速发展态势。至2021年底，装备工业规模以上企业达10.51万家，比2012年增长45.30%；资产总额、营业收入、利润总额分别达到28.83万亿元（人民币，下同）、26.47万亿元和1.57万亿元，比2012年分别增长92.97%、47.76%和28.84%。

近年来，装备工业产业结构持续优化。2021年，装备工业中战略性新兴产业相关行业实现营业收入20万亿元，同比增长18.58%。造船三大指标保持领先，国际市场份额连续12年居世界第一。新能源汽车产销量连续7年稳居世界第一。十年来，“大国重器”亮点纷呈。C919试飞、“蛟龙”潜海、双龙探极。百万千瓦水轮发电机组白鹤滩水电站顺利投产；“华龙一号”第三代核电机组全面建成投运并实现“走出去”；国产首艘大型邮轮实现首台主发电机动车。在大吨位起重机领域，我国从只能生产几十吨，跃升至三千吨，工程机械从中低端迈向中高端。这十年，国产盾构机攻克了从刀具刀盘到液压系统、控制系统等一系列关键核心技术，掌握了各种复杂地质环境的施工技术，不断攻克世界级难题。如今，国产盾构机已经远销30多个国家和地区。中国盾构机和它背后的技术服务、中国施工力量一起走出国门，构成了完整的中国盾构品牌，赢得了国际市场的信任。

整体来看，装备制造业处在向中高端迈进的关键时期，对经济社会的支撑作用更加突出，但也存在产业基础薄弱、产业链、供应链存在断链风险、产业发展环境尚需改善等问题。下一步，工信部将紧扣“十四五”规划实施，加快科技自立自强，提升产业基础能力和产业链现代化水平，推动高端化、智能化、绿色化转型，推动装备制造业向中高端迈进。

7.5.1.4 企业的出色表现

2007年11月，中国瓮福集团在与欧美20多家公司的角逐和博弈中取胜，成功中标沙特全球最大装置的选矿项目。它们的管理团队还承接了工程未来的管理项目，作为总承包商，为国内GDP增长贡献了约100亿元人民币，带动上百家中国装备制造企业走向国际市场。

当全世界的港口都在使用中国的港机设备时，振华港机又走向更高更远的远洋海工装备，具有国际水准的深水钻井平台、海上油铺管船、大型海上浮吊已经制造完成。

湘潭电机厂以电机为动力驱动轮子转动的几层楼高的300t矿山电动轮自卸车，驰骋在国内外的大型矿山。目前，收购了有“风车王国”之称的荷兰风电制造企业达尔文公司，并承担国家重大项目一代太阳能和陆地、海上风电设备的研制，这将在未来国际核心产业竞争中赢得先机。

大连光洋集团承担了国家的重大专项研制任务，走上了自主研制高端精密数控机床的艰难历程，打破了国外对精密机床出口中国的控制。

徐工集团实现了从50t到1200t全地面起重机，再到3600t履带式起重机，不断自我超越，可以与美国卡特彼勒同台较量。同时解决了受制于日本人的活塞产品问题，将实现自给，提升工程机械部分核心部件的自主控制能力，提高了国际竞争力。

唐山客车厂曾制造了清末第一辆火车和新中国的毛泽东号机车。如今，中国北车唐车公司已经能够接受西门子发来的订单，制造难度更大的宽体客车。他们制造的CRH3动车组各项技术参数均达到世界一流的先进水平，创造了运营速度、载客量、节能环保、舒适度4个世界第一的纪录。

北京第一机床厂已成为数控铣床的领跑企业。通过成功的并购策略，极大地缩短了技术创新的时间，并以“独门绝活”保持其在世界领先技术创新领域的领先地位。

沪东中华集团早在10年前就已经把目光锁定在造船业公认的三颗“明珠”之一的LNG船，登上造船极端制造赶超的顶峰。而沪东人当时对LNG船的制造技术完全陌生。一份图纸，给沪东带来了机会，获得机会的沪东人以破釜沉舟的决心研发LNG船，摘下了世界造船业“皇冠顶上的明珠”。

陕鼓集团转型作为能量转换的系统服务商和总包商，在金融危机冲击制造业的年代反而利润上升。西门子、GE、爱默生等知名跨国公司加盟其中，共同为客户提供高质量的解决方案，已经有超过 10 年的历史。过去 10 年，陕鼓通过协作网的采购额超过了 100 亿元人民币。

沈阳机床集团将高附加值的“机床大脑”——“飞扬”智能操作系统作为主攻方向取得成功，并独创机床 4S 店销售网络，全面布局市场，试图颠覆中国机床业的传统规则，更可能改写世界机床的生产销售和服务模式。

上海电气集团不断跨越，其研制的大型船用曲轴，使中国实现了半组合曲轴制造领域零的突破。

宁德时代（CATL），专注新能源汽车动力电池制造，从 2011 年至 2022 年，短短 11 年时间，市值就达到了 1.23 万亿元，创造了业界奇迹。CATL 凭着扎实的技术积累“击败”了 LG 化学、松下等传统电池巨头，同时获得了吉利、北汽、上汽、东风、长安，乃至宇通客车等众多企业的动力电池订单。

中国制造正以更坚定的步伐走向世界。

7.5.1.5 打造中国制造“新版图”

中国科学技术发展战略研究院发布了《国家创新指数报告 2013》，报告显示中国创新能力稳步上升，国家创新指数排名在全球 40 个主要国家中升至第 19 位。中国研发经费达到 10298.4 亿元，稳居世界第三位，高技术产业出口占制造业出口的比重居世界首位，知识服务业增加值居世界第三位。从国家的知识产权创造和运用可以看出，中国发明专利的申请已经连续 3 年超过美国，处在世界第一位。中国制造了世界上最快的超级计算机，成功将航天员送入太空，并研发出北斗卫星导航系统，这些“有中国特色的创新”已经在国家发展进步中发挥了主导作用。

事实证明，在经济转型过程中，中国政府在重视“中国制造”的同时，更加重视“中国智造”，在政策上大力支持产业核心技术的研发，加快科研成果的转化，越来越多的“中国制造”正逐步向“中国智造”转化。

从上海的“张江药谷”、株洲的“动力谷”、武汉的“光谷”，到深圳的无人机、沈阳的机器人、无锡的物联网、西安的航空航天产业，全国各地制造业蓬勃发展，形成了产业集聚，勾勒出中国制造“新版图”的宏伟轮廓。

中国中车株洲电力机车有限公司生产的电力机车产品已占全球近 3 成的市场份额。湖南株洲，如今已成为磁悬浮列车、高铁动车、新能源汽车、城轨列车、轻型飞机和新材料制造的重要基地，并已形成全国首个产业总值超过千亿元的轨道交通产业集群。

7.5.2 实施质量强国战略促进大国崛起

质量是兴国之道、强国之策。质量问题是经济社会发展的战略问题，关乎发展的可持续性，关乎人民群众的切身利益，关乎国家形象。党中央始终高度重视质量工作，十六大报告中提出坚持“以质取胜”，十七大报告中再次强调立足“以质取胜”。党的十八大报告提出“要适应国内外经济形势新变化，加快形成新的经济发展方式，把推动发展的立足点转到提高质量和效益上来”。提高质量和效益是推进我国经济增长方式转变和社会发展的主旋律与坚持不懈的工作重点。党的十九大报告 16 处提及质量，并明确提出我国经济已转向高质量发展阶段，明确我国经济发展的立足点（重点）已从“提高质量和效益”上升为“转向高质量发展阶段”。这一上升转变是中国经济实现转型升级发展的需要，是中国经济融入世界经济发展的需要，是中国经济发展惠及中国人民和世界人民的需要，这种上升转型发展具有时代性、可持续性、人民性和世界性。为贯彻落实科学发展观，实现促进经济发展方式转变、全面建成小康社会的目标，建议我国提出并实施“质量强国战略”。

7.5.2.1 “质量强国”战略的内涵

“质量强国”战略是国家经济社会发展战略的重要组成部分，是新时期加快质量事业发展，提升质量竞争力，全面建成社会主义现代化强国的总体规划。其内涵体现为两个方面：

一是要依靠质量提升实现中华民族的伟大崛起。坚持质量优先，以质量扩大市场需求，促进经济发展方式转型，增强质量竞争力，发挥质量对经济社会发展的影响力，推动实现2020年全面建成小康社会的发展目标，并为到2050年达到中等发达国家水平奠定基础。

二是使我国跻身世界质量强国之列。在产品质量、品牌建设、人才队伍、技术与管理等方面达到国际先进水平，把我国建成世界质量强国。

7.5.2.2 “质量强国”的标志

“强”，是相对于竞争对手而言，保持竞争的领先优势。“强”的标志，最直观地体现在竞争优势明显，竞争绩效和结果领先于竞争对手。同时，这种强势竞争能力不应仅仅停留在当前，还在于长期可持续的竞争能力提升和竞争优势保持。

根据“质量强国战略”的内涵，实现质量强国的标志主要体现在质量对经济社会发展的影响力以及质量竞争力显著增强，产品质量一流，质量管理要素优化，质量经营绩效显著，不仅要成为质量卓越的国家，而且要通过质量提升，推动实现国家整体实力的强大。

具体实现标志包括：

质量总体水平要达到或接近世界先进水平，战略性新兴产业产品质量水平要达到世界领先水平，高新技术产品国际市场占有率不断提升，国际贸易话语权和定价权显著增强。

培育出一批国际知名品牌企业。通过加强品牌建设，明显提升自有品牌拥有量和在世界100强品牌排名中的比重，培育一批具有自主知识产权的世界级知名品牌和大企业集团，孵化一批创新活力旺盛、以专精特为特点的中小企业。

质量技术基础设施健全完善。标准化水平跻身世界一流行列，承担国际标准制定的数量和比重迈上新台阶；建成一批重大精密测量基础设施和国家计量科技创新基地，推进检验检测机构向国际化、规模化、品牌化发展；进一步拓宽认证认可服务领域，积极推进认证认可国际互认。

质量专业人才辈出。全社会质量素质全面提高；质量专业人才资源总量不断增长；培育一批具有国际影响力的质量专家和领军人才；每万人中质量工程师比例接近或达到发达国家水平；建成一批质量人才基地，形成一批高水平质量创新团队。

练习与思考

1. 从卓越绩效评价准则角度阐述如何进一步提高锂离子电池质量。
2. 如何充分发挥组织（特别是制造企业）在质量强国战略中的价值？

参考文献

[1] 宋明顺．质量管理学 [M]．3 版．北京：科学出版社，2017．

[2] 朱兰．朱兰质量手册 [M]．6 版．北京：中国人民大学出版社，2014．

[3] 黄怡，林艳，王廷丽．质量管理理论与实务 [M]．北京：经济科学出版社，2011．

[4] 佘取民，佘捻宏．GB/T 19000—2000 idt ISO9000：2000 质量管理基础教程：质量管理体系基础 • 认证 • 提高 [M]．北京：机械工业出版社，2003．

[5] 马林，何桢．六西格玛管理 [M]．2 版．北京：中国人民大学出版社，2007．

[6] GB/T 19001—2016 质量管理体系 要求 [S]．北京：中国标准出版社，2016．

[7] 汽车行业管理体系．IATF16949：2016 [S]．北京：中国标准出版社，2017．

[8] 龚益鸣，蔡乐仪，陈森．质量管理学 [M]．3 版．上海：复旦大学出版社，2007．

[9] 电子组件的可接受性（IPC-A-610G）[S]．美国：IPC International, Inc., 2020.

[10] 石盛林，黄宝凤，李亨英．质量管理：理论、方法与实践 [M]．南京：东南大学出版社，2014．

[11] 卓越绩效评价准则：GB/T 19580—2012 [S]．北京：中国标准出版社，2012．

[12] 卓越绩效准则：T/CAQ 10115—2021 [S]．北京：中国标准出版社，2021．

[13] 黄进．国家质量奖概论 [M]．3 版．北京：中国标准出版社，2004．

[14] 刘广第．质量管理学 [M]．3 版．北京：清华大学出版社，2018．

[15] 中国质量奖管理办法．北京：中国质量管理协会网．[2021-02-09]．

[16] 从“中国制造”到“中国创造”．北京：中华人民共和国中央人民政府网．[2018-02-02]．